镁合金强韧化原理及技术

游志勇 ◎ 著

STRENGTHENING AND TOUGHENING

PRINCIPLE AND TECHNOLOGY OF

MAGNESIUM ALLOY

北京理工大学出版社
BEIJING INSTITUTE OF TECHNOLOGY PRESS

内 容 简 介

本书总结了作者在镁合金强韧化原理和技术等方面的研究工作，同时对近年来国内外在这方面的研究现状进行了综述。本书共 9 章，分别对镁及镁合金的简介、镁合金的分类、镁合金的强韧化原理、镁合金结构设计及成分优化、镁合金的变质技术、镁合金的合金化技术、镁合金的颗粒增强技术、镁合金的晶粒细化技术、镁合金的热处理技术进行了系统的论述。

本书可供高等院校、研究所等相关领域的教师、研究工作者和工程技术人员，在镁合金制备工艺等方面阅读参考。

图书在版编目（CIP）数据

镁合金强韧化原理及技术 / 游志勇著. －－ 北京：
北京理工大学出版社，2024.4
ISBN 978 - 7 - 5763 - 3961 - 1

Ⅰ．①镁… Ⅱ．①游… Ⅲ．①镁合金 - 强化机理
Ⅳ．①TG146.22

中国国家版本馆 CIP 数据核字（2024）第 093862 号

责任编辑：王梦春	文案编辑：魏　笑
责任校对：刘亚男	责任印制：李志强

出版发行 / 北京理工大学出版社有限责任公司
社　　址 / 北京市丰台区四合庄路 6 号
邮　　编 / 100070
电　　话 / （010）68944439（学术售后服务热线）
网　　址 / http://www.bitpress.com.cn

版 印 次 / 2024 年 4 月第 1 版第 1 次印刷
印　　刷 / 三河市华骏印务包装有限公司
开　　本 / 710 mm × 1000 mm　1/16
印　　张 / 16.25
彩　　插 / 3
字　　数 / 281 千字
定　　价 / 92.00 元

前　言

随着世界范围内的工业化，以及资源的规模化开采，锌、铜、铝、铁等多种金属资源日趋匮乏，迫切需要寻找新的金属替代材料。镁是自然界中含量最高的一种元素，与其他金属相比，在轻量化方面的潜能未被发掘，发展和利用远不及钢铁、铝、铜等。随着许多传统金属资源的日益枯竭，加快对镁资源的开发利用是实现社会可持续发展的一项重要举措。

镁合金具有低密度、高比强度、良好的机械性能，在各个领域具有广泛的应用。首先，镁合金的轻量化特性在汽车行业中备受关注。通过使用镁合金材料代替传统的重型材料，如钢铁和铝合金，可以显著减少汽车的整体质量，提高燃油效率，减少尾气排放，并提升车辆的性能和安全性能。其次，由于航空航天行业对材料轻量化和高性能的要求较高，镁合金因低密度和良好的强度特性而受到青睐。镁合金可以被用于制造飞机、火箭、卫星等航天器件，有助于提高运载能力、节省燃料和降低成本。最后，镁合金可以用于制造手机、平板电脑、笔记本电脑等电子设备的外壳或作为结构材料，具有良好的导热性和抗电磁干扰能力，能够提供更好的性能和可靠性。

在"十四五"时期，我国将继续加强镁合金材料的研究和开发，以推动相关产业的快速发展并提高核心技术能力，具体措施为①政策支持：国家出台一系列支持镁合金产业发展的政策措施，包括资金扶持、减税优惠、研发项目立项等，促进科研机构和企业加大对镁合金的研究力度，将提高技术水平和产品品质；②创新平台建设：进一步加强创新平台的建设，包括国家实验室、工程技术研究中心等，为镁合金材料的研究提供更好的科研条件和技术支持，促进科学研究成果的转化和产业化；③产业链协同发展：国家鼓励企业间的合作与协同创新，推动镁合金产业链的协同发展。通过建立产学研合作机制，加强产业链上下游企业的合作，形成完整的供应链和价值链，提高整个产业的竞争力。

强韧性是指材料在受力作用下既能够承受较大的应力而不发生破坏，又能够吸收较大的形变能量，以延缓或抑制断裂的发生，即具备较高强度的同时也具备较好的韧性。传统镁合金的强韧性一直是制约其广泛应用的难题。因此，为了进一步提高镁合金的强韧性，需要深入研究原理并开发相应的技术手段，以满足实际应用的需求。

本书通过对镁合金强化和韧化原理的详细介绍，使读者了解镁合金中强韧性问题的本质。同时，本书介绍一系列强韧化技术，包括变质技术、合金优化设计、晶粒细化、热处理等，以及相关的试验方法和测试手段。强韧化技术手段的应用，使镁合金的拉伸强度、伸长率、冲击韧度等性能得到显著提高，从而扩宽了镁合金在各个领域的应用范围。

作者多年来一直从事高性能镁合金材料的研究工作，并取得了一些研究成果。本书主要内容是对部分现有研究成果进行总结，同时参考国内外相关文献进行论述。本书共分9章：第1章介绍镁合金的资源、性质和发展历史；第2章介绍铸造镁合金和变形镁合金的分类，镁合金的成形技术；第3章介绍镁合金的强化和韧化原理；第4章介绍镁合金结构设计及成分优化；第5章介绍C、Ca、Sr、Sm等元素对镁合金的变质技术；第6章介绍镁合金的合金化技术，包括Re、Zn、Sb、Cu、Al-Ce基和其他元素合金化；第7章介绍外加颗粒增强和原位自生增强两种镁合金的颗粒增强技术；第8章介绍镁合金的晶粒细化技术，包括晶粒细化剂、快速凝固、超声振动和机械（电磁）搅拌、挤压变形；第9章介绍镁合金的热处理状态，热处理工艺参数及影响，热处理用保护气氛，热处理质量控制，热处理安全技术。

作者衷心希望本书能对从事镁合金工作的学者、科研人员、生产技术人员提供丰富的理论和实践知识，促进镁合金强韧化技术的开发和应用，对我国镁合金材料的发展起到一定的推动作用。

由于作者水平有限，不足之处在所难免，恳请广大读者提出批评、指正。

作　者

2023 年 10 月

目　录

第1章

镁及镁合金的简介

随着汽车工业、通信电子业和航空航天业等领域的发展，镁合金得到了广泛的应用。近年来，全球镁合金产量年增长率高达20%，充分展示了巨大的应用潜力。镁合金作为一种质量轻的金属结构材料，具备多种优异的性能，如出色的阻尼性、导热性以及切削加工和铸造性能等，这种材料的广泛应用将有助于提高产品的性能和效率，并有效减少能源消耗和环境影响。

在汽车工业中，镁合金的轻量化特性使整车质量降低，从而提升了燃油经济性并减少了尾气排放。同时，镁合金的高强度和高刚度使其成为车身和引擎部件制造领域的理想材料，能够提供良好的结构支撑和安全性。

在通信电子领域，镁合金被广泛应用于手机外壳和笔记本电脑外壳等产品的制造，为产品的轻薄便携性提供了有力的支撑。此外，镁合金的优异导热性能有利于维持设备的稳定性，并有效地促进散热。

在航空航天领域飞机和火箭的结构件制造中，镁合金轻质特性有助于减少起飞和飞行过程中的能耗，提高燃料效率。同时，镁合金良好的电磁屏蔽能力能确保电子设备免受干扰。

总体而言，镁合金在各个领域具备广阔的应用前景，在技术不断升级和发展的推动下，镁合金将继续发挥重要作用，对各个行业的发展做出贡献。

|1.1　镁合金的概述|

作为技术革命和人类文明发展的基石，材料在社会生活和经济发展中起着重要的作用。如今，先进新材料的发展已成为国际竞争的焦点，对一个国家的高端制造和国防安全至关重要。在镁合金材料方面，我国在多个方向上技术领先，以下是一些例子：

①材料研究与开发。我国在镁合金材料的研发和生产方面取得了显著进展。通过改进合金配方、优化生产工艺和探索新的合金类型，我国的科研团队不断提高镁合金的性能和可靠性。

②技术应用。镁合金材料广泛应用于航空航天、汽车制造、电子设备等领域。在汽车行业，我国的镁合金轻量化技术在减少车辆质量和提高能效方面具有重要作用。

③加工工艺。通过发展先进的加工技术，如塑性加工、铸造、表面处理等，能够生产高品质、复杂形状的镁合金制品，并实现良好的成型性能。

④标准与规范。我国积极参与国际镁合金标准的制定和发展。通过与国际机构合作，使我国能够对镁合金材料进行更加准确和全面的评估，确保产品的质量和安全性。

然而，与先进发达国家相比，我国在许多方面仍然存在差距，特别是在高精端材料和材料制备技术方面。尽管我国部分先进基础材料产量居世界第一，但生产能耗大、成本高，关键战略材料产业链的上下游存在脱节、技术体系不完备，部分配套产业和制造设备对外依存度高等问题一直制约我国镁合金材料的发展。此外，在前沿新材料方面，我国跟跑阶段较多，原始创新亟待加强。

在"双碳"和矿产资源短缺的背景下，突出重点发展我国具有资源优势的先进材料非常重要。镁及镁合金材料具有资源丰富、力学性能优异、功能特性出色、环境友好等特点，是非常有潜力的轻量化材料和储能材料[1-6]。

|1.2 镁的资源|

我国所具备的镁矿资源储量和产量均处于世界领先地位，彰显了在镁产业中的突出优势。根据统计数据显示，我国的镁合金主要以白云石矿形式分布在全国各省区，尤其是山西省、宁夏回族自治区、河南省和贵州省等。目前已发现可开采白云石镁矿超过 200 亿吨，较 20 世纪末的 40 亿吨有显著增长。我国拥有四大盐湖区，这些区域的镁盐矿产资源潜力巨大，远景储量可达数十亿吨，特别是柴达木盆地的 33 个卤水湖、半干涸盐湖和干涸盐湖，蕴藏着我国最丰富的镁盐资源，盐湖氯化镁储备量达到 40 亿吨。此外，我国海域中也蕴藏着丰富的镁资源，镁含量高达 0.13%。我国的镁矿资源类型多样，分布广泛，占全球总储量的 22.5%，居于世界之首。菱镁矿储量位居全球之冠，已确认储量达 34 亿吨，占全球菱镁矿总储量的 28.3%[7]。

一些研究者，如师昌绪院士等认为镁资源可谓"取之不尽、用之不竭"，并呼吁国家高度重视镁产业的发展，并积极推进。发展镁产业将有助于解决我国面临的战略资源短缺问题，并促进中国主导的高端产业发展，提升我国经济社会的竞争力，确保经济安全和战略资源的安全。

|1.3 镁的性质|

1774 年，镁首次被人们发现，并以希腊古城 Magnesia 命名，原子序数为 12，元素符号为 Mg，相对原子质量为 24.305，属于元素周期表中 ⅡA 族碱土金属元素。纯镁的密度为 1.738 g/cm^3，是一种轻金属。

1.3.1 物理性质

热学性质：镁在温度为 293 K 的体积比热容为 1.025 kJ/(kg·K)，比其他金属的比热容低。另外，合金元素对镁的热容影响不大，所以镁及其合金加热和散热比其他金属快。

电学性质：纯镁的电导率为 22.6×10^6 S/m，电阻率为 1.54×10^{-8} Ω·m。室温下添加合金元素对镁合金电导率和电阻率的影响如图 1-1 所示，可以看到添加合金元素后，复合材料的电导率的原子分数呈现下降趋势，而电阻率的原子分数升高。

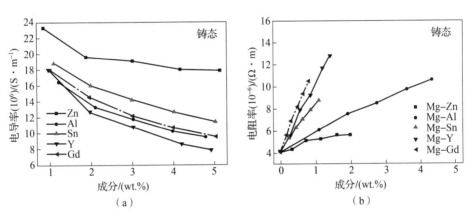

图 1-1 组二元 Mg-(1-5)x 镁合金

（a）电导率；（b）电阻率随原子分数的变化[8]

光学性质：镁在可见光范围内的反射率较高，为 85%~95%；镁的折射率较低，在可见光范围内约为 1.5。

声学性质：声波在拉拔并退火的镁材料中的传播速度为 5.77 km/s；横波传播速度为 3.05 km/s；纵波传播速度为 4.94 km/s。

线膨胀系数：多晶镁在 0~550 ℃ 范围内的线膨胀系数可表示为

$$\alpha_1 = (25.0 + 0.018\,8t) \times 10^{-6} \tag{1.1}$$

式中，α_1 为线膨胀系数，℃$^{-1}$；t 为摄氏温度。

由式（1.1）推导出来在不同温度下，多晶镁平均线膨胀系数如表 1-1 所示。添加元素对镁线膨胀系数的影响情况如图 1-2 所示，添加合金元素后，多数镁的线膨胀系数是逐渐下降的，但添加 Sn 元素后，镁的线膨胀系数呈现先下降后上升又下降的趋势。

表 1 - 1 多晶镁平均线膨胀系数

温度区间/℃	20 ~ 100	20 ~ 200	20 ~ 300	20 ~ 400	20 ~ 500
线膨胀系数/($℃^{-1}$)	26.1×10^{-6}	27.1×10^{-6}	28.1×10^{-6}	29.0×10^{-6}	29.9×10^{-6}

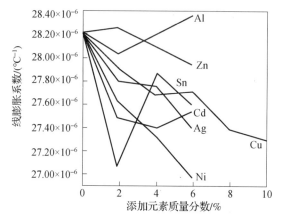

图 1 - 2 添加元素对镁线膨胀系数的影响情况[9]

1.3.2 化学性质

镁是具有银白色金属光泽的金属，电化学排序中被归为最后一类，具有极高的化学活性。在空气中镁由于氧化而迅速变暗，形成一层薄而具有保护性的氧化镁膜，这种氧化镁薄膜具有脆性较高的特点，并且致密性不如氧化铝薄膜。因此，镁的耐蚀性较差，易受到外界环境的侵蚀。在潮湿的大气、海水、无机酸及镁的盐类、有机酸和甲醇等介质中，镁显示出剧烈的腐蚀反应。然而，在干燥的大气、碳酸盐、氟化物、铬酸盐、氢氧化钠溶液以及不含水和酸的润滑油等环境中，镁则表现出相对较高的稳定性。因此，对于镁材料的应用和保护，需加以重视和进行经济可行的腐蚀防护措施的研究与实施。

在标准大气压下，纯镁的熔点为（652 ± 1）℃，沸点为 1 107 ℃，随着压力增加，镁的熔点逐渐升高，如图 1 - 3 所示。

1.3.3 力学性质

镁的力学性能受多种因素影响，其中纯度和温度是两个重要因素。研究表明，镁的纯度对其弹性模量具有显著影响，当镁的纯度为 99.98% 时，其动态弹性模量为 44 Gpa，静态弹性模量为 40 Gpa；当纯度下降至 99.80% 时，动态弹性模量和静态弹性模量分别增加至 45 Gpa、43 GPa。这表明，高纯度镁具有

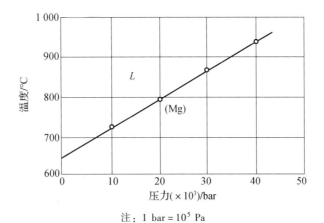

注：1 bar = 10⁵ Pa

图 1 – 3　金属镁的温度 – 压力关系图[9]

较低的弹性模量，而随着纯度下降，弹性模量有所增加。此外，温度的变化也对镁的弹性模量产生影响，随着温度的升高，镁的弹性模量会下降。

　　在工程的应用中，纯镁常常表现出塑性差和强度较低的特点。塑性较差表现出相对较低的强度，这是因为镁晶体的结构是一种密排六方晶体[10]结构（Hexagonal Closepacked Structure，HCP），虽然镁晶体体积密度和原子配位数与面心立方晶体相同，但两者的塑性变形能力存在差异。面心立方晶体具有 12 个滑移系，而密排六方晶体在室温下仅具有一个主滑移面（0001），也被称为基面，临界切应力仅为 25 MPa。滑移是晶体在受外力作用下发生塑性变形的一种基本形式，滑移系数较低会限制纯镁的塑性变形能力。相较于面心立方晶体，在相同应力作用下，密排六方晶体的滑移位错密度较低，导致滑移带宽度窄，使纯镁的塑性变形受到限制。因此，纯镁在应力加载下容易发生断裂。

　　为了提高镁合金的塑性和强度，除了基面滑移系外，需要激活其他非基面滑移系。目前研究发现，在满足 Von Mises 准则的情况下，镁合金常按柏氏矢量可分为 <a> 滑移和 <$c + a$> 滑移，滑移方向是 <1120> 和 <1123>，如表 1 – 2 所示。其中 <1123> 与基面平行且垂直于 c 轴，因此具有较高的活动性。包含 <1123> 晶向的晶面有 {1011}、{1121}、{1012} 和 {1122} 等锥面，在镁合金的塑性变形中发挥重要作用。通过合理设计合金配方、热处理工艺等手段，可以有效激活非基面滑移系，进一步提高镁合金的塑性能力和强度。

　　相对于纯镁，镁合金的优异性能表现在以下几个方面：

　　①轻质高强：镁合金的比重约为 1.74 g/cm³，约为铝合金的三分之二。尽管轻巧，然而镁合金具有出色的强度和刚度，比许多其他常见的结构材料（如铝合金和钢铁）的强度都要高。

表 1-2　镁晶体不同柏氏矢量的滑移系

	滑移面	滑移方向	滑移系	独立滑移系	临界分切应力/Mpa
<a>	基面 {0001}	<1120>	3	2	0.5
	柱面 {11-10}		3	2	25
	锥面 {10-11}		6	4	—
<c+a>	第一锥面 {10-11}	<1123>	6	5	40
	第二锥面 {11-22}				200

②出色的减振性能。相较于铝合金、钢铁等材料，在相同受力条件下，镁合金能够消耗更大的变形功，具有更好的降噪和减振功能。

③良好的铸造性能。镁合金与铁的反应较少，因此可以使用铁坩埚进行熔炼。此外，镁合金对压铸模具的侵蚀也相对较少，从而延长模具的使用寿命。

④镁合金的体积收缩率相对较低，一般为4%~6%。相比于其他金属，镁合金在铸造过程中的收缩量小，是一种具有优异尺寸稳定性的合金。

⑤出色的切削加工性能。镁合金与铝合金、铸铁和低合金钢零件加工所需功率比值为1:1.8:3.5:6.3，由此可见，镁合金的切削速度更高，有效减少加工时间。此外，镁合金常常可以在干态下进行加工，无需使用切削液，从而改善零件表面质量，降低摩擦力并提高刀具寿命。

⑥良好的磁屏蔽性能，能够阻隔电磁波。这使得镁合金成为制造电子设备外壳的理想选择，尤其适用于需要发生电磁干扰的设备。制造塑料电子电器时通常需要在表面喷涂导电漆、施加金属涂层，或在塑料内部添加导电材料和金属箔等，以提高电磁屏蔽性能，这些方法增加了生产工艺的复杂性，提高了产品的成本和价格，且电磁屏蔽效果有限。

⑦卓越的散热性能。AZ91镁合金的密度、比热容和导热率分别为 1.81 g/cm^3、1050 J/(kg·K)、72 W/(m·K)；而A380铝合金的密度、比热容和导热率分别为 2.74 g/cm^3、963 J/(kg·K)、96 W/(m·K)；工程塑料ABS的密度通常为 $1.03~1.06 \text{ g/cm}^3$、比热容为 $1.4~1.6 \text{ kJ/(kg·K)}$、导热率为 $0.1~0.3 \text{ W/(m·K)}$。计算得出镁合金、铝合金、ABS的热扩散系数分别为 $3.79 \times 10^{-5} \text{ m}^2/\text{s}$、$3.64 \times 10^{-5} \text{ m}^2/\text{s}$、$1.6 \times 10^{-7}~1.9 \times 10^{-7} \text{ mm}^2/\text{s}$。因此，与塑料和铝合金相比，镁合金的散热性能略胜一筹。

|1.4　镁及镁合金的发展历史|

镁金属的发现可以追溯到 1774 年，当时英国科学家戴维成功地利用 $MgCl_2$ 还原得到了纯度较高的镁金属，这是人们首次认识到镁金属的存在。从那之后，人们开始对镁合金的性质进行进一步的探索[11]。

19 世纪 60 年代，人们开始尝试采用化学法制备镁金属，因此，不同的实验方法被提出。尽管取得了一些进展，但由于工业化生产规模的限制，镁金属的实际应用仍然面临挑战。

1992 年，由于我国采用皮江法炼镁，使原镁的价格降低到与铝差不多的程度，促使镁合金进入第二个飞速发展期。1995 年，在国际市场镁价格上涨的推动下达到了建设高潮，随着皮江法炼镁生产工艺不断的改进与完善，我国逐渐走上符合国情的镁工业之路。1996 年，虽然镁价格下跌，但我国原镁产量一直保持快速的增长势头。2000 年，世界镁实际产量达到 43 万吨，其中，我国镁产量达到 19.5 吨。

进入 21 世纪，在绿色无污染和可持续发展的背景下，对轻量化和能源效率的需求不断增加。人们对镁合金的研究和应用产生更高的期待。镁合金以其低密度、高强度和良好的加工性能等优势，成为满足人们对环保、轻质和高性能材料需求的理想选择。在汽车工业、航空航天、电子产业等领域，镁合金的优异性能得到充分的认可。

镁合金的规模化生产正逐步在全球范围内得到实现。各国政府和企业纷纷投资镁合金产业，加大研发力度和生产能力，努力满足不同行业对高性能材料的需求。在全球范围内，镁合金的市场前景广阔，正在成为材料科学和工程领域引人注目的研究热点，为可持续发展提供重要的支撑[12-16]。

参 考 文 献

[1]　Song J，Chen J，Xiong X，et al. Research advances of magnesium and magnesium alloys worldwide in 2021 ［J］. Journal of Magnesium and Alloys，2022，10（4）：863 – 898.

［2］ Yang Y, Xiong X, Chen J, et al. Research advances in magnesium and magnesium alloys worldwide in 2020 ［J］. Journal of Magnesium and Alloys, 2021, 9 (3): 705 – 747.

［3］ 宋江凤, 潘复生. 加快推进我国镁产业发展的若干思考 ［J］. 现代交通与冶金材料, 2022, 2 (6): 1 – 5.

［4］ 常毅传, 李骏骋, 谢伟滨, 等. 镁合金生产技术与应用 ［M］. 北京: 冶金工业出版社, 2018: 01.

［5］ 陈振华. 变形镁合金 (精) ［M］. 北京: 化学工业出版社, 2005.

［6］ 刘正, 张奎, 曾小勤变形. 镁基轻质合金理论基础及其应用 ［M］. 北京: 机械工业出版社, 2002.

［7］ 张津, 陶艳玲, 孙智富, 等. 镁合金 AZ91D 的阻尼减振性能 ［J］. 机械工程学报, 2006, 42 (10): 186 – 189.

［8］ 宋锴. 镁合金电磁屏蔽性能的研究 ［D］. 重庆: 重庆大学, 2016.

［9］ 张津. 镁合金选用与设计 ［M］. 北京: 化学工业出版社, 2017.

［10］ Unsworth W, King J F. New magnesium alloy system ［J］. Light Metal Age, 1979, 37 (7): 65 – 70.

［11］ Qian M, Stjohn D H, Frost M T. Characteristic zirconium – rich coring structures in Mg – Zr alloys ［J］. Scripta Materialia, 2002, 46: 649 – 654.

［12］ 陈晓强, 刘江文, 罗承萍, 等. 高强度 Mg – Zn 系合金的研究现状与发展趋势 ［J］. 材料导报, 2008, 22 (05): 58 – 62.

［13］ 麻彦龙, 潘复生, 左汝林, 等. 高强度变形镁合金 ZK60 的研究现状 ［J］. 重庆大学学报, 2004, 27 (09): 80 – 85.

［14］ 周江, 刘科研, 金龙兵, 等. ZK61M 变形镁合金铸造工艺研究 ［J］. 轻合金加工技术, 2010, 38 (08): 13 – 16.

［15］ Luo S, Chen Q, Zhao Z. An investigation of microstructure evolution of RAP processed ZK60 magnesium alloy ［J］. Materials Science and Engineering A, 2009, 501 (1 – 2): 146 – 152.

［16］ Jun J H, Kim J M, Park B K, et al. Effects of rare earth elements on microstructure and high temperature mechanical properties of ZC63 alloy ［J］. Journal of Materials Science, 2005, 40 (9 – 10): 2659 – 2661.

第 2 章

镁合金的分类

镁合金可以按照其成形技术分为铸造镁合金、变形镁合金和镁基复合材料。铸造镁合金是通过铸造工艺将液态的合金浇铸成所需形状的工件。变形镁合金是通过加工（例如锻造、挤压、拉伸等）将固态镁合金铸坯加工成所需的形状和尺寸。镁基复合材料是在镁合金基体中添加其他强化相（例如纤维、颗粒等）来提高材料的力学性能。这些不同的成形技术使镁合金在各种工业领域具有广泛的应用。

|2.1　铸造镁合金|

根据不同添加合金元素的种类和含量，镁合金可分为几个系列：Mg – Al 系合金、Mg – Zn 系合金、Mg – Mn 系合金、Mg – Zr 系合金、Mg – 稀土金属系合金。

2.1.1　Mg – Al 系合金

在镁合金中引入 Al 元素可以显著改善镁合金的铸造性能，通过固溶强化和析出硬化等机制提高强度和耐蚀性[1]。Al 元素的存在往往会降低合金的延展性，因此具有较低铝含量的镁合金展示出更好的韧性。

常见的 Mg – Al 系合金种类包括以下几种：

①AZ 系列：AZ 系合金以铝（Al）和锌（Zn）为基础合金元素，通常添加少量的其他元素（如锰、铜、铝合金中的稀土元素等）来改善合金的力学性能和耐腐蚀性。AZ 系合金在航空航天、汽车和电子等领域得到广泛应用。

②AM 系列：AM 系合金以铝（Al）和镁（Mg）为主要合金元素，通常添加其他元素（如锰、铜、锌等）来调节合金的性能。AM 系合金具有较高的拉伸强度、优异的耐腐蚀性和良好的铸造性能，适用于高强度和轻量化的应用。

Mg – Al 系合金在航空航天领域中得到广泛应用，通常用于制造飞机结构件、发动机零部件和一般用途的铸件等，这些合金以低密度、高强度和较好的热稳定性而闻名。此外，这些合金还具有良好的耐蚀性和抗疲劳性能，成为许多高强度应用的理想选择[2]。

在民用工业领域，Mg – Al 系合金可用于制造手机、电脑、数码相机等便携式电子产品的外壳或零件；在汽车工业中，Mg – Al 系合金可用于制造发动机零件、离合器壳体、轮毂等[3]；在电器制造业、纺织机械以及日用品中，Mg – Al 系合金也有广泛的应用。

2.1.2　Mg – Zn 系合金

Mg – Zn 系合金是一类由镁和锌组成的合金材料，Zn 元素可以通过固溶强化和时效强化机制提高镁合金的强度。以下是一些常见的镁锌合金的代表：

①ZM2：主要由镁和锌组成，适用于高性能汽车和航空航天领域。

②ZM3：镁锌合金，添加少量锆（Zr），以提高强度和耐腐蚀性能。

③ZM5：主要由镁和锌组成，包含少量锰（Mn），具有良好的强度、韧性和耐腐蚀性能。

④ZM6：类似 ZM5，但添加了稀土元素，以提高合金的强度和热稳定性。

⑤ZK60：主要由镁和锌组成，添加少量锆和铝（Al），用于航空航天和运动器材等领域。

⑥ZE41：镁锌合金，添加少量稀土元素和锆，具有较高的强度和耐腐蚀性，适用于航空航天和汽车领域。

⑦ZE63：镁锌合金，含有锆和锡（Sn），以提高强度和耐腐蚀性能，在航空、航天和国防领域得到应用。

⑧ZK40：镁锌合金，含有锆、锑（Sb）和锡等元素，具有较高的强度和稳定性，广泛应用于汽车和航空航天领域[4]。

这些 Mg – Zn 系合金在不同的应用中具有不同的优势和特点，具体选择合适的合金要考虑所需的材料性能、成本、加工性能以及应用环境等综合因素。

2.1.3　Mg – Mn 系合金

Mg – Mn 系合金是指由镁和锰组成的合金材料。常见的镁锰合金有：

①镁锰合金[5]：这是一种基于镁和锰的二元合金。镁锰合金通常在含锰量较低的情况下使用，以提供良好的耐腐蚀性和可加工性。在某些特殊应用中，锰的含量可以高达 30%。

②AZ 系列合金：这是一系列含锰的镁合金，其中最常见的是 AZ31、AZ61 和 AZ91。这些合金中的"Mn"代表锰的含量。AZ 系列合金具有较高的强度、良好的耐腐蚀性和可加工性，在汽车、航空航天和电子等领域得到广泛应用。

③低锰镁合金：一种含锰量较低的镁合金，通常在 0.1%～1.5% 的范围

内。低锰镁合金具有良好的可加工性和耐腐蚀性，主要用于铸造和锻造制造以及电子器件等领域[6-10]。

2.1.4　Mg-Zr系合金

镁锆合金是一种由镁和锆组成的合金材料，含有不同比例的镁和锆。以下是一些常见的镁锆合金：

①Mg-Zr合金：这是最常见的镁锆合金，其中锆的含量较低（通常低于1%）。Mg-Zr合金具有良好的机械性能、优异的耐腐蚀性，常用于航空航天、汽车和电子器件等领域。

②Mg-Zr-Ca合金：这种合金在Mg-Zr合金中添加了钙（Ca）元素。钙的添加可以提高合金的强度和耐热性能，使Mg-Zr-Ca合金适用于高温应用领域。

③ZE系列合金：这是一系列含锆的镁合金，其中最常见的是ZE41、ZE63和ZE41A。在这些合金中，锆的添加改善了合金的强度和耐蚀性，使ZE系列合金适用于航空航天、汽车和国防等领域。

2.1.5　镁-稀土金属系合金

镁-稀土金属系合金是指由镁和稀土金属组成的合金。稀土金属是指元素周期表中镧系和钇系元素，包括镧（La）、铈（Ce）、钕（Nd）等。常见的镁-稀土金属系合金有：

①Mg-La合金：镧的添加可以提高合金的强度和耐热性能，同时改善耐腐蚀性和抗氧化能力。Mg-La合金常用于航空航天、汽车和电子器件等领域。

②Mg-Ce合金：由镁和铈组成的合金，铈的添加可以提高合金的强度、耐热性和耐腐蚀性。Mg-Ce合金常用于航空航天、汽车和船舶等领域。

③Mg-Nd合金：钕的添加可以提高合金的强度、塑性和耐腐蚀性能，同时改善耐高温性能。Mg-Nd合金常用于航空航天和高温应用领域。

④Mg-Y合金：这是由镁和钇组成的合金。钇的添加可以提高合金的强度、耐热性能和耐腐蚀性能。Mg-Y合金常用于航空航天、汽车和电子器件等领域。

|2.2　变形镁合金|

变形镁合金通过冲压、弯曲、轧制和挤压等变形工艺，实现形状和厚度的调整。它的关键特点在于通过材料结构的控制和热处理工艺的应用，实现较高的强度、优异的延展性等力学性能，这为该材料在航空、汽车、电子等领域的广泛应用奠定了基础。

军事航空业是变形镁合金最早的应用领域之一。二战时期，德国在航空上应用了许多镁合金部件；变形镁合金在导弹、卫星中也发挥了重要角色。变形镁合金可用于制造汽车的轻量化承载部件，如座架、窗框、轮毂等；此外，变形镁合金薄板还用于制造车身组件的外板，如车门、罩盖、护板和顶板，在不影响强度的同时大大减轻车身质量。

2.2.1　变形镁合金的牌号

不同牌号的变形镁合金的性能、特点是不一样的。添加合金元素可以有效增加变形镁合金的强度，例如 Al 和 Zn 的添加可以形成固溶体、过饱和固溶体和析出相，从而增强合金的强度；Mn 的掺入可以细化晶粒，提高合金的塑性和韧性，有利于延展性能的改善；Y 的加入也能有效提高高温强度和抗蠕变性能，进一步扩展变形镁合金的应用领域。

合金元素的存在能够显著改善变形镁合金的热变形性能，有利于锻造和挤压成型的进行，例如 Zr 的加入可以细化晶粒并改善结晶行为，从而提高合金的塑性变形能力；而 Re 元素的引入有助于提高合金的热加工稳定性和软化行为，同时减小材料的应力应变敏感性，使得变形过程更加可控和稳定，具体的变形镁合金的牌号如表 2 – 1 所示。

表 2 – 1　变形镁合金的牌号

合金系	合金牌号	合金元素含量/%					状态	力学性能			基本特点
		Al	Zn	Mn	Zr	其他		$R_{\mathrm{m}}/$ Mpa	$R_{\mathrm{p0.2}}/$ Mpa	$A/\%$	
AZ 系	AZ31B	3	1	0.2			H24	260	170	15	中强，可焊，成形性好
	AZ80A	8.5	0.5	0.12			T6	340	250	11	高强
ZM 系	ZM21		2	1			F	200	125	9	中强，成形性好，阻尼性好
ZK 系	ZK31		3		0.6		T5	295	210	7	高强
	ZK60A		5.5		0.45		T5	305	215	16	高强

合金系	合金牌号	合金元素含量/%					状态	力学性能			基本特点
		Al	Zn	Mn	Zr	其他		$R_{\mathrm{m}}/$ Mpa	$R_{\mathrm{p0.2}}/$ Mpa	$A/\%$	
HK 系	HK31				0.7	Th3.2	T5	225	175	3	抗蠕变性好
LA 系	LA141A	1.2		0.2		Li14	T7	115	95	10	超轻

由于 AZ 系列合金中的 Al 含量增加，轧制时会有开裂倾向的增大。因此，在制备板材形式的变形镁合金时，需要严格控制合金中的 Al 含量，以克服开裂倾向，确保制品的质量和性能。

ZK60 合金在强度和塑性方面表现出色。Zn 的添加使合金的强度得到显著提高，同时保持较高的塑性，这使得 ZK60 合金在许多应用领域中具有广泛的应用潜力。此外，合金良好的耐腐蚀性能和抗疲劳性能，使其成为制造航空航天零部件、舰船构件和运动器材等部件的理想选材。

2.2.2 变形镁合金的特点及应用概况

在拉应力作用下，镁合金的滑移仅限于基面与拉应力方向相倾斜的晶体内，这种方位的限制导致滑移过程会受到极大的阻碍。由于晶体滑移受限，而滑移在晶体内进行，晶体需要转向与拉应力方向平行。这些因素共同作用，使得镁合金在拉伸过程中表现出脆性断裂。相反，在压应力作用下，镁合金可以表现出较好的塑性。尽管滑移过程受到限制，但随着外力的持续增加，可以导致孪晶的形成。孪晶形成后，晶体取向发生变化，导致原有的限制在滑移系统上解除。这种重新启动的滑移有助于增加镁合金的变形能力，并在一定程度上提高其塑性[11,12]。

相较于铸造镁合金，变形镁合金具有更优异的综合性能。首先，变形镁合金的成分均匀性得到更好的控制，这可以通过合金化处理和热处理等工艺方法来实现。其次，变形镁合金的组织结构更细致，晶粒尺寸相对较小，从而提高合金的强度和延展性。这种细致的组织结构有利于滑移和孪生机制的启动，从而增强变形镁合金的塑性能力。最后，变形镁合金具有较高的致密性和更均匀的内部结构，这可以进一步提高材料的强度和机械性能。

变形镁合金板材有广泛的应用前景。与压铸件相比，变形镁合金板材具有更高的强度和更好的延展性，这使得变形镁合金板材可以承载更大的应力，并在应力作用下保持良好的变形能力，适应更复杂的应用环境；与塑料外壳相比，变形镁合金板材具有更好的抗损伤能力和均匀的变形性，为产品提供更高的可靠性和耐用性；变形镁合金板材还具备良好的薄壁成形能力，适用于制作薄壁构件，如汽车内外部件、笔记本电脑外壳等。

|2.3　镁基复合材料|

镁合金通过引入其他金属元素，利用固溶强化的原理来提高合金强度，改善纯镁的性能。为了进一步提高镁合金的性能，人们开发了镁基复合材料[13]，它具有比强度高、尺寸稳定性好、抗冲击性强、易加工等优点，并包含多组元的优异性能，被广泛应用于汽车、航空航天、人造骨骼和电子通信等领域[14]。

2.3.1　镁基复合材料的组成体系

1. 基体

基体在复合材料中占主导地位，其性能对材料的整体性能至关重要。镁合金作为镁基复合材料的基体具有许多优点。首先，镁合金具有较高的强度和硬度，相较于纯镁有明显的性能提升。其次，镁合金具有良好的耐磨性和抗蠕变性能，能够在高温和高应力环境下保持较好的稳定性。最后，镁合金具有良好的导热性能和导电性能，可以应用在一些特殊环境中。

2. 增强体

增强体是复合材料中的重要组成部分，增强体的选择和调控对于实现优良的增强效果至关重要。在镁基复合材料中，有多种类型的增强体可供选择。其中，碳材料[15]是一种常见的增强体，包括碳纤维、碳纳米管和石墨烯等。碳纤维具有优异的强度和刚度，应用于航空航天和汽车工业；碳纳米管则具有独特的结构和电子性质，在传感器和电子器件等领域具有广泛的应用前景；石墨烯作为新兴的二维材料，具有出色的导电性能和机械强度，在能源存储和催化剂领域具有重要作用。

除了碳材料，金属颗粒[16]和陶瓷颗粒[17]也常被用作镁基复合材料的增强体。金属颗粒可以提高材料的强度和导电性能，常见的金属颗粒包括铝、铜和锌等[18-20]；陶瓷颗粒具有优异的耐磨性和耐高温性能，是提高镁基复合材料耐蚀性和耐磨性的重要增强体。

增强体的分散性和界面结合强度对材料的性能起重要影响。为了优化增强体的分布和增强效果，研究人员通常采用先进的制备工艺和表面处理方法，例如采用机械合金化、真空热压等工艺可以实现增强体和基体之间的良好结合[21,22]。涂覆技术和化学成分调控也应用于增强体的界面，以提高增强体与基体间的相容性和界面结合强度。

2.1 SiC 颗粒增强体

SiC 颗粒增强体是镁基复合材料常用的增强体之一，具有低廉的价格和比强度、模量高的特点。其中，纳米级 SiC 颗粒在镁基复合材料中应用的优势日益凸显[23]。这是由于相比微米级颗粒，纳米级 SiC 颗粒能够保持复合材料的塑性，并具备良好的延展性。这种特性使纳米级 SiC 颗粒能够在提高复合材料的强度的同时，保持可塑性，提高耐冲击性。由于纳米级 SiC 颗粒的尺寸较小，颗粒的界面与基体间的相互作用和应力传递得到有效增强，进一步提高材料的强度和稳定性[24]。

另外，纳米级颗粒的尺寸相对较小，因此具有高比表面积，能够与基体更好地相互作用。当纳米级 SiC 颗粒添加到镁基复合材料中时，能够作为形核位点，促使晶粒细化并限制晶界的生长。通过这种方式，纳米级 SiC 颗粒改善了镁基复合材料的晶界结构，晶粒尺寸减小并可均匀分布。细化晶粒不仅有助于提高材料的强度和硬度，还能提高塑性，从而提升整体性能。

需要注意的是，虽然纳米级 SiC 颗粒在改善镁基复合材料性能方面具有许多优点，但在添加颗粒量时需要控制适当的比例。添加过多的 SiC 颗粒可能会导致颗粒团聚，降低复合材料的性能[25]。

2.2 Al_2O_3 颗粒增强体

Al_2O_3 颗粒增强体具有易于合成、高强度和耐磨性的特点。微米级和纳米级的 Al_2O_3 颗粒在镁基复合材料中的应用机制有所不同。

微米级 Al_2O_3 颗粒主要通过抑制晶界运动和细化晶粒来提高材料的强度。当微米级 Al_2O_3 颗粒添加到镁基复合材料中时，它们在晶界处形成有效的阻碍，限制晶界移动，从而提高材料的强度和硬度。此外，微米级颗粒还有助于细化镁基体的晶粒，改善材料的微观结构，细小的晶粒尺寸有助于增加晶界数量，提高材料的强度，并能有效抵御外界载荷。

纳米级 Al_2O_3 颗粒的尺寸更小，比表面积大，能够与基体形成更多的界面接触。当纳米级 Al_2O_3 颗粒添加到镁基复合材料中时，它们能够与镁基体反应生成 $Mg_{17}Al_{12}$ 相，进一步提高增强体与基体的界面结合性能[26]。这种界面反应不仅增强增强体与基体之间的结合，还能促进应力传递和能量耗散，提高复合材料的韧性。

除了对材料性能的影响，Al_2O_3 颗粒的易于合成特性也在镁基复合材料的应用中提供了便利[27]。Al_2O_3 颗粒的制备工艺成熟，可以通过不同的合成方法获得不同尺寸和形貌的颗粒，以满足不同应用需求。通过控制 Al_2O_3 颗粒的分配比，实现对镁基复合材料性能的针对性调控[28]。

2.3　碳纳米管增强体

碳纳米管具有密度小、刚度高和导热系数高的特点，成为良好的增强体选择。研究表明，碳纳米管的加入能够显著提高复合材料的力学性能，例如通过粉末冶金法制备的镁基复合材料添加了分散的碳纳米管，材料的热导率提高了 42.2%，这表明碳纳米管的导热性能有助于提高复合材料的导热效率[29]。

碳纳米管的存在还能有效阻止位错运动，增强复合材料的强度。通过喷雾沉积与热压烧结法制备的镁基复合材料添加了碳纳米管[30]。试验结果显示，复合材料表现出优异的强度和韧性。这是由于碳纳米管的叠层结构能够重新分配局部应变，增强材料的韧性[31]。

2.4　纤维增强体

纤维增强体能够使复合材料具有出色的强度和耐磨性。其中，碳纤维是一种常用的纤维增强体，碳纤维的主要优势为轻质高强度[32]，能够实现质量的降低同时保持良好的强度。

纤维增强体主要在纤维方向上具有高强度的特点，由于在基体中是随机混排的，故在基体中呈现各向同性的特点。Yamamoto 等[33]利用 SiC 连续纤维采用低压浸渗法制备了 SiC 纤维增强镁基复合材料。研究结果表明，添加 20% SiC 纤维后，制备的镁基复合材料的最高强度达到了 415 MPa。

纤维增强体的加入还能够改善材料的微观结构，细化晶粒。以 Zhang[34]等的研究为例，他们制备了一种 Al_2O_3 纤维增强 AM60 镁基复合材料。研究结果显示，Al_2O_3 纤维的添加能够在复合材料基体中形成细晶粒结构，这是由于 Al_2O_3 纤维产生空间位阻效应，限制 $\alpha - Mg$ 相晶体的生长，从而细化晶粒。

Xia 等[35]采用 TiO_2 包覆碳纤维增强体制备了镁基复合材料。研究发现，在复合材料中，碳纤维受到 TiO_2 涂层的保护，没有出现界面脆性碳化物相的形成。这说明包覆碳纤维增强体能够有效地保护碳纤维在材料中的完整性，从而提高复合材料的力学性能。

2.5　金属增强体

金属颗粒增强镁基复合材料是将金属颗粒添加到镁基复合材料中[36]。金属颗粒一般选择铝、铜、镍[37]等作为增强体。将这些金属颗粒加入镁基体中，能够有效地提高强度、导热性能和耐腐蚀性能等，可用于汽车、航空航天、船舶等领域[38]。

在制备金属颗粒增强镁基复合材料时，常用的方法是粉末冶金。在这个过程中，金属粉末和镁粉末均匀混合，并通过热压或热处理等工艺进行固态熔合。通过控制金属颗粒的添加量和分布均匀程度，可以调节复合材料的性能。

2.3.2　镁基复合材料的制备工艺

按照金属是否发生熔化，制备复合材料的方法可以分为固相和液相制备技术。液相制备技术包括搅拌铸造、挤压铸造、超声波辅助搅拌铸造和等离子喷涂技术；固相制备技术包括冷喷涂、粉末冶金、高压扭转及搅拌摩擦加工。

以下对制备技术的基本原理进行了介绍，并简要概述了各种技术的优缺点：

1. MMCs 液相制备技术

（1）搅拌铸造。

搅拌铸造是将基体加热至熔点后，通过机械、电磁或超声等搅拌技术将增强相加入，并在冷却凝固后制备复合材料的方法。如图 2-1 所示，本技术简单操作，是制备复合材料中经济性较高的一种方法[39,40]，且适用于制备较大尺寸的复合材料。然而，在制备过程中常出现气孔等铸造缺陷，并且增强相很难均匀分散于金属基体中，导致复合材料的力学性能下降，特别是纳米材料，高表面能使纳米尺寸的增强相更容易团聚[41,42]。

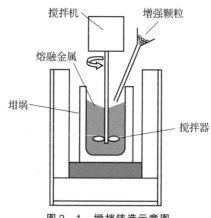

图 2-1　搅拌铸造示意图

研究显示，通过搅拌铸造制备镁基复合材料可以获得良好的性能，例如将石墨烯纳米片作为增强相[43]，可改变复合材料织构强度的分布，抑制脆性相的生成。同时，柱面滑移和锥面滑移的改变使复合材料的拉伸性能优于纯镁。与此类似，采用纳米尺寸的 Al_2O_3 作为增强相[44]，通过半固态搅拌铸造制备的镁基复合材料具有较高的耐蚀性。然而，纳米增强相团簇行为会导致孔隙率增大，并观察到硬质相的析出，使材料的硬度和拉伸强度呈现先增加后下降的趋势。

在采用搅拌铸造技术时，需注意不可加入过高体积分数的增强相，易导致增强相团聚和孔隙的生成，严重降低力学性能。研究表明，使用搅拌铸造制备镁基复合材料时，添加纳米尺寸的多壁碳纳米管（MWCNT）作为增强相[45]，并控制适量的体积分数，可获得良好的复合材料性能。随着增强相体积分数的增加，复合材料的拉伸强度和耐磨性表现为先增加后减小的趋势，同时硬度随体积分数增加而增加。变化趋势主要是由于载荷从基体向增强相 MWCNT 的有效传递，过高的体积分数会导致局部应力集中、变形开裂和孔隙率增大等现象，降低复合材料的耐磨性和力学性能。

（2）挤压铸造。

挤压铸造是将增强相预制块与熔融的金属基体结合起来，通过施加一定的压力，金属基体渗入增强相预制块中，保持一段时间压力后进行冷却，最终得到复合材料，如图 2 - 2 所示。与搅拌铸造相比，挤压铸造可以较好地解决铸造中存在的孔隙等缺陷问题[46]，提高复合材料的质量。

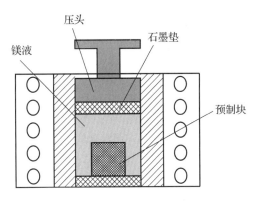

压头　石墨垫

镁液

预制块

图 2 - 2　挤压铸造示意图[47]

Radha 等[48]采用挤压铸造技术制备了 Mg/HA 复合材料和 Mg - Sn/HA 复合材料，并对两种复合材料的力学性能和耐腐蚀性能进行了研究。结果表明，相对于纯镁基体，这两种复合材料的拉伸性能均有所提升，微观观察发现增强相与基体之间的载荷传递效果良好，并且增强相有效阻止位错的运动。Mg/HA 复合材料由 α - Mg 和 HA 相组成，Mg - Sn/HA 复合材料主要由分布在晶界的 Mg_2Sn 相组成。由于 Mg_2Sn 相具有较好的耐腐蚀性能，使 Mg - Sn/HA 复合材料的耐腐蚀性能优于 Mg/HA 复合材料。此外，Mg_2Sn 相的硬度高于基体，并均匀分布在镁基体中，从而提高了复合材料的整体硬度。

挤压铸造是一种有前景的制备复合材料的工艺方法，可以通过消除铸造的缺陷来提高复合材料的质量。但在制备薄壁和复杂零件时，需要考虑冷却速度对加压的影响。

（3）超声波辅助铸造。

超声波辅助铸造是将超声波能量应用于铸造工艺中的技术。它通过在熔融金属中引入超声波振动，对熔融金属进行搅拌，起到均匀化和去除气泡的作用，以改善铸件的质量和性能。

超声波辅助铸造的主要原理是超声波振动的机械效应和声波效应。具体来说，超声波振动在熔融金属中产生声波束缚和声波空化效应，从而产生以下影响：

①去除气泡：超声波振动可以通过激发气泡在液态金属中的共振和剧烈振动，破裂和析出气体，从而减少和消除铸件中的气孔和气泡。

②搅拌和均匀化：超声波振动产生的微小涡流和剪切力可以改善金属的流动性，促进熔融金属的混合和均匀化，从而减少金属中的组织不均匀性和偏析现象。

③超声波辅助铸造可以应用于各种铸造工艺，例如压铸、重力铸造和砂铸等。它可以减少铸造缺陷，提高表面质量和机械性能。

当超声强度达到一定值时，超声与传播媒介发生相互作用，产生声空化、声流和热效应，从而实现细化晶粒和均匀化组织的效果。然而，需要考虑超声振动强度，过大的振动强度对抑制增强相团簇的效果产生负面影响。

Nie 等[49]采用超声振动辅助挤压铸造制备的纳米 SiC 颗粒增强镁基复合材料，超声振动可使 SiC 颗粒均匀分布在金属基体中，并明显减少团簇的形成。此外，在超声波作用下，合金的晶粒度几乎不受超声波强度变化的影响，$Mg_{17}Al_{12}$ 相的形貌随超声波强度的增大，从片状向细小片状转变。拉伸试验发现，SiC 增强镁合金复合材料比镁合金具有更高的拉伸强度，且随超声波强度的提高，材料的拉伸强度呈先上升后下降的趋势。

（4）等离子喷涂。

等离子喷涂技术是利用高压直流电将气体电离成等离子弧的工艺，通过产生的等离子焰流，可以高速冲击金属基体表面，形成金属基复合材料，从而提高金属基体的性能。这种技术能够有效地将增强相粉末与熔化状态的金属基体结合，形成致密的复合材料结构。相比于传统的涂覆方法，等离子喷涂技术具有更高的冲击速度和更好的材料结合性，因此被广泛应用于金属表面涂层的制备，如图 2 - 3 所示。

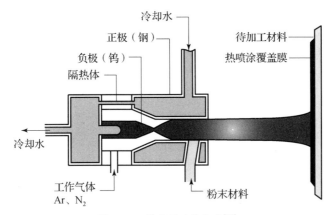

图 2 - 3　等离子喷涂技术[50]

等离子喷涂的主要步骤如下：

①准备工作：首先准备要喷涂的基材表面，通常需要进行清洁和粗糙化处理，以改善涂层与基材的附着力。

②准备喷涂材料：将所需的喷涂材料（通常是粉末形式）加载到等离子喷涂设备的供料系统中。

③激活气体：通过高压电弧或直流电弧在喷涂设备中引发等离子状态，激活载气气体（氩气或氮气），形成高温等离子火焰。

④喷涂过程：喷涂材料在高温等离子火焰中熔化，并被喷射到基材表面形成涂层。通过控制喷枪的移动和喷涂参数，可以实现不同形状和厚度的涂层。

⑤冷却：等离子喷涂后，涂层通常需要进行冷却处理以固化和稳定。冷却可以通过自然冷却或者引入辅助冷却的方法来实现。

Kubatík 等[51]利用等离子喷涂技术在镁合金表面制备涂层。试验结果发现，通过在 AZ91 镁合金基体上制备 NiAl10 和 NiAl40 等离子涂层，在两种涂层形貌中均发现了较多的孔隙，在 NiAl10 涂层中观察到的孔隙居多，并观察到脆性相的生成。腐蚀测试结果表明，涂层材料的添加可以显著提高镁合金的耐腐蚀性，这是由于涂层的极化电阻值增加 12 倍以上，从而表现出更好的耐腐蚀性能。

等离子喷涂技术也可以用于改善镁合金的耐磨损性能。Gao[52]通过在 AZ91HP 镁合金表面喷涂 Al_2O_3 涂层，增强镁合金的承载性能并提高耐磨损性。通过观察涂层的致密程度，发现制备的 Al_2O_3 涂层呈现片层状，存在较多孔隙。测试结果显示，喷涂的 Al_2O_3 涂层具有较大的峰值载荷，显示出更高的耐磨损性能。涂层的高硬度赋予其卓越的耐磨损能力，并且能有效保护基体材料。

要制备出质量良好的涂层，选择合适的工艺参数至关重要。过高或过低的功率、喷涂距离和送粉速度等参数会对涂层的质量产生负面影响。Thirumal 等[53]通过大气等离子喷涂技术在 AZ31 镁基体上喷涂 Al_2O_3 涂层，并研究了不同工艺参数对涂层性能的影响。结果显示，在小功率下，颗粒不能充分熔合，在与基材的接触过程中会发生破碎，无法与基材进行有效的结合。在短距离范围内，易使熔融物溅射，形成更多的气孔；而喷涂距离太大，熔化的颗粒过早地被冷却，无法在基材上进行有效的分散。此外，由于送粉量速度太大，使得颗粒不好熔化，影响喷涂效果，增加气孔的产生；送粉量速度太慢会引起颗粒的蒸发。通过对各参数的灵敏度分析，发现在不同的工作条件下，对孔隙率、腐蚀速度的影响从大到小为，输入功率、喷涂距离、递粉速度。

2. MMCs 固相制备技术

通常在制备复合材料时液相制备技术会出现一些常见缺陷，例如孔隙、增强相与基体之间过度反应的界面层等。此外，由于液相制备技术需要高温，制备出的复合材料往往具有粗大的晶粒结构，这对于提高材料的强度是不利的。而固相制备技术能够避免这些问题。

（1）冷喷涂。

冷喷涂技术是一种高速固态喷涂技术，与传统喷涂技术相比，它在喷涂过程中不需要加热喷涂材料，而是通过高速气流将固态颗粒喷射到基材表面，形成涂层。

在涂层制备过程中，冷喷涂技术能够保持较低的温度。这种低温特性有效地避免了热喷涂过程中增强相的氧化现象。对于容易氧化的镁合金而言，采用热喷涂技术往往会导致氧化物及孔隙的形成，从而影响涂层的质量和性能；而冷喷涂技术的低温喷涂过程使增强相保持完整性，并且有效地减少了氧化现象的发生。

冷喷涂技术制备的涂层具备更好的致密性。在冷喷涂过程中，喷涂粉末在超音速压缩气流的作用下，通过剧烈的塑性变形与金属基体发生碰撞，从而实现粉末的致密沉积。这一过程使涂层的组织结构更加致密，减少了孔隙和缺陷的形成，尤其是对镁合金等容易产生孔隙问题的材料而言，冷喷涂技术具有独特的优势。

Chen 等[54]通过冷喷涂技术在 AZ80 镁合金表面直接沉积了 316L 不锈钢涂层和 316L - SiC 复合涂层。研究结果表明，冷喷涂制备的复合涂层与基体之间未发生显著的化学相互作用和相变现象，两种涂层的硬度得到显著提升，并且 316L - SiC 复合涂层的表面硬度比 316L 高。腐蚀试验显示，316L 不锈钢的耐腐蚀性能得到显著提高，由于不锈钢与 SiC 颗粒之间可能存在电偶，SiC 颗粒的加入反而弱化了复合材料的耐腐蚀性。

（2）粉末冶金。

粉末冶金是一种通过将金属粉末与非金属粉末混合，经过成形和烧结等工艺制备复合材料的技术，如图 2 - 4 所示。与铸造方法相比，粉末冶金技术能够有效改善复合材料的增强相分布不均匀和增强相与基体之间润湿性的问题。

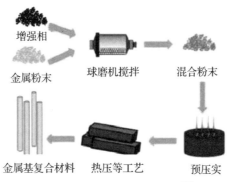

图 2 - 4　粉末冶金增强相技术[55]

粉末冶金技术的一项重要手段是通过球磨的方式实现增强相和基体的充分混合。这种球磨过程使粉末的颗粒尺寸变得更加均匀，促进粉末相互之间的弥散与混合。粉末冶金技术包括压制烧结和后处理等两个主要步骤。在压制烧结阶段，可以采用热等静压和冷等静压等工艺方法；而烧结工艺则包括固态烧结、液相烧结和放电等离子烧结等技术[36]。

Wakeel[56]以 NiTi 形状记忆合金为增强相，利用微波加热技术，研制出一种新型的具有自修复能力的镁基复合材料。研究表明，通过粉末冶金技术制备的镁基复合材料中，增强相和基体之间存在一定的孔隙问题。然而，随着增强相体积分数的增加，孔隙率有所下降，这是由于 NiTi 颗粒占据了空位。压制工艺参数的调整可以改善增强相的团聚问题，使增强相更均匀地分布在基体中。细小的晶粒尺寸和增强相对局部区域变形的钉扎效应，使复合材料具有更高的硬度和机械性能。晶粒细化带来的 Hall - Petch 强化、纳米增强颗粒均匀分布以及增强相与基体之间的位错强化，进一步提高了复合材料的屈服强度和拉伸强度。

粉末冶金技术在镁基复合材料制备中存在一些需考虑的问题，例如镁合金的易燃性增加了制备过程中的安全难度。为此，混合粉末时常采用乙二醇的混合物来降低火灾风险。

Ghasali 等[57]以含5%氧化铝晶须为原料，以无保护气氛的高能球磨工艺为基础，通过微波、放电等离子体烧结法制备多孔及非孔氧化铝复合材料。两种工艺制备的复合材料密度测定结果显示，微波烧结法制备的复合材料中含有气孔，而放电等离子体烧结法制备的多孔结构基本无气孔，是几乎完全致密的复合材料。同时对两种材料进行机械性能的测定，发现采用放电等离子体烧结法制备的复合材料的力学性能高于多孔微波材料制备的复合材料。

粉末冶金技术相较于铸造技术，在改善复合材料的增强相分布和提升力学性能方面具有明显优势。然而，由于此技术的设备和工艺相对复杂，制备周期长，为了实现粉末的均匀混合通常需要几十小时的球磨，并且难以实现大尺寸复合材料的制备，因而限制了在工业生产中的应用。对于未来的研究和工业化应用，需要进一步解决这些技术上的挑战。

（3）搅拌摩擦加工。

搅拌摩擦加工（Friction Stir Processing，FSP）是通过搅拌头和金属材料的摩擦作用产生热能，从而使金属材料形成塑性状态，并通过搅拌头的移动使材料固化的加工技术，如图 2-5 所示。在 FSP 过程中，搅拌头旋转施加剪切力[58-60]，导致金属材料发生塑性变形，其应变可达到较高水平。通过剪切力和产生的热能的共同作用，使增强相与金属基体均匀混合，形成复合材料。

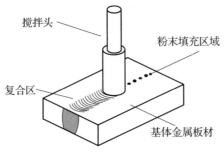

图 2-5　搅拌摩擦加工示意图[61]

FSP 技术所带来的剧烈塑性变形作用同时引发了晶粒微结构的变化。一方面，由于塑性变形，金属基体经历了再结晶现象，形成细小的再结晶晶粒，这有利于提高材料的强度和塑性。另一方面，增强相的存在限制了基体晶格的位错滑移和位错交互，减缓再结晶晶粒尺寸的长大，进一步细化复合材料的晶粒尺寸。

与传统的熔融制备方法相比，由于 FSP 的局部摩擦加热作用，制备复合材料时的温度被控制在比材料熔点低的范围内，这种低温制备过程有助于避免熔化和过热引起晶粒长大和质量下降的现象，使复合材料保持原有的微观结构和相组成。FSP 制备复合材料属于固相制备技术，因此不需要外加气体保护，这种工艺具备环保的优势。

FSP 技术的另一个显著特点是无需额外添加材料。通过搅拌头的运动和摩擦热的作用[62,63]，基体材料与增强相之间发生混合，实现材料的一体化制备，这使 FSP 成为一种高效、灵活且经济的复合材料制备方法。

FSP 工艺的工艺参数主要包括搅拌针形貌设计、加工速度、旋转速度和加工道次等。在 FSP 过程中，不可变形的颗粒会限制塑性金属的流动，一些研究表明，在较高转速和较低加工速度下，能够有效改善增强相的分布，使混合更加均匀[64]。

搅拌针的形貌设计与金属基体的接触表面积密切相关，研究者们比较了有螺纹和无螺纹的圆锥形搅拌针制备试样的加工效果。试验结果表明，无螺纹的搅拌针加工后的试样出现了孔洞缺陷，而带有螺纹的搅拌针明显促进塑性材料在试样的厚度方向上的流动，实现了更均匀的增强相分布。

在 FSP 过程中，产生的热量主要来源于工件和搅拌针之间的摩擦[65,66]。搅拌头的旋转速度和加工速度对热量的产生具有直接影响。快转速和慢加工速度会产生较大的热输入量，而慢转速和快加工速度会产生较小的热输入量。由此可知，适度的热输入量对于塑性材料的流动和增强相的均匀分布至关重要。

此外，采用多道次加工可以消除单道次加工过程中产生的隧道缺陷，实现复合材料的增强相均匀分布。这样可以拓宽 FSP 制备复合材料的工艺参数选择范围，提高复合材料的性能[67-70]。因此，研究者们进行了多道次加工的试验，并取得了一定的成果[71]。

FSP 工艺具有发热量小、持续时间短等优点，能有效地防止基体和增强相发生反应。Dinaharan[72] 利用搅拌摩擦法制备出 Ti – 6Al – 4V 相强化的 AZ31 基复合材料。Ti 在合金中的溶解度极低，因此在合金中没有发生显著的扩散和反应。尽管 Ti – 6Al – 4V 合金中 Al 与 Ti 容易形成脆性金属间化合物，但是因 FSP 工艺较低的产热和较短的作用时间，不会与基体发生界面反应。Ti – 6Al – 4V 相的存在使镁合金的晶粒度得到了细化。随增强颗粒体积含量的提高，材料的拉伸强度呈现持续上升的趋势，而韧性则呈现先增后减的趋势，原因是强化作用导致材料的塑性下降，从而导致基体合金的变形量下降。

值得注意的是 FSP 工艺中搅拌头的磨损问题，特别是在制备高熔点金属基复合材料时，磨损问题更为突出，硬质增强相更容易导致搅拌头磨损。为了克服这个问题，采用高硬度材料制备搅拌头是一种常见的解决方案。然而，高硬度材料制备搅拌头的难度和成本相对较高，限制了 FSP 工艺的进一步发展。

（4）高压扭转。

高压扭转（High Pressure Torsion，HPT）是一种被广泛运用于材料加工的变形技术，特点在于能够有效地细化材料的晶粒尺寸[73]。此技术通过将材料夹在冲头和下模之间，施加巨大的压力和扭转剪切应力来实现材料的变形[74]。

HPT 技术施加的超大压力远远超过材料的流动应力，使材料形成致密的块状固体。在这个过程中，材料经历剧烈的塑性变形，从而实现晶粒尺寸的细化[75]。

剪应力的计算公式为 $\tau = 2\pi r N t$，其中 r 表示工件半径，N 表示旋转圈数，t 表示工件厚度。由此可见，旋转圈数对于复合材料的性能具有重要影响。如果旋转圈数过少，材料结合不够致密，严重削弱复合材料的性能。相反，适当的旋转圈数可以促进增强相的分散，减少团聚现象，从而提高复合材料的性能。

同时，旋转圈数的选择也会影响制备材料的硬度分布。镁材料具有密排六方结构，尽管滑移系数较小，但扩散系数较高，因此在较低温度下可发生位错攀移，导致镁合金变得柔软。旋转圈数的增加影响材料的硬度分布，过多的旋转圈数会导致材料在离试样中心远的地方硬度下降。

关于旋转圈数对材料的影响，Edalati 等[76]通过对不同旋转圈数的样品进行分析研究。他们观察到随着旋转圈数的增加，样品的位错密度呈现先增加后减小的趋势。在微米级晶粒中未观察到位错的存在，这可以证实在剧烈塑性变形后，再结晶现象的产生导致样品硬度降低。

Castro 等[77]在他们的研究中通过采用高压扭转工艺将镁和铝并排放置，成功地制备了相互混合良好的 Mg – Al 复合材料。值得注意的是，他们所使用的制备温度较低，因此在最终制备的复合材料中并没有观察到金属间化合物的存在。这一发现为进一步研究和优化 Mg – Al 复合材料的制备过程提供了有益的参考。

Akbaripanah 等[78]利用高压扭转技术制备了 SiC – AZ80 镁基复合材料，并研究了旋转圈数对复合材料的组织和性能的影响。他们观察到由高压扭转制备的复合材料具有明显较小的晶粒尺寸，而这些晶粒尺寸远远小于镁基体的晶粒尺寸。此外，他们还发现在旋转圈数为 1 和 5 时，复合材料中的晶粒细化现象相对较为明显，而当旋转圈数为 5~10 时，复合材料的晶粒尺寸没有明显的变化。力学性能测试结果显示，以旋转圈数为 1 制备的复合材料具有最高的拉伸和剪切强度。这是因为（1010）面平行表面，力的加载方向分别与 c 轴（镁合金晶体方向）平行和垂直，产生织构硬化。当旋转圈数达到 5~10 时，复合材料的强度出现小幅度的下降。这是因为在旋转圈数为 5~10 情况下，晶体方向发生旋转和织构硬化强度降低导致材料的力学性能有所减弱。

由于高压扭转工艺施加的静水压力极大，材料的应变值很容易达到 100 以上，材料剧烈塑性变形，最终得到具有纳米级晶粒尺寸的材料。然而，应该指出的是，由于高压扭转工艺的限制，此工艺并不适用于制备复杂形状和较大尺寸的复合材料。这一缺陷限制了高压扭转技术在工业生产中的应用和进一步发展。

|2.4　镁合金的成形技术|

2.4.1　铸造成形

铸造成形是液相法中最主要的镁合金制备方法，约 90% 的镁合金产品使用这种方法。镁合金的铸造成形工艺主要有砂型铸造、金属型铸造、挤压铸造、低压铸造和高压铸造等，目前，向着消失模铸造、半固态压铸、真空压铸、充氧压铸等铸造成形工艺的方向发展。

1. 真空压铸

真空压铸技术是通过抽真空气体以消除或显著减少压铸过程中产生的气孔，从而提高压铸件力学性能和表面质量的压铸工艺。在真空环境下，气体压力降低至模具型腔内的饱和蒸气压以下，使气体从铸型中快速扩散，降低气孔和气体溶解度，从而减少缺陷的生成。研究表明，真空压铸镁合金铸件的强度提高 10% 以上，韧性可提高 20%~50%。此外，真空压铸还可以改善铸件的表面质量和光洁度，使铸件表面质量优良，不仅提高镁合金产品的外观品质，还能减少后续加工步骤。

在真空压铸过程中，冲头速度、充型时间和模具温度等参数对铸件质量具有重要影响。较高的冲头速度增加金属液的喷流强度，有利于排除气体和杂质；适当的充型时间确保金属液充满整个型腔，减少气体夹杂的机会；模具温度影响金属的凝固过程和组织形貌，进而影响铸件的力学性能。

尽管真空压铸技术在镁合金的应用上相对铝合金而言进展较慢，但已经取得了重要的突破，例如通过在冷室压铸机和热室压铸机上应用真空压铸技术，已成功生产高性能的 AM60B 镁合金汽车轮毂和方向盘零件，在延展性、强度和韧性等方面均得到明显提高。

2. 充氧压铸

充氧压铸是通过在金属液充填压铸模具型腔之前，充入氧气，将型腔中的空气和其他气体置换出来，从而减少或消除压铸件中的气孔缺陷。

相比传统的压铸工艺，充氧压铸具有独特的优势。一方面，充氧压铸可以改善镁合金铸件的密度和凝固组织。在充氧过程中，通过置换空气和气体，进一步降低气体含量，减少气孔的生成。另一方面，氧气与金属液发生反应，形成氧化物颗粒，填充潜在的气孔，使铸件的致密度得到提高。

充氧压铸还可以通过热处理进一步优化镁合金铸件的性能。由于氧化物颗粒的存在，在热处理过程中铸件可以得到更均匀的组织结构，这对提高铸件的强度、延展性和疲劳寿命具有重要意义。

充氧压铸在产品设计和制造过程中也有一些技术上的优势。相比传统的铸造工艺，充氧压铸可以获得更高的复杂性和精度，减少后续加工工序。此外，此技术还可以降低金属液中的氧化反应，有效地防止镁合金的氧化燃烧，降低废品率和提高资源利用率。

当前，充氧压铸技术已成功用于生产各种镁合金产品，如汽车和电子领域的零部件、计算机支架等。未来，随着对镁合金材料性能要求的提高，充氧压铸技术将继续发展和应用，为镁合金制造行业带来更多的机遇和挑战。

3. 挤压铸造

挤压铸造通过在模具型腔内充填合金熔体后施加高压，将金属液挤压成形。挤压铸造与传统的重力金属型铸造相比，具有许多独特的优点。首先，挤压铸造能够改善铸件的凝固速度。挤压铸造的充型压力远高于重力铸造，充型金属液的冷却速度大大增加。这样一来，合金凝固过程更加迅速，晶粒尺寸细小，晶界结构更紧密，使材料拥有优异的力学性能。

其次，挤压铸造对于改善合金的化学成分和物理特性非常有效。由于高压作用，合金与模具壁之间的传热系数大大增加，冷却过程更加迅速，有利于减少偏析和沉淀物的生成。这种控制凝固过程的能力使挤压铸造能够生产出高纯度、成分均匀的铸件，实现对铸件微观组织和晶粒结构的精确控制。

再次，挤压铸造具有较低的气孔和缺陷率。这是由于高压挤压过程有效地排除气体，减少气孔和夹杂物的生成，从而得到高密度和高质量的铸件。

最后，挤压铸造技术具有较高的生产效率，不需要添加大量附属材料和处理复杂的浇注系统，减少生产成本。而且，挤压铸造为复杂形状和薄壁铸件的制造，提供了更快、更精确的制造方法。

挤压铸造在汽车、航空航天和电子工业等高端领域具有广泛的应用前景，已经成为首选的铸造工艺。随着轻质材料和高性能零部件需求的增加，挤压铸造将继续发展和优化，为各行业提供更高质量和更具竞争力的铸件。

4. 消失模铸锻成形

镁合金消失模铸造技术通过将与所需铸件形状相似的发泡塑料模型黏结组合成模型簇，然后刷耐火涂层并烘干，最后将模型簇埋在干砂中进行振动成型。在一定条件下，浇注液态金属进入模型中，使模型气化并占据模型位置，随后通过凝固冷却过程形成所需的铸件。镁合金消失模铸造技术具有以下几个重要的优点：

①相比普通砂型铸造，消失模铸造过程中模型气化的还原气氛能抑制镁合金的氧化燃烧，提高铸件的质量。

②镁合金具有较大的收缩率和较高的热裂倾向，而消失模铸造采用的干砂具有良好的退让性，能够有效地解决这个问题。在挤压或冲裁的过程中干砂形成退让，使铸件在凝固过程中能够补偿和减缓收缩，从而减少热裂的发生。

③消失模铸造使用发泡塑料模型作为铸造模型，不仅能够精确制造各种形状的模型，还能够通过模型簇组合的方式满足复杂零件的尺寸和形状要求，结合干砂振动造型工艺，实现精确的形状复制，为复杂零件的制造提供可行的解决方案。

消失模铸造技术对于生产汽车的复杂零件来说具有巨大的可行性。汽车行业对零件的质量要求非常高，此技术既能够保证铸件的准确性和表面质量，同时具备较好的机械性能。

5. 半固态成形

半固态成形技术是通过在凝固过程中对金属熔体施加搅拌，形成含有固相颗粒的固液混合浆料进行成形的铸造技术。根据工艺流程的不同，本技术可以分为流变成形和触变成形两类。

（1）流变成形。

在流变成形过程中，半固态材料具有较低的流变阻力，可经受高应变速率的加工。常见的流变成形方法包括挤压、注射、压铸等。流变成形技术适用于形状复杂、壁厚变化较大的零件制造，能够实现高精度和高效率的成形。

（2）触变成形。

触变是指材料在半固态的状态下，受外力作用表现出可逆的溶胀流动行为。触变材料在静止状态下呈现凝胶状，施加剪切力后变为可流动的半液体状，并在剪切力消失后迅速恢复凝胶状态。触变成形技术常用于塑造、注射等，具有良好的成形能力和可重复使用的特点。

半固态成形技术相比其他铸造技术具有如下优点：

①精度高：半固态成形技术可以通过控制半固态材料的流动性和可变形性，实现对复杂形状的高精度成形。

②细化晶粒：在半固态成形过程中，半固态材料的结晶过程得到更好的控制，可以使晶粒细化，提高材料的力学性能和耐磨性能。

③减少气孔和缩松：由于半固态材料具有较高的流动能力，可以填充细小空隙，因此有效减少铸件中的气孔和缩松，提高铸件的内部质量。

④节约能源和材料：半固态成形技术会减少原材料的使用量和能源消耗，避免浇注过程中大量的热能损失和金属氧化，达到节能和环保的效果。

若将镁合金的半固态成型工艺和注塑成型工艺有机地结合起来，可以形成传统意义上的注塑成型工艺。因此，注塑成型工艺可分为流变注塑与触变注塑。流变注塑具有成型原料成本低、气体析出少、致密度高、易实现自动控制等优势，但对加工装备具备较高的要求。触变注塑具有成型精度高、适用于复杂结构、环保等特点，但其存在材料成本高、工艺复杂等缺点。

6. 高压铸造

高压铸造技术（简称压铸）的本质是利用高压作用，使液态或半液态金属以较高速度充填压铸模具型腔，通过快速凝固获得铸件的方法。高压压铸工艺可分为两种类型：热室压铸和冷室压铸。

（1）热室压铸。

在热室压铸工艺中，熔融的金属置于封闭的钢坩埚中。金属注射系统通过活塞将金属注入模具型腔。为防止金属液凝固，喷嘴通常加热到较高温度，并保持金属液充填，如图 2 - 6 所示。热室压铸可减少氧化物形成，产生优质的镁合金铸件，周期短，每分钟可生产多个零件，适用于小零件的制造，如汽车方向盘、安全气囊外壳、电子设备外壳等。

（2）冷室压铸。

在冷室压铸工艺中，镁合金液人工或自动浇入射缸，然后通过柱塞迅速注入腔体，在高压下凝固成零件。冷室压铸技术是一种高产量、净成形的工艺，适用于竞争激烈的汽车和电子行业。冷室压铸浇铸时间短，减少了与模具和空气反应的可能性，凝固速率快且形成细小的晶粒结构，可以制造非常薄的大型零件。因此，大多数汽车零部件采用冷室压铸工艺压铸镁制造，如仪表板横梁、散热器支架、发动机支架等。

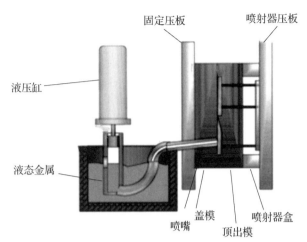

固定压板　　喷射器压板

液压缸

液态金属

喷嘴　　顶出模　　喷射器盒

盖模

图 2 - 6　热室压铸机图解[79]

高压压铸技术在镁合金铸造方面具有以下优点：

①高生产率：高压铸造技术生产周期短，每分钟可生产多个零件，适用于大规模生产。

②高尺寸精度：通过高压作用下的充填和凝固，可以获得尺寸精度高的铸件，减少加工的需求。

③薄壁和复杂形状：高压压铸技术能够制造薄壁部件和复杂形状的零部件，满足多样化的设计需求。

④表面质量优良：由于高压充填和凝固速度快，制件表面光滑且美观。

⑤微观组织致密：高压压铸技术凝固速度快，使镁合金铸件的晶粒尺寸非常细小，结构致密。

但高压铸造也存在不足之处，那就是镁合金熔体易在空气中燃烧，因此操作过程中镁液表面必须用气体保护。

7. 砂型铸造

砂型铸造是将熔融金属倒入砂子制成的型腔中，通过模具来形成零件的方法。在镁合金的砂型铸造中，以下是一些关键要点：

①模具选择：砂型铸造中的模具通常由砂子制成，有时也可以使用金属制作。对于生产高质量的镁合金铸件，采用精密制造的金属砂型模具可以提供精确的尺寸和表面质量。

②砂芯的应用：砂芯是一种插入砂型中，用于产生零件内部特征（如孔或内部通道）的复合砂制品，被放置在砂型型腔中以形成所需形状的空腔。

③浇注系统设计：由于镁合金熔体的氧化倾向明显且密度较低，砂型铸造

中需要设计专门的浇注系统，以确保镁合金铸件的顺序凝固。

8. 熔模精密铸造

熔模精密铸造是先将易熔材料支撑的模型放入特制的耐火涂料中形成整体型壳，再通过熔掉模型和填充干砂的方式进行铸造的工艺。这种铸造方法具有高精度和近终成型的特点，能够获得尺寸精度高、表面粗糙度低的铸件，适用于生产复杂薄壁铸件。

在航空航天等领域，熔模精密铸造得到广泛应用，因为它可以满足对铸件集成化程度高、质量苛刻的需求。传统的熔模精密铸造方法在镁合金上应用较少，是由于镁合金的活泼性和易与模壳发生反应等问题。近年来，研究人员突破镁合金惰性模壳制备等关键技术，实现镁合金熔模铸件的工程化批量生产，为镁合金熔模精密铸造技术开辟新的应用前景。图 2-7 所示为部分镁合金熔模精密铸件产品。

（a）   （b）

图 2-7　部分镁合金熔模精密铸件产品[79]

（a）壳体铸件；（b）支架铸件

9. 低压铸造

低压铸造是利用气体压力将金属液体压入铸型的铸造工艺。在低压铸造中，通过在模盘下方加压的坩埚和进料管的协作，将熔融金属液体输送到模具底部，再用干燥气体压迫熔融金属通过输送管进入浇注系统直至铸型被填满，施加的压力继续增加，进一步将金属送入冒口，以弥补铸件在凝固过程中的收缩。外部铸件完全凝固后，压力被释放。在设计合理的进料系统下，金属仍然是熔融的，并回流到坩埚中，以供下一次浇注使用。低压铸造相对高压铸造，投资成本较低，但浇铸周期长，大约是高压铸造的 2~4 倍，但低压铸造能够生产出高压铸造无法实现的空心铸件，这使低压铸造在一些应用上具有独特的优势。图 2-8 所示为采用低压铸造浇注的筒形铸件。

图 2-8　低压铸造浇注的筒形铸件[79]

2.4.2　塑性加工成形

在锻造、挤压和轧制等塑性加工成形过程中,由于镁合金室温塑性变形能力较差,通常需要在热加工状态下进行。

1. 锻造

锻造成形是在工业应用上主要的制造方法。锻造成形的可行性取决于合金的凝固温度、变形率和合金铸锭的晶粒大小。相较于铸造,镁合金的锻造成形具备良好的静态和动态强度,以及致密无孔隙的组织结构,适用于要求严格气密性的应用场景。

镁合金锻造成形具有一些特殊的要求:如在高温下,镁合金的流动性较差,表面摩擦系数大,因此在锻造过程中需要增加内外圆角半径和肋厚;铸锭的晶粒结构通常需要进行均匀化退火和挤压处理,以获得适合锻造成形的细小晶粒组织;控制工件温度和预热锻模是为了避免锻造过程中的龟裂问题;镁合金对变形速率非常敏感,因此需进行多次成形,并逐步降低锻打温度,以防止晶粒长大。

适用于锻造成形的镁合金主要包括 Mg-Al-Zn 系合金、Mg-Zn-Zr 系合金和 Mg-Y-Re 系合金。其中,Mg-Al-Zn 系合金需要经过预挤压处理,以获得适合锻造的晶粒。镁合金的锻造温度一般较固相线低约 55 ℃,但对于高 Zn 的 ZK60 合金,则需要采取特殊处理。某些合金元素的添加可以在铸锭阶段实现细化晶粒的效果,从而直接进行锻造成形。表 2-2 所示为一些常用变形镁合金的锻造温度及模具加热温度规范。

表 2 - 2　常用变形镁合金的推荐锻造温度及模具温度

镁合金牌号	锻造温度/℃	模具温度/℃	镁合金牌号	锻造温度/℃	模具温度/℃
AZ31B	290~345	260~315	MB3	250~450	—
AZ61A	315~370	290~345	MB8M	280~350	—
AZ80A	290~400	205~290	MB8Y2	230~250	—
QE22A	345~385	315~370	MB15	320~400	200~300
ZK21A	300~370	260~315	MB22	350~450	230~320
ZK60A	290~385	205~290	MB25	320~390	200~300

　　镁合金锻造件主要应用于航空、汽车等领域[80]，例如直升机齿轮箱罩和汽车轮毂等部件。通过合理控制锻造工艺，并选择合适的镁合金材料和合金组织结构，可以实现高质量的镁合金锻造件。

2. 挤压

　　挤压是通过施加压力使坯料塑性流动，得到所需形状的制件。镁合金的挤压工艺与其他金属类似，包括正挤压和反挤压。在挤压过程中通过降低挤压温度细化镁合金的晶粒。通过细化晶粒，镁合金的强度和延展性可以显著提高。

　　适合挤压成形的镁合金体系主要包括变形镁合金（如 AM、AZ、ZK 系列）和高温镁合金（如 WE 系列）。挤压过程中要注意充分冷却，防止合金温度超过固相线而导致开裂。与轧制和锻造相比，挤压对晶粒粗大和不均匀的镁合金也适用，而且不会受到合金晶界上氧化膜等杂质的太大影响。

　　挤压温度是一个重要的参数，一般在 300~450 ℃，具体的选择会受到合金牌号和挤压件截面形状的影响。适当的挤压温度和速度可以调节挤压比，通常挤压比在（10∶1）~（100∶1）。在选择挤压温度和速度时，低温和较慢的挤压速度可获得最佳的力学性能，而较低温度和较快的挤压速度则可提高表面质量。表 2 - 3 所示为常用镁合金型材的典型室温力学性能。

表 2 - 3　镁合金挤压杆、棒及型材的典型室温力学性能

合金牌号	状态	拉伸强度/MPa	抗拉屈服强度/MPa	压缩屈服强度/MPa	伸长率/%
AZ10A	F	204~240	145~150	70~75	10
AZ31B	F	260	195~200	95~105	14~17
AZ61	F	310~315	215~230	120~145	15~17

合金牌号	状态	拉伸强度/MPa	抗拉屈服强度/MPa	压缩屈服强度/MPa	伸长率/%
AZ80A	F	330 ~ 340	240 ~ 250	—	9 ~ 12
	T5	345 ~ 380	260 ~ 275	215 ~ 240	6 ~ 8
ZK10A	F	293	208	—	13
ZK30A	F	309	239	213	18
ZK60A	F	330 ~ 340	250 ~ 260	160 ~ 230	9 ~ 14
	T5	360 ~ 365	295 ~ 305	215 ~ 250	11 ~ 12

注：F——加工态；T5——固溶 + 人工时效

3. 轧制

通常镁合金每道次冷轧的变形量仅为 10% 左右，超过这个限度会导致严重的裂边形成，进而报废。因此，为了获得所需的板材形状，镁合金板材通常需要进行多次的加热与热轧处理。

针对厚板（11 ~ 70 mm）的生产，常见的加工方法是通过热轧机直接进行生产，这涉及一系列的工艺控制，包括轧制坯料、中间加热和热轧过程。选择合适的坯料和加热温度，对于确保板材具有良好的塑性变形能力至关重要，例如含有 Zr 的镁合金和晶粒细小的单相镁合金通常具有较好的轧制性能，可用于厚板的热轧加工。

在具体的轧制过程中，粗轧对于厚板的生产具有重要意义，它是属于热轧阶段的一部分，压下量较大。在粗轧过程中，需要特别注意控制轧辊温度和粗轧速度。适当的轧辊温度可以维持合金的塑性变形能力，而较快的粗轧速度有助于降低黏轧现象，提高生产效率。粗轧完成后，会进入到中轧和精轧阶段。其中，道次的压下量取决于轧辊温度、轧制速度和润滑条件。控制好这些参数，确保合金在中轧和精轧过程中得到适当的变形。

对于薄板（0.8 ~ 10 mm）的生产，常见的方式是采用冷轧和温轧。冷轧和温轧的主要区别在于加热温度的选择。通常加热温度的选择取决于多个因素，包括板坯厚度、装炉量和具体的加热方式。适当的加热时间和温度能够改善板材的塑性变形能力，确保其能够顺利进行冷轧或温轧。

在薄板的生产过程中，通常热轧温度的范围被划定在能够确保塑性变形能力的最佳范围。终轧温度的提高会降低板材的强度，但会提高延展性和冷加工性能。然而，过高的终轧温度可能导致再结晶过程，影响板材性能的稳定性。

4. 冲锻成形

冲锻成形是一种在电子产品外壳制造中的新兴方法。此方法利用热锻和热冲压等技术，将镁合金薄板加热至约 300 ℃，然后在加热模具中进行冲压和锻压，从而实现材料的成形。

此法的关键在于成形工具和成形工艺的设计，包括模具设计、温度控制以及对变形参数的掌控。在通常情况下，冲锻成形需要进行两次锻造过程，首先进行粗锻阶段，用于获得外观框架的大尺寸形状，再进行精锻阶段，以获得角部和其他细微特征部分的形状。

参 考 文 献

[1] 刘海峰，侯骏，佟国栋，等. 抗高温蠕变压铸镁合金的研制 [J]. 汽车工艺材料，2003，26（08）：9 – 13.

[2] 曾小勤，王渠东，吕宜振，等. Mg – 9Al – 0.5Zn – 0.1Be – xCa 合金的组织和力学性能研究 [J]. 机械工程材料，2001，25（005）：15 – 18.

[3] 李培杰，郑伟超，汤彬，等. Ca 和 Sr 对 AZ91D 合金组织的细化作用. [J]. 特种铸造及有色合金，2004，14（03）：8 – 10.

[4] 孙杨善，翁坤忠，袁广银，等. Sn 对镁合金显微组织和力学性能的影响 [J]. 中国有色金属学报，1999，13（01）：59 – 64.

[5] 袁广银，孙杨善，曾小勤，等. Bi 对 AZ91 镁合金时效析出动力学过程的影响 [J]. 上海交通大学学报，2001，35（03）：451 – 456.

[6] 张诗昌，魏伯康，林汉同，等. 钇及铈镧混合稀土对 AZ91 镁合金铸态组织的影响 [J]. 中国有色金属学报，2001，11（S2）：99 – 102.

[7] 王迎新，关绍康，王建强，等. Re 对 Mg – 8Zn – 4Al – 0.3Mn 合金组织的影响 [J]. 中国有色金属学报，2003，13（3）：616.

[8] Li Y, Jones H. Effect of rare earth and silicon additions on structure and properties of melt spun Mg – 9Al – 1Zn alloy [J]. Materials Science and Technology, 1996, (8): 651 – 661.

[9] Pekguleryuz Mihriban. Development of creep resistant magnesium diecasting alloys [J]. Materials Science Forum, 2001, 117: 391.

［10］刘文辉，刘海峰，侯骏，等. 高强度耐高温压铸镁合金的开发. ［J］. 汽车工艺与材料，2003，36（04）：12 - 15.

［11］吴国华，陈玉狮，丁文江，等. 镁合金在航空航天领域研究应用现状与展望［J］. 载人航天，2016，22（3）：281 - 292.

［12］黄海军，韩秋华. 镁及镁合金的特性与应用［J］. 热处理技术与装备，2010，31（3）：6 - 8.

［13］Zhu Y，Hu ML，Wang DJ，et al. Microstructure and mechanical properties of AZ31 - Ce prepared by multipasss olid - phase synthesis［J］. Materials Science and Technology，2017，34（12）：1 - 9.

［14］王宣，李秀兰，周立玉，等. 高强镁合金的制备研究进展［J］. 轻合金加工技术，2019，47（11）：6 - 10.

［15］Vijayabhaskar S，Rajmohan T，Vignesh T K，et al. Effect of nano SiC particles on properties and characterization of magnesium matrix nano composites［J］. Materials Today：Proceedings，2019，16：853 - 858.

［16］刘守法，夏祥春，王晋鹏，等. 搅拌摩擦加工工艺制备 ZrO_2 颗粒增强镁基复合材料的组织与力学性能［J］. 机械工程材料，2016，40（1）：35 - 38.

［17］Yang C L，Zhang B，Zhao D C. Microstructure and mechanical properties of AlN particles in situ - reinforced Mg matrix composites［J］. Materials Science and Engineering A，2016，674：158 - 163.

［18］屈晓妮，周明扬，孙浩，等. 碳纳米管 - 石墨烯增强 AZ31 镁基复合材料实验研究［J］. 热加工工艺，2018，47（6）：137 - 140.

［19］Wong W，Gupta M. Development of Mg/Cu nanocomposites using microwave assisted rapid sintering［J］. Composites Science and Technology，2007，67：1541 - 1552.

［20］Kitazono K，Komatsu S，Kataoka Y. Mechanical properties of titanium particles dispersed magnesium matrix composite produced through accumulative diffusion bonding process［J］. Materials Transactions，2011，52（2）：155 - 158.

［21］Hassan S F，Gupta M. Development of high strength magnesium based composites using elemental nickel particulates as reinforcement［J］. Journal of Materials Science，2002. 37（12）：2467 - 2474.

［22］Bi G，Li Y，Huang X，et al. Dry sliding wear behavior of an extruded Mg - Dy - Zn alloy with long period stacking ordered phase［J］. Journal of Magnesium and Alloys，2015，3（1）：63 - 69.

［23］ Long Q S, Wang W W, Ren G X, et al. Process optimization of SiC nanoparticle reinforced magnesium matrix composites prepared by semisolid mechanical stirring ［J］. Foundry Technology, 2016, 37 (5): 848 - 852.

［24］ Zhang C, Li Z, Ye Y, et al. Interaction of nanoparticles and dislocations with $Mg_{17}Al_{12}$ precipitates in n - SiCp/AZ91D magnesium matrix nanocomposites ［J］. Journal of Alloys and Compounds, 2020, 815 (21): 146 - 152.

［25］ Shen M J, Wang X J, Li C D, et al. Effect of bimodal size SiC Particulates on microstructure and mechanical properties of AZ31B magnesium matrix composites ［J］. Materials and Design, 2013, 52 (05): 1011 - 1017.

［26］ Khandelwal A, Mani K, Srivastava N, et al. Mechanical behavior of AZ31/ Al_2O_3 magnesium alloy nanocomposites prepared using ultrasound assisted stir casting ［J］. Composites Part B Eengineering, 2017, 123 (15): 64 - 73.

［27］ Emadi P, Andilab B, Ravindran C, et al. Processing and properties of magnesium - based composites reinforced with low levels of Al_2O_3 ［J］. International Journal of Metalcasting, 2022, 15 (1): 300 - 309.

［28］ Mardi K B, Dixit A R, Pramanik A, et al. Surface topographyanalysis of Mg - based composites with different nanoparticlecontents disintegrated using abrasive water jet ［J］. Materials, 2021, 14 (19): 5471.

［29］ Meng F, Du W, Lou F, et al. Dispersion of CNT via an effective two - step method and enhanced thermal conductivity of Mg composite reinforced by the dispersed CNT ［J］. Materials Chemistry and Physics, 2022, 278: 125683.

［30］ Sun Z, Shi H, Hu X, et al. Synergistic strengthening of mechanical properties and electromagnetic interference shielding performance of carbon nanotubes (CNTs) reinforced magnesium matrix composites by CNTs induced laminated structure ［J］. Materials, 2022, 15 (1): 300 - 309.

［31］ Tsukamoto H. Enhanced mechanical properties of carbonnanotu bereinforced magnesium composites with zirconia fabricated by spark plasmasintering ［J］. Journal of Composite Materials, 2021, 55 (18): 2503 - 2512.

［32］ 周计明, 孟海明, 李大利, 等. 碳纤维增强镁基复合材料 (Cf/AZ91D) 层压板杨氏模量的多尺度模拟及预测 ［J］. 稀有金属材料与工程, 2019, 48 (7): 2068 - 2073.

［33］ Yamamoto M, Hayashida M. Fabrication of magnesium alloybased composites reinforced by uniaxially oriented SiC continuous fibers using low pressure infiltration method ［J］. Materials Transactions, 2022, 63 (1): 43 - 50.

［34］ Zhang Q, Hu H, Lo J. Solidification of discontinuous Al₂O₃ fiber reinforced magnesium (AM60) matrix composite ［J］. Defect and Diffusion Forum, 2011, 312 (04): 277 – 282.

［35］ Xia C J, Wang M L, Wang H W, et al. The effect of aluminum content on TiO₂ coated carbon fiber reinforced magnesium alloy composites ［J］. Applied Mechanics and Materials, 2014, 30 (35): 488 – 489.

［36］ Liang J, Li H, Hu X, et al. Fabrication of Ni – coated carbonnanotubes reinforced magnesium matrix composites ［C］. Suzhou: International Conference on Manipulation IEEE. 2013.

［37］ Dumitrescu R E, Gherghescu I A, Ciuca S, et al. Microstructural aspects of some magnesium matrix composites reinforced with amorphous/nanocrystalline Ni – Ti particulates ［J］. Revista de Chimie, 2019, 70 (8): 2903 – 2907.

［38］ Zhou X, Song S, Li L, et al. Molecular dynamics simulation formechanical properties of magnesium matrix composites rein – forced with nickelcoated single walled carbon nanotubes ［J］. Journal of Composite Materials, 2016, 50 (2): 191 – 200.

［39］ 潘龙, 余国康, 邹文兵, 等. 镁合金筒形件低压铸造工艺研究 ［J］. 特种铸造及有色合金, 2021, 41 (04): 512 – 517.

［40］ Rana R S, Purohit R, Das S. Tribological behaviour of AA5083/micron and nano Sic composites fabricated by ultrasonic assisted stir casting process ［J］. International Journal of Scientific Research Publications, 2013, 3 (9): 1 – 7.

［41］ Kumar U K A V. Method of stir casting of aluminum metal matrix composites: a review ［J］. Materials Today: Proceedings, 2017, 4 (2): 1140 – 1146.

［42］ Matta A K, Koka N S S, Devarakonda S K. Recent studies on particulate reinforced AZ91 magnesium composites fabricated by stir casting – a review ［J］. Journal of Mechanical Energy Engineering, 2020, 4 (2): 115 – 126.

［43］ 杨一. B₄C 颗粒增强 6061Al 和 7075Al 复合材料低温力学行为研究 ［D］. 哈尔滨: 哈尔滨工业大学, 2022.

［44］ Sameer K D, Suman K N S, Tara S C, et al. Microstructure mechanical response and fractography of AZ91E/Al₂O₃ (p) nano composite fabricated by semi solid stir casting method ［J］. Journal of Magnesium and Alloys, 2017, 5 (01): 48 – 55.

［45］Selvamani S T, Premkumar S, Vigneshwar M, et al. Influence of carbon nano tubes on mechanical metallurgical and tribological behavior of magnesium nanocomposites ［J］. Journal of Magnesium and Alloys, 2017, 5 (3): 326 – 335.

［46］Lu S L, Wu S S, Wan L, et al. Microstructure and tensile properties of wrought Al alloy 5052 produced by rheo – squeeze casting ［J］. Metallurgical and Materials Transactions A, 2013, 44 (6): 2735 – 2745.

［47］Radha R, Sreekanth D. Mechanical and corrosion behaviour of hydroxyapatite reinforced Mg – Sn alloy composite by squeeze casting for biomedical applications ［J］. Journal of Magnesium and Alloys, 2020, 8 (02): 452 – 460.

［48］周立玉. 原位反应制备 TiC/AZ91D 镁基复合材料组织与性能的研究 ［D］. 成都: 四川轻化工大学, 2021.

［49］Nie K, Deng K K, Wang X J, et al. Characterization and strengthening mechanism of SiC nanoparticles reinforced magnesium matrix composite fabricated by ultrasonic vibration assisted squeeze casting ［J］. Journal of Materials Research, 2017, 32 (13): 2609 – 2620.

［50］虞礼嘉. GH4169 合金表面 YSZ/Al 复合涂层的高温性能研究 ［D］. 南京: 南京航空航天大学, 2020.

［51］Kubatík T F, Lukáčf, Stoulil J, et al. Preparation and properties of plasma sprayed NiAl10 and NiAl40 coatings on AZ91 substrate ［J］. Surface and Coatings Technology, 2017, 319: 145 – 154.

［52］Gao Y L, Jie M, Liu Y. Mechanical properties of Al_2O_3 ceramic coatings prepared by plasma spraying on magnesium alloy ［J］. Surface Coatings Technology, 2017, 315: 214 – 219.

［53］Thirumalai K D, Shanmugam K, Balasubramanian V. Establishing empirical relationships to predict porosity level and corrosion rate of atmospheric plasma – sprayed alumina coatings on AZ31B magnesium alloy ［J］. Journal of Magnesium and Alloys, 2014, 2 (2): 140 – 153.

［54］Chen J, Ma B, Liu G, et al. Wear and corrosion properties of 316L – SiC composite coating deposited by cold spray on magnesium alloy ［J］. Journal of Thermal Spray Technology, 2017, 26 (6): 1381 – 1392.

［55］于晓丰. 基于 FSP 制备纳米 SiC 增强 Al 基复合材料组织与性能研究 ［D］. 长春: 长春工业大学, 2023.

［56］Wakeel S, Manakari V, Parande G, et al. Synthesis and mechanical response of NiTi SMA nanoparticle reinforced Mg composites synthesized through microwave sintering process [J]. Materials Today：Proceedings，2018，5 （14）：28203 – 28210.

[57] Ghasali E, Alizadeh M, Shirvanimoghaddam K, et al. Porous and non – porous alumina reinforced magnesium matrix composite through microwave and spark plasma sintering processes [J]. Materials Chemistry and Physics，2018，212：252 – 259.

[58] Lu T W, Scudino S, Chen W P, et al. The influence of nanocrystalline CoNiFeAl0. 4Ti0. 6Cr0. 5 high – entropy alloy particles addition on microstructure and mechanical properties of SiCp/7075Al composites [J]. Materials Science Engineering：A，2018，726：126 – 136.

[59] Sharma V, Prakash U, Kumar B M. Surface composites by friction stir processing：a review [J]. Journal of Materials Processing Technology，2015，224：117 – 134.

[60] Jin Y Y, Wang K S, Wang W M, et al. Microstructure and mechanical properties of AEE42 rare earth – containing magnesium alloy prepared by friction stir processing [J]. Materials Characterization，2019，150：52 – 61.

[61] 汪云海，黄春平，夏春，等. 添加 La_2O_3 对搅拌摩擦加工制备 Ni/Al 复合材料组织和性能的影响 [J] 复合材料学报，2016，33（09）：2067 – 2073.

[62] Morisada Y, Fujii H, Nagaoka T, et al. Fullerene/ A5083 composites fabricated by material flow during friction stir processing [J]. Composites part A：Applied Science and Manufacturing，2007，38（10）：2097 – 2101.

[63] Izadi H, Nolting A, Munro C, et al. Effect of friction stir processing parameters on microstructure and mechanical properties of Al 5059 [C]. Chicago：Proceedings of the 9th International Conference on Trends in Welding Research，2012：4 – 8.

[64] Ma Z Y. Friction stir processing technology：a review [J]. Metallurgical Materials Transactions A，2008，39（3）：642 – 658.

[65] Mishra R S, Ma Z Y. Friction stir welding and processing [J]. Materials Science and Engineering：R：Reports，2005，50（1/2）：1 – 78.

[66] Azizieh M, Kokabi A H, Abachi P. Effect of rotational speed and probe profile on microstructure and hardness of AZ31/Al$_2$O$_3$ nanocomposites fabricated by friction stir processing [J]. Materials Design，2011，32（4）：2034 –

2041.

[67] Zhao Y H, Lin S B, Qu F X, et al. Influence of pin geometry on material flow in friction stir welding process [J]. Materials Science and Technology, 2006, 22 (1): 45 – 50.

[68] Barmouz M, Givi M K B, Seyfi J. On the role of processing parameters in producing Cu/SiC metal matrix composites via friction stir processing: investigating microstructure microhardness wear and tensile behavior [J]. Materials Characterization, 2011, 62 (1): 108 – 117.

[69] Sharma V, Gupta Y, Kumar B V M, et al. Friction stir processing strategies for uniform distribution of reinforcement in a surface composite [J]. Materials and Manufacturing Processes, 2016, 31 (10): 1384 – 1392.

[70] Morisada Y, Fujii H, Nagaoka T, et al. Effect of friction stir processing with SiC particles on micro – structure and hardness of AZ31 [J]. Materials Science Engineering: A, 2006, 433 (1/2): 50 – 54.

[71] Leal R M, Loureiro A. Effect of overlapping friction stir welding passes in the quality of welds of aluminium alloys [J]. Materials Design, 2008, 29 (5): 982 – 991.

[72] Dinaharan I, Zhang S, Chen G, et al. Assessment of Ti – 6Al – 4V particles as a reinforcement for AZ31 magnesium alloy – based composites to boost ductility incorporated through friction stir processing [J]. Journal of Magnesium and Alloys, 2022, 10 (4): 979 – 992.

[73] Zhang Q, Xiao B, Wang D, et al. Formation mechanism of in situ Al_3Ti in Al matrix during hot pressing and subsequent friction stir processing [J]. Materials Chemistry Physics Procedia, 2011, 130 (3): 1109 – 1117.

[74] Balakrishnan M, Dinaharan I, Palanivel R, et al. Synthesize of AZ31/TiC magnesium matrix composites using friction stir processing [J]. Journal of Magnesium and Alloys, 2015, 3 (1): 76 – 78.

[75] 丁春慧, 李萍, 丁永根, 等. 基于高压扭转工艺的 Al – Zn – Mg – Cu 合金强韧化机理研究 [J]. 精密成形工程, 2018, 10 (4): 126 – 131.

[76] Edalati K, Yamamoto A, Horita Z, et al. High – pressure torsion of pure magnesium: evolution of mechanical properties microstructures and hydrogen storage capacity with equivalent strain [J]. Scripta Materialia, 2011, 64 (9): 880 – 883.

[77] Castro M M, Pereira P H R, Isaac A, et al. Development of a magnesium –

alumina composite through cold consolidation of machining chips by high – pressure torsion［J］. Journal of Alloys Compounds，2019，780：422 – 427.

［78］Akbaripanah F，Sabbaghian M，Fakhar N，et al. Influence of high pressure torsion on microstructure evolution and mechanical properties of AZ80/SiC magnesium matrix composites［J］. Materials Science Engineering：A，2021：14191.

［79］霍成鹏. 压铸镁合金汽车转向管柱支架 CAE［D］. 沈阳：沈阳工业大学，2012.

［80］李中权，肖旅，李宝辉，等. 航天先进轻合金材料及成形技术研究综述［J］. 上海航天，2019，36（02）：9 – 21.

第 3 章

镁合金的强韧化原理

镁合金相对铝合金具有较低的强度和塑性特性，并且在高温条件下表现较差。这些因素限制了镁合金的广泛应用。本章探讨镁合金的强韧化原理，用于提高镁合金的室温和高温性能。

|3.1　镁合金的强化原理|

3.1.1　固溶强化

　　固溶强化是通过合金化使纯金属的强度和硬度得到提高。强化效果的产生源于溶质原子和位错的交互作用，这些交互作用与溶质引发的局部点阵畸变密切相关。在金属合金中，固溶体可分为无序固溶体和有序固溶体，它们的强化机理存在差异[1,2]。

1. 无序固溶强化

　　固溶强化的关键在于溶质原子的长程应力场与位错之间的交互作用导致的位错运动受阻[3]。当溶质原子与位错相互作用时，会引起位错线的局部弯曲，从而限制位错的移动。

　　以图 3 - 1 为例，xx' 表示未被钉扎的平直位错线，A、B、C 表示溶质原子钉扎位错，位错线呈现弯曲形状，位错线在受到垂直方向的外加切应力作用下会发生进一步的变形。当位错线处于 $AB'C$ 位置时，会遭到溶质原子的钉扎固定，这表明位错线在 B 点位错张力的协助作用下，经历了从 ABC 段位错移动到 $AB'C$ 段的过程。通过这样的变化，位错线的形态发生显著的改变。与位错线上的其他溶质原子相比，少数受到钉扎的溶质原子与位错线的相互作用非常大，由于这种强大的交互作用，使位错线的局部曲率比平均内应力所求出的曲率大得多。

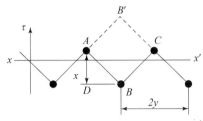

图 3 – 1　溶质原子对柔性位错的强化作用[4]

值得注意的是，固溶强化作用使位错线的钉扎作用增强，位错的移动受到一定程度的阻碍，这种阻碍效果由溶质原子的长程应力场和位错的相互作用引起。通过引入溶质原子，位错线的能量增加，更难以移动。这种阻碍作用对金属合金的强度和塑性有着明显的影响。

位错的弯曲现象源于位错长度的增加，这是由于强钉扎作用释放的能量超过位错本身的弹性能。当位错与溶质原子发生交互作用时，位错产生一种局部点阵畸变，从而改变位错线的形状和弯曲性质。

在外加切应力 τ 的作用下，位错从 ABC 段移动到 $AB'C$ 段，其中 ABC 和 $AB'C$ 是相邻的平衡位置。位错在处于 AC 中间位置时，会产生最大的阻力。为了使位错能够移动，外加切应力必须克服这种阻力。当 AC 的长度近似为 $2y$ 时，可以将 ABC 的长度近似看作 $2y$。

位错从 ABC 变为 AC 的过程涉及两个方面的影响：一方面是脱钉所需的能量，另一方面是位错缩短释放能量。这意味着位错的移动需要消耗能量来克服钉扎的效应，并且通过缩短位错长度释放能量。这些能量变化对于位错弯曲过程具有重要的意义。总共需要

$$(E_b - E_1) \cdot 2y \approx E_b \cdot 2y \tag{3.1}$$

式中，E_b 为位错脱扎所需能量；E_1 为单位长度位错由于加长而升高的能量，E_1 与 E_b 相比小而略去，由 ABC 变为 AC，平均位移为 $x/2$，外加切应力需要做功为 $\tau b (2y) x/2$。故

$$\tau bxy = (E_b - E_1) \cdot 2y \approx E_b \cdot 2y \tag{3.2}$$

在图 3 – 1 所示的位错线中，沿着 xx' 方向，单位长度上有 $1/y$ 个溶质原子。用柯氏气团的概念解释，如果位错和溶质原子交互作用能为 U_0，则单位长度位错受溶质钉扎将降低的能量为

$$E_b = U_0 / y \tag{3.3}$$

所以

$$\tau = 2U_0/b_{xy} \tag{3.4}$$

设 C 为溶质原子分数，在滑移面单位面积上有 $1/b^2$ 个原子，其中有 C/b^2 个为溶质原子。又观察到面积 xy 上只有一个原子，所以 $C/b^2 \approx 1/xy$，式 (3.4) 可写为

$$\tau = (2U_0/b^3)C \tag{3.5}$$

由此可见，推动位错发生弯曲所需的临界切应力与溶质 – 位错相互作用能 U_0 和溶质浓度 C 呈正比。这一关系在面心立方合金的固溶强化现象中被广泛应用和验证。

固溶强化是通过在合金中将合金元素充分溶入基体中来实现的，这一过程可以通过取代基体中的原子或者原子错位来加强基体的性能。合金化元素的加入可以改变基体的原子结构，从而改善材料的力学性能、热性能和抗蠕变性能等特性。这种固溶强化的方法在合金材料研究领域得到了应用[4]。

添加合金元素的一个主要作用是抑制基体金属的自扩散。合金元素的加入可以引入一种扩散阻碍机制，使原子在晶体中的扩散速率降低。降低扩散速率可以提高材料的抗蠕变性能[6]，从而提高材料的使用寿命和稳定性。

除了抑制自扩散外，添加合金元素还可以增大基体材料的弹性模量。弹性模量可以被理解为材料在受力时对应变的抵抗能力。合金元素的加入可以引起晶格畸变或形成固溶体，提高材料的刚度和硬度。这种增大的弹性模量可以进一步提高材料的力学性能和结构稳定性。

与强化材料相伴的一个重要因素是合金元素的尺寸差异。根据 Hume – Rothery 定律，当溶质和溶剂原子的尺寸差异超过一定程度时，合金化元素无法完全溶解在基体中，只能形成有限固溶体。因此，在材料设计和合金制备过程中需要考虑合金元素的尺寸匹配性，以确保合金化效果的最大化。

与尺寸匹配性类似，合金元素和基体金属的电子结构和晶体结构的相似性也是影响固溶性的重要因素之一。当合金元素和基体金属的电子结构和晶体结构相似时，可以更好地相容并形成无限固溶体，这种相容性有助于提高合金材料的强度、塑性和稳定性。因此，在合金设计过程中，电子结构和晶体结构的匹配性需要被综合考虑，以实现最佳的固溶强化效果。

2. 有序固溶强化

位错在短程有序固溶体中运动时，由于异类原子对局部有序性的影响，导致能量的升高。为了使位错继续运动，需要付出一定的能量代价，即破坏短程有序来提高能量。

在短程有序固溶体中，位错运动的阻力可以通过能量增加来表示。位错扫

过单位面积而增加的能量为 E，则位错运动的阻力是

$$\tau = E/b \tag{3.6}$$

设固溶体短程有序度为 a，N 为二元合金的原子总数，x 为 B 组元的摩尔分数，$1-x$ 为 A 组元的摩尔分数，w 是原子对作用能差值，即

$$w = w_{AB} - (W_{AA} + W_{BB})/2 \tag{3.7}$$

对于面心立方结构的短程有序固溶体，当位错扫过（111）面上的单位面积时，会带来一定的能量增加。这个能量增加可以由式（3.8）来表示

$$E = \frac{16}{\sqrt{3}a^2}[\, awx(1-x)\,] \tag{3.8}$$

式中，a 为晶胞参数，位错所遇到的阻切应力等于 E/b，故

$$\tau = \frac{16\sqrt{2}}{\sqrt{3}a^2}[\, awx(1-x)\,] \tag{3.9}$$

注意 $b = a/\sqrt{2}$，这是面心立方结构二元合金具有短程有序度 a 时所产生的强化作用。当固溶体呈现长程有序（超结构）时，位错的行为和塑性变形会呈现出特殊性质。超结构会导致晶体的对称性降低，使位错的运动受到限制，如图 3 - 2 所示。在超结构中，位错会分解成两个位错成为位错对，即超位错。当超位错一起运动时，不需要增加外加应力，因为位错对的运动并不增加反相畴界的数量。然而，随着变形量的增加，位错对会穿过与其滑移面相交的反相畴界，使无序区域的面积增加，进而导致流变应力的额外增加。

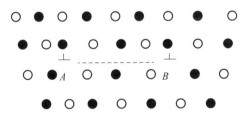

图 3 - 2　长程有序合金的超位错（A、B 面上下为反相畴，AB 为反相畴界面）[4]

固定位错对的形成也会阻碍位错的继续滑移。当一个位错交滑移到另一个滑移面后，而后一个位错未能随之交滑移时，就会形成固定位错对。固定位错对的形成会阻碍位错的进一步滑移，对材料的形变特性产生影响[7]。

3.1.2　细晶强化

通常多晶体金属的晶粒边界是大角度晶界，而相邻不同取向的晶粒在受力下发生塑性变形时，部分具有较大施密特（Schmidt E）因子晶粒内的位错源

将首先被激活，沿特定晶面发生滑移和增殖。然而，在位错滑移到达晶界之前，晶界会起到阻碍的作用，使位错不能直接传播到相邻的晶粒中，从而形成塑性变形晶粒内的位错堆积[8]。晶界上的位错堆积产生一种应力场，这个应力场可以作为激活相邻晶粒内位错源开动的驱动力。当应力场作用于位错源的作用力达到位错开动所需的临界应力时，相邻晶粒内的位错源被激活，开始发生滑移和增殖，从而导致塑性形变。位错堆积的强度与堆积位错数目和外加切应力的大小密切相关，而堆积位错数目又与晶粒尺寸正相关。因此，当晶粒尺寸较小时，为了激活相邻晶粒内的位错源，需要更大的外加应力，这意味着细晶粒对金属材料的强化贡献更为显著[9]。

在材料强度学上重要的霍耳－佩奇公式 $\sigma_s = \sigma + K_y d^{-1/2}$。式中 σ_s 表示屈服强度；σ 表示基体的应力；K_y 描述位错被溶质原子，特别是 C、N 等原子的钉扎程度和塑性形变时可以参加滑移的滑移系数目；d 表示晶粒的尺寸。K_y 的值主要受到溶质原子（如 C、N 等）对位错的钉扎程度的影响，滑移系越少，K_y 值越大。对于面心立方结构的金属，在塑性变形过程中，滑移系较多，因此 K_y 值较小；而体心立方结构的金属具有较大的 K_y 值，这是因为 C、N 等溶质原子与位错之间有较强的钉扎作用。

需要指出的是，霍耳－佩奇公式适用于一定范围的晶粒尺寸，通常在 $0.3 \sim 400~\mu m$。当晶粒尺寸小于 $0.3~\mu m$ 时，晶粒内很难形成足够数量的位错来构成强烈的应力集中场；相反，当晶粒尺寸大于 $400~\mu m$ 时，大量的位错并不会对应力场的集中程度产生显著影响，因此公式的适用性受到限制。

3.1.3　位错强化

金属晶体的强度可以通过消除内部的缺陷来提高，其中最主要的缺陷是位错。位错消除的一种方法是制造完整晶体，例如晶须[10]。然而，金属缺陷理论指出，在一定程度上，晶体中位错密度的增加可以有效提高金属的强度。这是因为位错间的弹性交互作用会产生阻力，从而增加金属的强度。

从变形特性出发，对面心立方金属单晶体的形变行为进行分析，如图 3－3 所示。如果沿图 3－3（a）中方向 A 进行拉伸，可以获得用 τ 和 γ 来表示的真实应力－真实应变曲线，如图 3－3（b）中实线所示，这条曲线也被称为加工硬化曲线，一个完整的加工硬化曲线可以分为 3 个阶段。

第 I 阶段：只出现在单晶体最初的单滑移中，由于在极低的应力下就能引起明显的塑性变形，所以称为易滑移阶段。开始时应力轴位于图 3－3（a）所示的 A 处，由于施密特因子最大，最早驱动的滑移系为 [－101]（111），此时为单滑移。在图 3－3（b）所示的第 I 阶段应变较大，而应力不高，加工硬化率 dτ/dγ 很小，这是由于在第 I 阶段，位错可以利用弗兰克 – 里德源进行大量繁殖[11]，且在滑移过程中几乎没有阻碍。因为位错可动性高可通畅地滑到晶体表面，所示晶体中位错密度不会明显增加[12]。

第 II 阶段：在单滑移过程中，晶体会发生转动，也可认为是一个力轴发生转动。当力轴到达位置 A'（见图 3 – 3（a））时，等效的滑移系 [011]（ –1 –11）和 [–101]（111）同时被激活，从而出现多滑移。多剪切应变 Y 滑动的产生标志着第 II 阶段开始，其特征是 dτ/dγ（大约是第 I 阶段的 30 倍）接近常数，且应力 – 应变呈直线关系，因此第 II 阶段也被称作线性硬化阶段。金属之所以会出现明显的硬化现象，是因为在多系滑移的时候，位错会被交割，导致很多位错被钉扎，一个被钉扎的位错，会对后进的位错产生斥力，阻碍在同一滑移面上的其他同号位错的移动，造成塞积。由于位错塞积群对产生塞积的位错源的反作用，导致位错源停止动作。如果要让塑性变形继续进行，就需要进一步提高外加应力。

在第 II 阶段，位错相互交割、被钉扎，相互缠结，同时新的位错源不断增殖，使位错密度显著增加，所以变形抗力明显增加，有较高的加工硬化率。

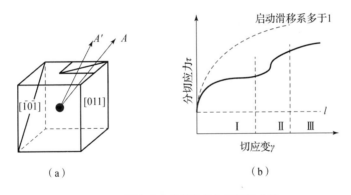

（a）　　　　　　　　　　　（b）

图 3 – 3　面心立方单晶体的加工硬化曲线

（a）力轴位置及滑移系；（b）τ – γ 曲线[4]

第 III 阶段：力轴仍处于位置 A' 不再滑动，当应力高到足以使被钉扎位错开始运动时，加工硬化率逐渐降低，应力 – 应变曲线呈抛物线关系。被钉扎位错重新启动，主要依靠螺旋位错的双交滑移，即被阻塞的位错，经过两次交滑移后，转换为另一平行滑移面上，从而避开阻碍，恢复运动。同时，当平面与其他异号螺旋位错相遇时，会相互吸引而消亡，并驱动原有的位错源；而刃型位错不会产生双交滑移，位错环的刃型部分会滞留在晶体内，引起位错密度的增大。

由以上可知，金属的强度和塑性受到位错的可动性的控制。当位错可动性降低时，位错容易积累并形成位错密集区，影响材料的强度和塑性[13]。在实际金属材料中，位错的组织和交互作用非常复杂，难以准确描述。位错的形成和堆积受到多种因素的影响，包括温度、形变速率、应力等。这些因素会影响位错的生成、传播和聚集，最终影响材料的强度和塑性[14]。

3.1.4　外加颗粒相强化

多相合金的高强度基础是由位错与沉淀析出相的交互作用而产生的。沉淀相的弥散分布在晶格中形成有效的位错阻碍物，限制位错的运动，提高合金的强度。相对于固溶强化，当沉淀相的强化效果与固溶效果相等效时，对塑性的削弱作用相对较小[15]。

沉淀相颗粒的强化效果受到多种因素的影响，其中包括颗粒本身的可塑变形和第二相的形态与分布方式。当可变形颗粒处于与母相共格的状态时[16]，具有小尺寸、能够为位错的运动提供通道的特点。沉淀相颗粒对强化效果的贡献与颗粒的尺寸、共格应力场，以及位错切过颗粒时引起的错配原子排列等因素相关。

不同形态和分布方式的第二相颗粒会产生不同的强化效应。当位错切过共格颗粒时，会在滑移面上形成错配的原子排列，增加位错运动所需的能量。沉淀相颗粒的共格应力场与位错的应力场之间存在弹性交互作用。当位错穿过共格应变区时，会产生一定的强化效应。此外，位错切过颗粒后形成的滑移台阶还会增加界面能，进一步消耗位错运动的能量。综合以上分析可以得出：与基体相完全共格的沉淀相颗粒具有显著的强化效应[17]。

位错与沉淀相颗粒之间的交互作用在多相合金的强化机制中起关键作用。当位错遇到不可形变的颗粒时，无法切过颗粒，只能围绕颗粒运动。在围绕颗粒运动的过程中，位错会发生弯曲，引起位错线张力的增大。为了克服位错弯曲引起的位错线张力增加，必须增加外加的切应力。这种位错围绕颗粒所需的附加切应力被定义为临界切应力。不可形变颗粒对屈服强度的贡献主要是奥罗万提出的位错绕过颗粒强化机制。机制表明，位错绕过颗粒所需的切应力与颗粒间距成反比。作用于位错线的切应力增值 $\Delta\tau_{bs}$ 与位错线张力增量用 $2T\sin\theta/2$ 的平衡表示。附加切应力 τ 是以补偿位错线弯成曲线长度 s 和绕过角 θ 所引起的能量增大，于是有 $\Delta\tau_{bs} = 2T\sin\theta/2$，当 θ 很小时，$\sin\theta/2 \approx \theta/2$，$s \approx \lambda p = r_\theta$，式中 λ_p 为有效的颗粒间距；r 为位错弯曲线的曲率半径。由 $T = Gb^2/2$ 得到 $\Delta T = Gb/2r$，b 为柏氏量。当位错弯曲使 $r_1 = \lambda p/2$ 时，τ 为最大值，或者说要使位错线围绕颗粒所需要的最大附加切应力，即临界切应力为

$$\tau = Gb/\lambda p \qquad (3.10)$$

根据奥罗万理论，位错绕过颗粒所需的切应力与颗粒间距成反比。因此，在多相合金中，沉淀相颗粒的分布和间距对强化效果产生重要影响。当沉淀相颗粒半径固定、体积分数为 f 且在基体上弥散分布时，可以推导出沉淀相颗粒对合金屈服强度的贡献，即

$$\Delta\sigma_s = \frac{2.5Gb}{2.36\pi \cdot 2r\left(\frac{\sqrt{\pi}}{4} - f^{\frac{1}{2}}\right)} f^{\frac{1}{2}} \ln\left(\frac{r}{b}\right) \qquad (3.11)$$

当 f 很小时，简化 f 为

$$\Delta\sigma_s = \frac{10Gb}{5.72\,\pi^{\frac{3}{2}}r} f^{\frac{1}{2}} \ln\left(\frac{r}{b}\right) \qquad (3.12)$$

|3.2　镁合金的韧化原理|

3.2.1　位错与韧性

当金属材料的位错密度增大时，位错间的交互作用增强，导致位错的可动性降低，进而提高金属材料的流变应力。因此，位错密度的增加会降低金属材料的韧性。位错的分布形式会影响韧性，均匀分布的位错对韧性的危害较小，相比之下，位错列阵对韧性的影响较大。可动的未被锁住的位错对韧性的损害要小于被沉淀物或固溶原子锁住的位错。

金属材料的韧性是受屈服强度 σ_s、裂纹形核应力 σ_τ 和扩展临界应力 σ_c 等因素控制。在常温条件下，由于流变过程中产生交滑移，且同一种滑移面的位错密度不会迅速提高，塞积程度不高的，σ_τ 有可能提高。而当 σ_τ 与 σ_s 相差很大时（$\sigma_\tau > \sigma_s$），在裂纹形核前，则会产生显著的塑性变形。在平面应力时，有

$$\sigma_\tau = \left[\frac{2E\gamma_p}{\pi a}\right]^{\frac{1}{2}} \qquad (3.13)$$

式中，a 为裂纹长度的一半；γ_p 为比表面能，表示在裂纹扩展时产生新表面的单位面积表面能。γ_p 值的高低反映 σ_c 的大小，若位错密度高，但部分位错可动，特别是其中的螺位错有一定的可动性，则在裂纹尖端塑性区内的应力集中可因位错运动而缓解[18,19]，而且塑性区可动的位错越多，有效比表面能越高，

σ_c 值越大。当 σ_τ 很低时，材料表现为脆性；若 σ_c 足够大，可转化为韧性状态，因此增大 σ_τ 使之高于 σ_s，又有足够大的 σ_c，材料可有好的塑性与韧性。根据这个分析可知，增大可动位错密度对韧性是有利的[20]。

3.2.2　固溶与塑性

在镁合金中，固溶与塑性性能的改进可以通过以下措施来实现：

①合金元素的选择与调整：选择合适的合金元素并调整其含量是改善固溶与塑性的关键。常用的合金元素包括铝、锌、锆、钙等。这些元素在固溶时能够提供固溶强化效果，同时也能够改善材料的塑性。通过合金元素的优化选择，可以有效控制固溶体的形成，增加晶界强化作用，并改善位错与晶粒的相互作用，提高材料的塑性。

②固溶处理：通过适当的固溶处理工艺，可以在合金中形成均匀的固溶体和稳定的固溶溶质分布。固溶处理可以使合金元素均匀地溶解在基体中并形成固溶位错，增加晶体内的位错密度，改善材料的塑性。

③热变形处理：通过热挤压、热拉伸、热轧等热变形处理，可以促进位错的滑移和形变，改善材料的塑性。热变形能够提高晶界的活动性和晶粒尺寸的分布均匀性，有效改善材料的塑性性能。

④微合金化：微合金化是通过加入微量的合金元素来改善材料的性能。添加微量的合金元素（如稀土元素等）可以改变材料的晶界结构、晶粒尺寸分布和固溶体形成，提高塑性和强度。

⑤多道次变形：多道次变形包括多道次挤压、多道次拉伸等工艺，能够增加位错的密度和分布，改善材料的塑性性能。

3.2.3　细化与塑性

晶粒尺寸的改变对金属材料的塑变性能有重要的影响。细化晶粒可以同时提高材料的强度、塑性和韧性，改善金属材料的整体性能。在生产实践中，存在多种有效的方法来实现晶粒细化，例如热处理、加工变形以及添加细化剂等。依据裂纹形成的断裂理论，晶粒尺寸 d 与裂纹扩展临界应力 σ_c，以及冷脆转化温度 T_c 的关系有以下的式子：

$$\sigma_c \approx \frac{2\mu\gamma_p}{k_\gamma}d^{-\frac{1}{2}} \tag{3.14}$$

$$\beta T_c = \ln B - \ln C - \ln d^{1/2} \tag{3.15}$$

式中，γ_p 为比表面能，即裂纹扩展时每增加单位表面积所消耗的功（大部分消耗于塑性变形）；k 为霍尔-佩奇斜率；β、B 和 C 为常数，当 γ_p 定值时，d

小则 σ_c 高，凡是可提高 σ_c 值的因素均能改善塑性。

通过对微观结构的分析，发现在较小的晶粒度下，晶体中的空位数目和位错数目均较少，降低了与空位及位错间弹性相互作用的机会，使位错易移动，即具有良好的可塑性；又因为位错数目少，位错塞积数目减少，所以只会造成轻微的应力集中，从而延迟微孔和裂纹的萌生，增大断裂应变[21]。细晶粒的存在，使材料的塑性变形更加均匀，提高了材料的可塑性。

3.2.4　颗粒与塑性

以下是一些与镁合金颗粒塑性有关的措施：

①颗粒细化：通过控制合金的成分和加工条件，可以实现颗粒的细化。细小的颗粒有助于提高材料的塑性。这是因为细小的颗粒可以促进位错的形成和活动，并阻止晶格滑移的扩展，从而提高材料的变形性能。

②颗粒分布均匀性：均匀分布的颗粒可以增加晶界的密度，增强晶界对位错滑移的阻碍作用，提高材料的塑性。

③颗粒增强机制：颗粒在镁合金中可以通过多种增强机制来提高材料的塑性，这些机制包括晶界强化、位错强化和析出强化等。通过合理控制颗粒的尺寸、形状和分布，可以优化这些增强机制，提高材料的塑性。

④颗粒界面调控：合适的界面调控可以增加颗粒与基体之间的结合强度，提高材料的塑性和耐热性能。

参 考 文 献

[1] 赵一善. 金属材料热处理及材料强韧化基础 [M]. 北京：机械工业出版社，1990.

[2] 陈弛文，江雄心，胡清根，等. 金属材料强韧化途径探析 [J]. 造纸装备及材料，2021，50（010）：26-28.

[3] 刘子利，王文静，刘希琴，等. Er 对镁合金固溶强化作用的第一性原理研究 [J]. 南京航空航天大学学报，2019，48（04）：577-582.

[4] 崔忠圻，覃耀春. 金属学与热处理 [M]. 北京：机械工业出版社，2020.

[5] Hu Y B, Deng J, Zhao C, et al. Microstructure and mechanical properties of asquenched Mg-Gd-Zr alloys [J]. Transactions of Nonferrous Metals Society of China，2011，21（4）：732-737.

［6］魏尚海，陈云贵，刘红梅，等. Mg－5wt% Sn 合金铸态和时效态的高温蠕变性能［J］. 材料热处理学报，2008，29（3）：104－107.

［7］孙娅，吴长军，刘亚，等. 合金元素对 Co Cr Fe Ni 基高熵合金相组成和力学性能影响的研究现状［J］. 材料导报，2019，33（07）：1169－1173.

［8］Mabuchi M, Higashi K. Strengthening mechanisms of Mg－Si alloys［J］. Acta Materialia，1996，44（11）：4611－4618.

［9］Ono N, Nowak R, Miura S. Effect of deformation temperature on Hall－Petch relationship registered for polycrystalline magnesium［J］. Materials Letters，2003，58（1/2）：39－43.

［10］陈尔凡，陈东. 晶须增强增韧聚合物基复合材料机理研究进展［J］. 高分子材料科学与工程，2006，22（2）：5.

［11］Sarr M M, Yuasa M, Miyamoto H. Effect of the rmomechanical processing on grain size, texture and mechanical properties of pure magnesium［J］. Materials Science Forum，2020，48（08）：97－108.

［12］Chuvil'deev V, Nieh T, Gryaznov M, et al. Superplasticity and intemal friction in microcrystalline AZ91 and ZK60 magnesium alloys processed by equal－channel angular pressing［J］. Journal of Alloys and Compounds，2004，378（1－2）：253－257.

［13］Lee S W, Chen Y L, Wang H Y, et al. On mechanical properties and superplasticity of Mg－15Al－1Zn alloys processed by reciprocating extrusion［J］. Materials Science and Engineering，2007，464（1－2）：76－84.

［14］吕宜振. Mg－Al－Zn 合金组织、性能变形和断裂行为研究［D］. 上海：上海交通大学，2001.

［15］Katayama S, Kawahito Y, Mizutani M. Elucidation of laser welding phenomena and factors affecting weld penetration and welding defects［J］. Physics Procedia，2010，5（1）：9－17.

［16］Guo X, Kinstler J, Glazman L, et al. High strength Mg－Zn－Y－Ce－Zr alloy bars prepared by RS and extrusion technology［J］. Materials Science Forum，2005，49（5）：488－489.

［17］郭学锋，任防. 高强度 Mg－Zn－Y－Ce－Zr 合金细丝的制备与表征［J］. 中国有色金属学报，2011，21（2）：290－295.

［18］Galiyev A, Sitdikov O, Kaibyshev R. Deformation behavior and controlling mechanisms for plastic flow of magnesium and magnesium alloy［J］. Materials Transactions，2003，44（4）：426－435.

［19］季灏，吴玉瑞，沈耀，等. 基于林位错强化的晶体塑性模型的稳定性缺陷及改进［J］. 塑性工程学报，2017，24（2）：8.

［20］周可可，刘娟，章海明，等. 基于二维离散位错动力学的颗粒强化机制建模［J］. 塑性工程学报，2018，25（6）：7.

［21］刘婷婷，潘复生. 镁合金"固溶强化增塑"理论的发展和应用［J］. 中国有色金属学报，2019，29（9）：14.

第 4 章

镁合金结构设计及成分优化

近年来，由于镁合金低密度、高比强度和低开发成本，已广泛应用于汽车、航空航天和电子工业[1-4]。在开发新的镁合金材料时，研究人员可能需要测试多种不同的合金元素添加比例和热处理条件才能找到最优的材料性能，这个过程可能持续数月甚至数年[5-6]。当今的集成计算材料工程（Integrated Computational Materials Engineering, ICME）和材料基因组计划（Materials Genome Initiative, MGI）等现代技术，通过高通量计算和实验快速筛选出最有潜力的材料设计，大大缩短研发周期，提升研发效率。本章综述镁合金在合金化、晶体结构设计及成分优化方面的最新知识，并提供了实际应用示例。

|4.1　镁合金结构设计|

4.1.1　第一性原理方法

　　在材料科学中，第一性原理方法基于量子力学原理和 Schrodinger 波动方程，通过绝热近似将电子和核的运动分离，进一步采用单电子近似简化多电子系统问题[7-10]。第一性原理方法在哈特里—福克近似的基础上有所发展，其中电子被视为在其他电子产生的平均势场中运动。更进一步，Hohenberg 和 Kohn 提出密度泛函理论并由 Kohn 和 Sham 发展的 Kohn – Sham 方程，将电子间的交换关联效应表述为电子密度的泛函，极大地推动材料性质的精确预测和微观机理的理解[11-15]，不仅增强了我们对材料性质的控制和预测能力，也为新材料的设计提供了强有力的理论支持。

　　晶体结构的详细分析是材料科学研究的核心，特别是揭示材料的弹性、电子特性、声子行为和热力学性质与微观结构之间的关系[16-19]。利用基于第一性原理方法的计算，尤其是超赝势平面波方法，可以有效地研究和预测合金的晶体相结构，并分析合金的热力学稳定性，帮助研究人员发现和确认可能的最稳定晶体结构，指导新型材料的设计与开发。通过计算晶体的价电子密度分布，第一性原理方法能够提供关于材料中原子间成键和离化程度的深入理解。此外，计算弹性常数 C_{ij} 为描述材料力学性能的关键参数，涉及许多基本的固态物理现象,例如原子间的键合、状态方程及声子光谱,也与材料的热学属性,例如比热、热膨胀、德拜温度及 Grüneisen 参数等密切相关。对于具有高对称性(如立方晶体),只需考虑减少的弹性常数(如 C_{11}、C_{12} 和 C_{44}),便可导出其他重要的力学参数,如剪切模量 G、杨氏模量 E 和泊松比 ν,并利用平均声速 V_{m} 来估算德拜温度。

在潘复生院士的领导下,重庆大学的研究团队发展出了固溶强化增塑(Solid Solution Strengthening and Ductilizing,SSSD)合金设计理论[20],通过分子动力学模拟和次近邻修正嵌入原子势方法描述原子间的相互作用,探讨了不同温度下加入不同合金元素(如 Al、Zn、Y)对镁合金的层错能的影响。他们的研究涵盖含有 0~3% 摩尔分数的 Mg-Al、Mg-Zn 和 Mg-Y 合金,分析了在温度范围为 0~500 K 合金中多个滑移系(包括基面 <11-20>、基面 <10-10>、柱面 {10-10} <11-20>、和锥面 {11-22} <11-23>)的广义层错能。合金设计理论研究的重点在于固溶原子含量的变化以及温度如何影响层错能,同时探讨了层错能与镁合金的微观塑性变形模式之间的联系,对于理解和优化镁合金的微观机械行为提供了重要的理论依据。基于合金设计理论,重庆大学已成功开发多种新型高性能镁合金,其中多个新型合金已被批准为国家和国际标准牌号合金,开辟了镁合金强塑平衡优化的新途径。

综上所述,第一性原理方法不仅提供了一个强大的工具来预测和解释材料的微观和宏观性质,而且为材料的最优化设计和功能定制提供了理论基础,使材料研究人员能够在理论和实验研究之间建立桥梁,推进新材料的发现和应用。

4.1.2 相界面结构研究

镁合金的相界面结构对整体性能起至关重要的作用。析出相变晶体学作为强化镁合金的关键方法,通过控制析出相的形貌和相界面结构,尤其是主刻面的取向,显著提高合金的强度[21],例如当析出相的主刻面与李晶面平行时,能够最大限度地阻碍李晶界的迁移,从而增强材料的强度。此外,通过在镁合金表面引入梯度纳米结构和 Mg 基双相金属玻璃薄膜[22],不仅优化相界面,还显著提升合金的屈服强度和延伸率,实现了高强度与高塑性的结合。合金化设计通过形成具有持久钝化效果的保护膜层[23],进一步提高镁合金的耐蚀性能。稀土镁合金的研究揭示相界面对力学性能、耐蚀性和储氢性能的影响规律,指出通过调控关键相和第二相的转变,可以设计出具有更优性能的新型合金[24]。

1. Mg₂Ca 相界面结构研究

游志勇课题组对相界面关系研究具有较好的基础,通过研究 Mg₂Ca 拉弗斯相

(laves phase) 和基体的界面结合方式，图 4 – 1（a）、（b）所示为 Mg_2Ca（0001）面的 Ca 终止面、Mg 终止面和 Mg（01 – 10）面的结合方式；图 4 – 1（c）、（d）所示为 Mg_2Ca（0001）面的 Ca 终止面、Mg 终止面和 Mg（0001）面的结合方式。

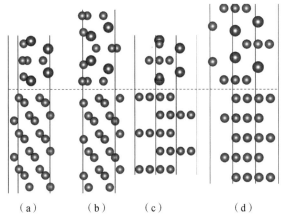

（a）　　　（b）　　　（c）　　　　（d）

图 4 – 1　Mg_2Ca 和 Mg 的界面模型（附彩插）

（a）Mg_2Ca（0001）T – Ca/Mg（01 – 10）；（b）Mg_2Ca（0001）T – Mg/Mg（01 – 10）；

（c）Mg_2Ca（0001）T – Ca/Mg（0001）；（d）Mg_2Ca（0001）T – Mg/Mg（0001）

🔴 Ca；🔵 Mg

研究发现，Mg_2Ca（0001）面的 Mg 终止面和 Mg 拥有最低的界面能，如图 4 – 2 所示，低于 α – Mg 熔体固液界面能（0.1 J/m²），这表明 Mg_2Ca 相对 Mg 基体有异质形核的作用。

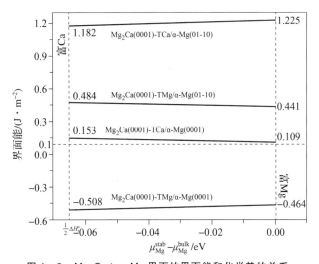

图 4 – 2　$Mg_2Ca/α – Mg$ 界面的界面能和化学势的关系

从图 4 – 3 所示标尺可以观察到，Mg_2Ca 相的 Mg、Ca 原子积累电荷，α – Mg 相的 Mg 原子失去电荷，电荷向界面处累积，这表明在 Mg_2Ca（0001）– T Mg/ α – Mg（0001）界面结合处，存在金属键、离子键和共价键。特别是如图 4 – 3（c）所示，Ca 原子与 Mg 原子之间的相互作用主要通过离子键和共价键实现，同时 Mg 原子之间存在金属键。

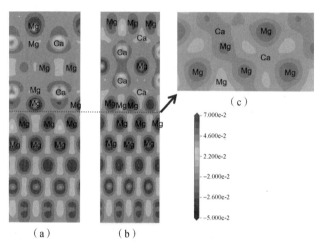

图 4 –3 Mg_2Ca（0001）– T Mg/α – Mg（0001）三个晶向的差分电荷密度图（附彩插）
（a）（10 –10 面）；（b）（11 –20 面）；（c）（0001）面

从图 4 –4 可以看出，Mg_2Ca（0001）– T Mg/α – Mg（0001）界面成键的 d 轨道主要来自 Ca 原子的贡献，s、p 轨道主要来自 Mg 原子的贡献，α – Mg 界面 – Mg3 原子相对 α – Mg 内部 Mg4 原子，低能级的电子分布更加均匀和密集，说明 α – Mg 界面上 Mg 原子相对于 α – Mg 内部的原子，金属键的稳定性得到增强。Mg_2Ca 里层的 Mg1 原子相对界面 – Mg2 原子，价带的电子分布比较多，费米能级以下的电子分布较多，赝能隙没有界面 – Mg2 原子的赝能隙宽，说明 Mg_2Ca 内部的 Mg 原子主要以离子键的方式结合，Mg_2Ca 界面上的原子以共价键结合。Mg_2Ca 外部的 Ca2 原子与里层的 Ca1 原子相比，向价带方向移动了一点，说明 Ca 形成的离子键更加稳定，验证了图 4 –4 所示 Mg_2Ca（0001）– T Mg/α – Mg（0001）界面结合的方式是 Ca 和 Mg 形成的离子键、Mg 和 Mg 形成的共价键、金属键。

2. Al_2Ca 相的相界面结构研究

游志勇课题组对 Al_2Ca 相与 Mg 基体之间的界面关系进行研究，揭示了 Al_2Ca 相的三个关键性质：加工硬化现象、时效粗化机制、对 Mg 基体的异质形核能力。通过对 OT、BT、HT 三种界面模型的研究，图 4 –5 所示为 Al_2Ca 的加工硬化现象

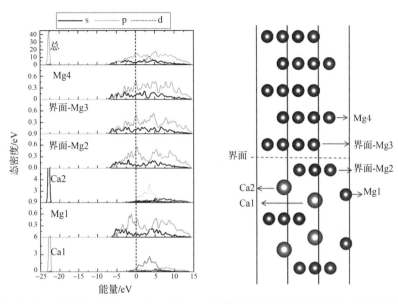

图 4 – 4　Mg₂Ca（0001）– T Mg/α – Mg（0001）界面模型的总分波态密度和各个原子的分波态密度

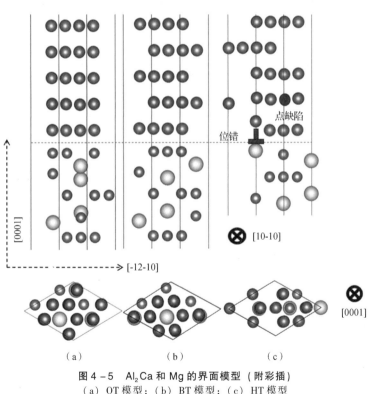

图 4 – 5　Al₂Ca 和 Mg 的界面模型（附彩插）
（a）OT 模型；（b）BT 模型；（c）HT 模型

◯ Ca；◯ Al；● Mg

源自与 Ca 终止面界面结合方式导致 Mg 基体严重晶格畸变，促进了基面位错的交滑移。同时，Al_2Ca 的时效粗化机制可归结为 Al 原子长程扩散推动的界面模型转换。至于 Al_2Ca 相的异质形核能力，则与 Al 和 Ca 原子在固 – 液界面的偏聚相关。

通过图 4 – 6 差分电荷密度图可以看出，OT 堆垛、BT 堆垛的界面模型电荷积累量比较接近，说明两种界面结合的方式比较相近，可用计算表面能相验证，值得注意的是，根据图 4 – 6（d）所示标尺可以看出，HT 堆垛的界面的电荷密度略高一点，HT 堆垛虽然电荷密度较高，但界面电荷积累量较少，总量上不如 OT 堆垛、BT 堆垛稳定。

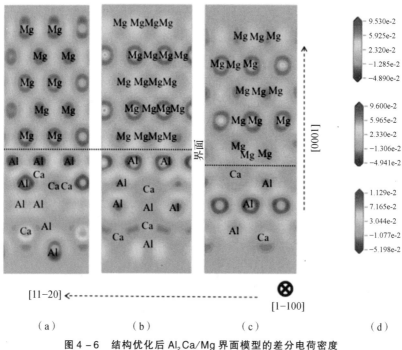

图 4 – 6　结构优化后 Al_2Ca/Mg 界面模型的差分电荷密度
（a）OT 堆垛；（b）BT 堆垛；（c）HT 堆垛；（d）各模型的标尺

Wang[25] 主要通过第一性原理计算研究了 Al_2Ca 中的点缺陷和原子扩散。研究结果表明，在钙（Ca）富集条件下，CaAl 反位缺陷占主导地位；而在铝（Al）富集条件下，AlCa 反位缺陷占主导地位。在接近化学计量比的较宽范围内，V_{Al} 空位是最有利的。基于晶体特性和点缺陷结构，Wang 等人研究了几个重要且典型的扩散过程，并使用 CI – NEB（Climbing Image Nudged Elastic Band）方法计算了相应的能量分布图。计算得到的反应活化能表明，Al 和 Ca 在 Al_2Ca 中的扩散主要通过子晶格单步机制介导，因为这种机制不仅反应活化能非常小，而且可以保持原始晶体的有序性不变。通过 V_{Ca} 空位介导的 3JC 机制对 Al 扩散可能是可行的，因为它具有中等的反应活化能。相反，通过 V_{Al} 空位介导的类似 3JC 机制对 Ca 扩散可能受到阻碍，因为它的反应活化能非常高。对于 Al 和 Ca 扩散，反位机制（AS 机制）也是可能的，因为它的反应活化能与 Al 扩散的 3JC 机制相似。当前的研究为未来在 Al_2Ca 相的原子扩散过程、形成和最佳控制方面的进一步实验和理论研究提供了宝贵的参考。

|4.2　镁合金成分优化|

4.2.1　计算相图法

计算相图法（Calculation of Phase Diagrams，CALPHAD）是一种基于热力学原理对材料相图进行计算和预测的方法[26]，广泛应用于合金成分设计和材料科学研究。通过这种方法，研究者能够根据合金中各个相的晶体结构、磁性有序性、化学有序性等因素建立相应的热力学模型。通过这些模型，研究者能够导出各相的吉布斯自由能表达式，利用这些表达式和相平衡条件来计算和预测材料的相图。

CALPHAD 方法不仅能够通过理论计算得到相图，还常常与实验方法相结合。CALPHAD 方法结合实验数据可以帮助更精准地理解不同物相影响材料的力学、热学和电化学性能的原理。通过 CALPHAD 方法计算得到的相图可以用来建立材料的成分、物相与性能之间的关联规律，进而指导合金设计，实现成分的优化和性能的提升。表 4-1 所示为一些用于计算热力学和扩散的仿真软件工具。

表 4-1　一些用于计算热力学和扩散的仿真软件工具

软件	应用
Thermo - Calc	热力学计算、相图、相含量
DICTRA	多组分扩散、锐界面模型
MatCalc	热力学和动力学计算、析出动力学
Pandat	热力学计算、相图、相含量
FactSage	热力学计算、相图、相含量
JMatPro	金属材料相图计算、材料性能模拟
TC - Prisma	析出相分布的演化计算

CALPHAD 方法在现代材料科学中已成为一个关键工具，特别是在高温合金的设计和优化中发挥重要作用。CALPHAD 方法通过构建多元体系的热力学数据库，允许研究者进行复杂合金系统的成分及性能预测与优化。上海交通大学的研究团队[27] 采用 CALPHAD 方法引导的设计策略，通过利用 LPSO 相的强化效应和 α – Mg 基体的增韧效应，开发了高强度 – 高韧性的 Mg – Y – Al 合金。为实现这一目标，通过等温部分平衡图和相分数图的计算，定量优化了 α – Mg 基体中 LPSO 相的含量和 Y 的含量。基于以上研究，设计了三种典型的 Mg – Y – Al 合金，分别为没有 LPSO 相和具有不同 LPSO 相的含量。引入 LPSO 相并增加其含量显著提高了合金的强度，展示了理论计算与实验结合方法在材料创新中的强大潜力和实际应用价值。

4.2.2　Mg – 10Zn – 5Al – xSc（wt. %）合金的成分优化

游志勇课题组使用 CALPHAD 方法结合第一性原理，对 Mg – 10Zn – 5Al – xSc（wt. %）合金系列进行了成分优化，通过对 Mg – 10Zn – 5Al – xSc 合金系列中不同的 Sc 含量（分别为 0.2wt. %、0.4wt. %）进行分析，主要关注了 Mg、Zn、Al 和 Sc 元素的电负性，Mg、Zn、Al 和 Sc 元素的电负性对比结果如图 4 – 7 所示。

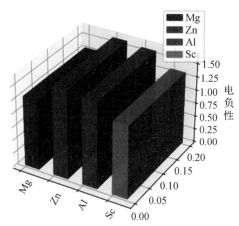

图 4 – 7　Mg、Zn、Al 和 Sc 元素的电负性对比结果（附彩插）

有针对性地进行相图计算后，可以确定在 Mg – 10Zn – 5Al – xSc 合金中生成的主要析出相包括 AlMgZn 相和 Al_2Sc 相，细节及相对应的温度和含量信息展示于图 4 – 8 中。由图 4 – 8 具体看出，对于含有 0.2wt. % Sc 的 Mg – 10Zn – 5Al 合金，在温度为 700 ℃ 的条件下能够检测到 Al_2Sc 金属间化合物，并且在室温下 Sc 的含量约为 0.44%。同时，合金中的 AlMgZn 相在温度为 350.12 ℃ 时稳定存在，而在室温下该相的含量为 23.71%，该合金的 α – Mg 基体在室温时的占比为 75.85%。

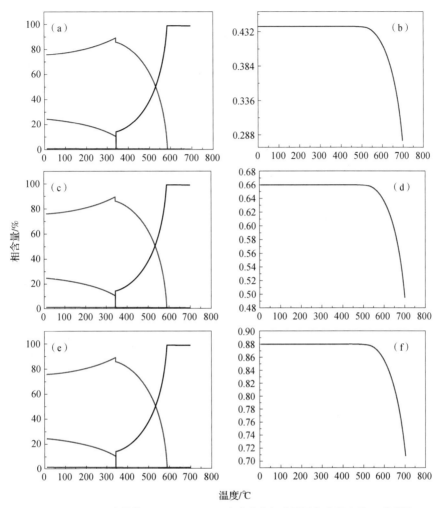

图 4 - 8　不同 Sc 含量的 Mg - 10Zn - 5Al 合金中各相含量随温度的变化（附彩插）
（a）0.2wt.％Sc 时各相的变化；（b）0.2wt.％Sc 时 Al₂Sc 相的变化；
（c）0.3wt.％Sc 时各相的变化；（d）0.3wt.％Sc 时 Al₂Sc 相的变化；
（e）0.4wt.％Sc 时各相的变化；（f）0.4wt.％Sc 时 Al₂Sc 相的变化
——液相；　——Al₂Sc；　——α - Mg；　——AlMgZn

　　增加 Sc 的含量至 0.3wt.％，合金中 Al₂Sc 金属间化合物在室温下的含量增至 0.66％。同一合金的 AlMgZn 相在温度为 349.48 ℃时存在，在室温下含量稍降至 23.46％，而 α - Mg 基体在室温下的含量略增为 75.88％。

　　当 Sc 含量为 0.4wt.％时，在室温下 Al₂Sc 金属间化合物的含量进一步提升至 0.88％。而此时的 AlMgZn 相在温度为 348.83 ℃时稳定存在，在室温下其含量为 23.21％，同时 α - Mg 基体的含量微增至 75.91％。

　　综上，随着 Sc 含量的增加，在室温下 Al_2Sc 相的含量逐渐增多，而 AlMgZn 相的含量略有减少，同时 $\alpha-Mg$ 基体的含量呈现微小的增长趋势。该研究明确了具有不同的 Sc 含量的 $Mg-10Zn-5Al$ 合金中各主要相的热稳定性，及各主要相在室温下的组成比例，为进一步优化合金性能提供了重要依据。

　　通过第一性原理对 $\alpha-Mg$ 基体和析出相的晶体结构进行搭建并几何优化，获得图 4-9 所示的 $\alpha-Mg$（见图 4-9（a））、Al_2Sc（见图 4-9（b））和 AlMgZn（Al 原子分别占据晶胞的棱角（见图 4-9（c），简写为 AlMgZn-s）和内部的位置（见图 4-9（d），简写为 AlMgZn-m））的晶胞结构模型（图 4-9（a）、（b）、（c）、（d）的右上角为对应析出相几何优化后的晶格常数）。根据镇合金晶体学数据库对 Al_2Sc 和 AlMgZn 的晶体结构进行搭建，它们与 $\alpha-Mg$ 基体同为密排六方结构，且晶格常数相比 $\alpha-Mg$ 的晶格常数比较接近，可以判断 Al_2Sc 和 AlMgZn 是极有可能与 $\alpha-Mg$ 基体形成共格关系的有利相，如图 4-8 所示。通过式（4.1）和式（4.2）对形成能和结合能进行计算，Al_2Sc 的形成能和结合能分别为 -270 9.82 eV 和 -324 8.07 eV，AlMgZn 的形成能和结合能分别为 -289 1.75 eV 和 -563 1.99 eV，都为负值，说明两相在合金中确实能够形成且稳定存在。

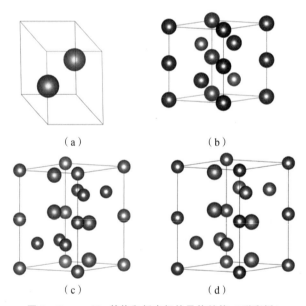

图 4-9　$\alpha-Mg$ 基体和析出相的晶体结构（附彩插）

（a）$\alpha-Mg$ 相；（b）Al_2Sc；（c）AlMgZn-s（Al 原子占据晶胞的棱角）；

（d）AlMgZn-m（Al 原子占据晶胞结构的内部）

🔴 Mg；🔵 Sc；⚫ Al；⚪ Zn

$$\Delta H = \frac{E_{tot} - N_A E_{solid}^A - N_B E_{solid}^B - N_C E_{solid}^C - N_D E_{solid}^D}{N_A + N_B + N_C + N_D} \qquad (4.1)$$

$$E_{coh} = \frac{E_{tot} - N_A E_{atom}^A - N_B E_{atom}^B - N_C E_{atom}^C - N_D E_{atom}^D}{N_A + N_B + N_C + N_D} \qquad (4.2)$$

$$\delta = \frac{a_1 - a_2}{a_2} \qquad (4.3)$$

图 4 – 10 所示为经过计算得到析出相的形成能和结合能，由图 4 – 10 可知 Al_2Sc 的形成能为 – 324 8.072 56 eV，结合能为 – 270 9.819 45 eV；AlMgZn – s 的形成能为 – 342 7.019 75 eV，结合能为 – 686.779 073 eV；AlMgZn – m 形成能为 – 5 631.985 95 eV，结合能为 – 2 891.745 27 eV，结果可知以上析出相均容易形成，且能稳定存在。对比析出相的形成能和结合能可知，AlMgZn – s 相比 AlMgZn – m 更容易形成且稳定存在，这说明在 AlMgZn 结构中，Al 原子进入晶胞内部需要消耗更多的能量，Al 原子更容易在晶胞的棱角存在。

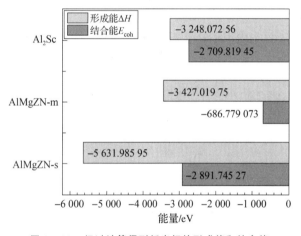

图 4 – 10　经过计算得到析出相的形成能和结合能

结合图 4 – 9 中相的晶体结构和式（4.3）计算可知，α – Mg 的晶格常数 $a = 3.208\ 437$ Å，$b = 3.208\ 437$ Å，$c = 5.225\ 731$ Å；Al_2Sc 的晶格常数 $a = 5.367\ 625$ Å，$b = 5.367\ 625$ Å，$c = 8.760\ 915$ Å；AlMgZn – s 的晶格常数 $a = 5.466\ 145$ Å，$b = 5.466\ 145$ Å，$c = 8.574\ 416$ Å；AlMgZn – m 的晶格常数 $a = 5.198\ 002$ Å，$b = 5.198\ 002$ Å，$c = 8.855\ 559$ Å。经过式（4.3）的计算，发现 α – Mg 的晶格常数 c 和 Al_2Sc、AlMgZn – s、AlMgZn – m 的晶格常数 a 和 b 在一定晶面上的晶格错配度 δ 分别为 0.027、0.046 和 0.005，均小于 0.05，可以判断 Al_2Sc（0001）面、AlMgZn（0001）面与 α – Mg $\{10-10\}$ 晶面族能够形成共格关系。

为了证明计算结果，对合金试样进行显微组织观察和成分分析。图 4 – 11 所示为不同的 Sc 含量 Mg – 10Zn – 5Al 合金的显微组织，图 4 – 11 可以看出，随着 Sc 含量的添加，合金的晶粒因 Sc 的加入有所细化，但是细化的程度不明显，并出现了一些夹杂物，基体中存在的黑色球状析出相也有了相应的增加，这可能会导致合金的力学性能有所恶化。图 4 – 12 所示为 Mg – 10Zn – 5Al – 0.2Sc 合金的 SEM 图和对应的 EDS 元素分布图，结合图 4 – 11 合金的显微组织分析，可知晶界处主要为 AlMgZn 相，其上吸附着一些 Al_2Sc 相。

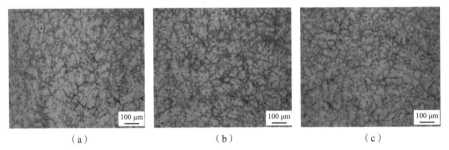

图 4 – 11   不同的 Sc 含量 Mg – 10Zn – 5Al 合金的显微组织图

(a) 0.2wt.%；(b) 0.3wt.%；(c) 0.4wt.%

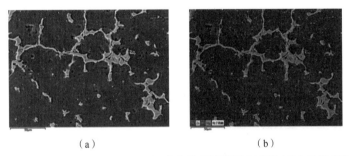

图 4 – 12   Mg – 10Zn – 5Al – 0.2Sc 合金的 SEM 图和对应的 EDS 元素分布图

拉伸测试结果表明 Mg – 10Zn – 5Al 合金的拉伸强度最大可达到 166 MPa，如图 4 – 13 所示。根据不同 Sc 含量的 Mg – 10Zn – 5Al 合金拉伸测试的应力应变曲线和强度条形图，显示 Mg – 10Zn – 5Al 合金在加入 0.2wt.% Sc 后合金的拉伸强度有了较大的提升，拉伸强度最大达到 185 MPa，相比不加入 Sc 的合金性能提升了 11.45%，伸长率达到 0.76%；但是随着 Sc 含量的增加合金的强度有所降低，这是因为 Sc 的加入产生过量的硬质 Al_2Sc 相。在熔体凝固过程中，Al_2Sc 作为领先相被推到固 – 液界面前沿，阻碍合金元素扩散，虽然细化了晶粒，但容易引入气体形成一些夹杂物，使合金的强度降低；另外，随着 Sc 含量的增加，合金的伸长率也随之降低，这是因为 Sc 含量的增加产生了更多的硬质 Al_2Sc 相，造成合金的塑性变差。

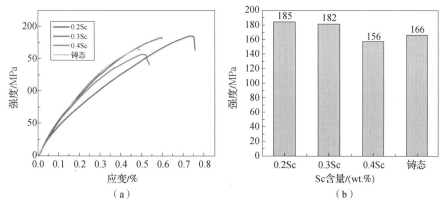

图 4 – 13　不同 Sc 含量的 Mg – 10Zn – 5Al 合金拉伸测试

（a）应力应变曲线；（b）强度条形图

图 4 – 14 所示为不同 Sc 含量的 Mg – 10Zn – 5Al 合金的维氏硬度对比，不加入 Sc 的合金硬度为 78 HV；当 Sc 含量为 0.2wt.% 时，硬度达到最大为 96 HV，可知 Sc 的加入大大增加硬度；随着 Sc 含量的增加，合金的硬度变化不大，保持为 90 HV 左右，这说明少量 Sc 的添加有利于合金力学性能的提高，而过量 Sc 的添加会恶化合金的力学性能。

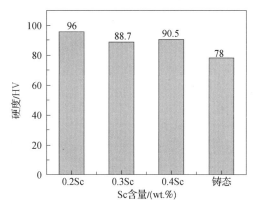

图 4 – 14　不同 Sc 含量的 Mg – 10Zn – 5Al 合金的维氏硬度对比图

4.2.3　Mg – 10Zn – 5Al – xZr（wt.%）合金的成分优化

游志勇课题组使用 CALPHAD 方法结合第一性原理，对 Mg – 10Zn – 5Al – xZr（wt.%）合金系进行了成分优化。通过对不同 Zr 含量的 Mg – 10Zn – 5Al – xZr 合金（x = 0.3wt.%、0.4wt.%、0.5wt.%）进行相图计算，得到合金中各相的含量随温度的变化曲线，如图 4 – 15 所示，从图 4 – 15 中可与看出，室温下铸态合金都由 Al$_2$Zr 金属间化合物，AlMgZn 三元相和 α – Mg 组成。

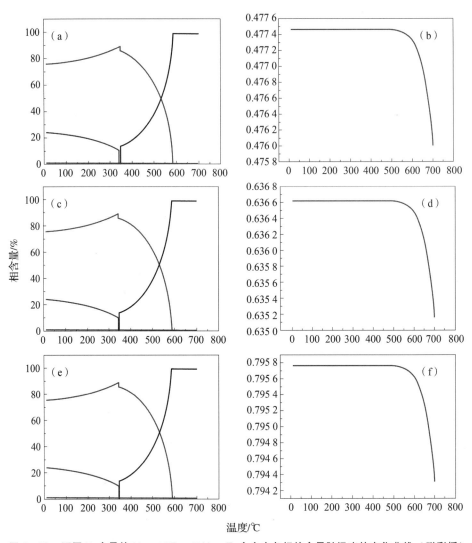

图 4 - 15 **不同 Zr 含量的 Mg - 10Zn - 5Al - xZr 合金中各相的含量随温度的变化曲线 (附彩插)**

(a) 0.3wt.% Zr 时各相的变化; (b) 0.3wt.% Zr 时 Al₂Zr 相的变化;

(c) 0.4wt.% Zr 时各相的变化; (d) 0.4wt.% Zr 时 Al₂Zr 相的变化;

(e) 0.5wt.% Zr 时各相的变化; (f) 0.5wt.% Zr 时 Al₂Zr 相的变化

————液相; ————Al_2Sc; ————$\alpha - Mg$; ————AlMgZn

通过分析、观察图 4 - 15 可知, Zr 含量为 0.3% 的合金, 其中 Al_2Zr 金属间化合物在温度为 700 ℃ 时存在, 且在室温下含量为 0.48%; AlMgZn 三元相在温度为 350.48 ℃ 时存在, 室温下含量为 23.84%; 在室温下 $\alpha - Mg$ 基体含量为 75.68%。Zr 含量为 0.4% 的合金, 其中 Al_2Zr 金属间化合物在温度为 700 ℃ 时存在，且在室温下含量为 0.64%；AlMgZn 三元相在温度为 350.18 ℃时存在，在室温下含量为 23.72%；α – Mg 基体在室温下含量为 75.65%。Zr 含量为 0.5% 的合金，其中 Al$_2$Zr 金属间化合物在温度为 700 ℃时存在，且在室温下含量为 0.8%；AlMgZn 三元相在温度为 349.88 ℃时存在，室温下含量为 23.84%；α – Mg 基体在室温下含量为 75.61%。

根据 4 – 15 图的数据可以看出，随 Zr 含量的变化 Al$_2$Zr 金属间化合物的含量发生显著变化。当 Zr 含量由 0.3% 增至 0.5% 时，Al$_2$Zr 的含量由 0.48% 显著地增至 0.8%；AlMgZn 第二相的含量只是略微地减小，由 23.84% 减小到 23.6%，并且 AlMgZn 第二相出现时的温度也略微地下降，由 350.48 ℃变化到 349.88 ℃。

根据镁合金晶体学数据库对 Al$_2$Zr 的晶体结构进行搭建，它与 α – Mg 基体同为密排六方结构，可以判断 Al$_2$Zr 是极有可能与 α – Mg 基体形成共格关系的有利相，如图 4 – 16 所示。通过式（4.1）和式（4.2）对 Al$_2$Zr 的形成能和结合能进行计算，分别为 – 856.21 eV 和 – 1 396.17 eV，说明 Al$_2$Zr 相和 AlMgZn 三元相一样能够在合金中形成且稳定存在。

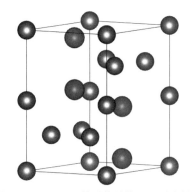

图 4 – 16　Al$_2$Zr 的晶体结构图（附彩插）

● Al；● Zn

图 4 – 17 为不同 Zr 含量的 Mg – 10Zn – 5Al 铸态的金相图。由图 4 – 17 可以看出 Mg – 10Zn – 5Al 的铸态组织为典型的树枝晶组织，主要由白色的 α – Mg 基体、黑色的枝晶间析出的 AlMgZn 第二相与基体内的黑色小颗粒 Al$_2$Zr 组成。对比图 4 – 17（a）、（b）、（c），可以看出随着 Zr 含量的增加，晶粒有了细化，尤其是当 Zr 含量达到 0.5% 时，晶粒有了显著细化。同时随着 Zr 含量的增加，晶间析出的黑色网状第二相的分布也变得更加均匀更加细小；白色基体中固溶的黑色第二相小颗粒也明显增加。

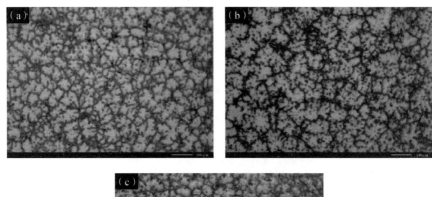

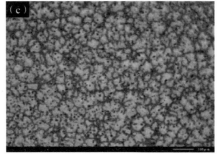

图 4 – 17　不同 Zr 含量的 Mg – 10Zn – 5Al 铸态的金相图

（a）Mg – 10Zn – 5Al – 0.3Zr；（b）Mg – 10Zn – 5Al – 0.4Zr；（c）Mg – 10Zn – 5Al – 0.5Zr

　　图 4 – 18 所示为加入 Zr 的 Mg – 10Zn – 5Al 铸态 SEM 图与 EDS 图。分析图 4 – 18 可以得出，Mg 元素主要存在于白色 α – Mg 基体中，晶界处只有少量的 Mg 存在，与 Al 和 Zn 元素形成 AlMgZn 三元相；大部分 Al 和 Zn 分布在晶界，白色 α – Mg 基体内只有少量；Zr 的分布则较为平均，在晶内与晶界分布较为一致，没有明显的聚集；同时 Zr 的分布于 Al 的分布高度重合，即为 Al$_2$Zr 硬质相。根据相图计算法结果可以看出，白色的基体为 α – Mg 基体，晶间的黑色第二相为 AlMgZn 三元相和 Al$_2$Zr 金属间化合物。同时 Al 和 Mg 以 AlMgZn 第二相的形式，大部分在晶界处析出，形成连续的网状结构，只有少量固溶于基体内；Zr 绝大部分与 Al 形成 Al$_2$Zr，均匀分布在晶粒内和晶界处，没有明显的富集。融入基体中的 Al、Zn 与 Zr 会起到固溶强化的作用，融入基体中的 Al$_2$Zr 同样会发挥其第二相强化作用，阻碍位错的运动，强化基体的性能。

　　Zr 元素的细化晶粒机理如下：在合金凝固时，Zr 会先以 α – Zr 的形式析出，形成一层富 Zr 层，α – Zr 与 Mg 同为密排六方结构且两者的晶格常数相似。α – Zr 与 Mg 的晶格点阵错配度低，形成共格界面，在 α – Mg 形核时会成为其形核核心，降低其形核所需的能量，促进基体形核，从而细化晶粒。在熔炼时，溶解于溶体中的 Zr 与没有溶解的 Zn 都会起到细化晶粒的效果。当 Zr

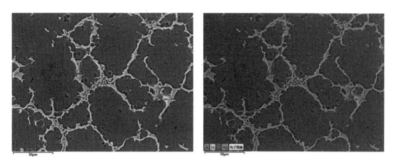

图 4 – 18　加入 Zr 的 Mg – 10Zn – 5Al 铸态 SEM 图与 EDS 图

含量低时（ < 0.45% 包晶点），Zr 在镁合金中通过抑制合金长大来达到细晶的作用；当 Zr 含量较高时（ > 0.45% 包晶点），Zr 在镁合金中通过异质形核的作用来细化晶粒。

图 4 – 19 所示为不同 Zr 含量的 Mg – 10Zn – 5Al – xZr 合金（x = 0.3wt. % 、0.4wt. % 、0.5wt. % ）在热处理前后的应力应变曲线。结果表明，在热处理前，0.4wt. % Zr 含量的 Mg – 10Zn – 5Al 合金力学性能最大，拉伸强度为216.61 MPa，屈服强度为 169.31 MPa，伸长率为 0.90% ；含量经过热处理后，不同含量 Zr 的合金的拉伸强度、屈服强度和伸长率均有所提高，其中0.4wt. % Zr 含量的 Mg – 10Zn – 5Al 合金力学性能仍最大，拉伸强度达到244.20 MPa，屈服强度达到 220.09 MPa，伸长率达到 1.30% ，比热处理前分别提升了 12.74% 、30% 和 0.4% ，这说明适量地加入 Zr 可以增加 Mg – 10Zn – 5Al合金的拉伸强度、屈服强度和伸长率，适当的热处理工艺使合金的力学性能进一步提高。

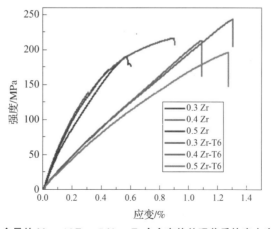

图 4 – 19　不同 Zr 含量的 Mg – 10Zn – 5Al – xZr 合金在热处理前后的应力应变曲线（附彩插）

游志勇课题组采用 CALPHAD 方法结合第一性原理进行 Mg – 10Zn – 5Al – xSc、Mg – 10Zn – 5Al – xZr 合金系的成分优化研究具有重要的科学和工程意义，主要表现在以下几个方面：

①精确化的合金设计：通过 CALPHAD 方法和第一性原理计算，可以更精确地预测合金的相稳定性、组织结构和性能，不仅能考虑合金元素之间的相互作用，还能基于原子水平的理解来进行合金设计。结合 CALPHAD 方法和第一性原理不仅提高了合金设计的准确性，还提升了材料性能的预测能力。

②节约时间和成本：传统的合金开发依赖于试错方法，这种方法不仅耗时长，而且成本高。使用 CALPHAD 方法结合第一性原理可以在试验前进行合理的预测和模拟，从而优化试验方案，减少不必要的试验次数，显著降低研发时间和成本。

③优化性能和应用：通过对 Mg – 10Zn – 5Al – xSc、Mg – 10Zn – 5Al – xZr 合金系的成分进行优化，可进一步提升合金的力学性能、耐腐蚀性或高温稳定性等，例如 Sc（钪）的加入能显著改善镁合金的晶粒细化和强化效果，从而提升镁合金工程应用的可能性。

④扩展材料数据库：该研究不仅为 Mg – 10Zn – 5Al – xSc、Mg – 10Zn – 5Al – xZr 合金系提供了详细的数据，还能够丰富现有的材料数据库，为未来的合金设计和研发工作提供参考。

⑤科学创新：利用第一性原理结合 CALPHAD 方法进行合金研究，推动了材料科学的理论发展和实验方法的创新，促进了跨学科技术的融合与发展。

⑥环境与可持续发展：通过优化合金成分，有助于开发更环保和可持续的材料，特别是在减少使用有害元素、提升材料的回收利用率方面展现出潜力。

游志勇课题组的这项研究不仅拓宽了合金材料科学的研究领域，也为未来的材料应用和发展提供了重要的理论和技术支持。

参 考 文 献

［1］ Zong X M, Zhang J S, Wei L, et al. Corrosion behaviors of long – period stacking ordered structure in Mg alloys used in biomaterials：a review ［J］. Advanced Engineering Materials, 2018, 20（7）：1800017.

［2］ Wu S Z, Zhang J S, Xu C X, et al. Microstructure and mechanical properties of a compound reinforced Mg95Y2. 5Zn2. 5 alloy with long period stacking ordered phase and W phase ［J］. China Foundry, 2017, 14 (1)：34 – 38.

［3］ Wei L Y, Zhang J S, Wei L, et al. Effect of Li on formation of long period stacking ordered phases and mechanical properties of Mg – Gd – Zn alloy ［J］. China Foundry, 2016, 13 (4)：256 – 261.

［4］ Zhang J S, Pei L X, Du H W, et al. Effect of Mg – based spherical quasicrystals on microstructure and mechanical properties of AZ91 alloys ［J］. Journal of Alloys and Compounds, 2008, 453 (1 – 2)：309 – 315.

［5］ Zhang J S, Du H W, Lu B F, et al. Effect of Ca on crystallization of Mg – based master alloy containing spherical quasicrystal ［J］. Transactions of Nonferrous Metals Society of China, 2007, 17 (2)：273 – 279.

［6］ Kelly P M, Zhang M X. Edge – to – edge matching – a new approach to the morphology and crystallography of precipitates ［C］. Materials Forum, 1999, 23：41 – 62.

［7］ 张跃. 计算材料学基础 ［M］. 北京：北京航空航天大学出版社, 2007.

［8］ Sinnott S B. Material design and discovery with computational materials science ［J］. Journal of Vacuum Science and Technology A, 2013, 31 (5).

［9］ 王荣顺. 基础量子化学 ［M］. 长春：东北师范大学出版社, 2006.

［10］ Kohn W, Sham L J. Self – consistent equations including exchange and correlation effects ［J］. Physical Review, 1965, 140 (4A)：A1133.

［11］ Slater J C. A simplification of the hartree – fock method ［J］. Physical Review, 1951, 81 (3)：385 – 395.

［12］ Perdew J P, Zunger A. Self – interaction correction to density – functional approximations for many – electron systems ［J］. Physical Review B, 1981, 23 (10)：48 – 56.

［13］ Jones R O, Gunnarsson O. The density functional formalism its applications and prospects ［J］. Reviews of Modern Physics, 1989, 61 (3)：689 – 698.

［14］ Becke A D. Density – functional exchange – energy approximation with correct asymptotic behavior ［J］. Physical Review A, 1988, 38 (6)：90 – 98.

［15］ Langreth D C, Perdew J P. Theory of nonuniform electronic systems I analysis of the gradient approximation and a generalization that works ［J］. Physical Review B, 1980, 21 (12)：54 – 69.

［16］ Perdew J P, Burke, Kieron, et al. Generalized gradient approximation made simple ［J］. Physical Review Letters, 1996, 77 (18)：38 – 45.

［17］ Lee C, Yang W. Generalized gradient approximation made simple ［J］.

Physical Review B, 1988, 37: 785 – 798.

[18] Segall M D, Lindan P J D, Probert M J, et al. First – principles simulation: ideas illustrations and the CASTEP code [J]. Jounal of Physics Condensed Matter 2002, 14 (11): 17 – 27.

[19] Hohenberg P, Kohn W. Inhomogeneous electron gas [J]. Physical Review, 1964, 136 (3B): B864.

[20] 刘婷婷, 潘复生. 镁合金 "固溶强化增塑" 理论的发展和应用 [J]. 中国有色金属学报, 2019 (009): 029.

[21] 石章智, 张文征. 用相变晶体学指导 Mg – Sn – Mn 合金优化设计 [J]. 金属学报, 2011, 47 (1).

[22] Liu C, Liu Y, Wang Q, et al. Nano – dual – phase metallic glass film enhances strength and ductility of a gradient nanograined magnesium alloy [J]. Advanced Science, 2020, 7 (19).

[23] Zhu Q, Li Y, Cao F, et al. Towards development of a high – strength stainless Mg alloy with Al – assisted growth of passive film [J]. Nature Communications, 2022, 13.

[24] 李谦, 孙璇, 罗群, 等. 镁基材料中储氢相及其界面与储氢性能的调控 [J]. 金属学报, 2023, 59 (3): 349 – 370.

[25] Tian X, Wang J N, Wang Y P, et al. First – principles investigation of point defect and atomic diffusion in Al_2Ca [J]. Journal of Physics and Chemistry of Solids, 2017, 103: 6 – 12.

[26] 李波, 杜勇, 邱联昌, 等. 浅谈集成计算材料工程和材料基因工程: 思想及实践 [J]. 中国材料进展, 2018, 37 (7): 20.

[27] Chen Y, Wang J, Zheng W, et al. CALPHAD – guided design of Mg – Y – Al alloy with improved strength and ductility via regulating the LPSO phase [J]. Acta Materialia, 2024, 263: 119521.

第 5 章

镁合金的变质技术

变质处理是指在液态金属中加入少量的物质，以加速液态金属的成核或改变结晶的生长进程。对铸态合金而言，变质的目的是使第二相变得更细，或者使第二相的形貌、分布状态发生变化。对合金进行改性而言，在铸造、加工性等方面有较大的改善，从而使合金具有较高的强度、塑性。

|5.1　C 变质|

C 变质指的是向镁合金中加入含有 C 的化合物，如 SiC、$MgCO_3$、Al_4C_3、C_2Cl_6 等含碳化合物，对镁合金均有一定的细化作用。

5.1.1　SiC 对 AZ91D 的影响

为了进一步提高镁合金的性能，研究人员蒋傲雪[1-4]采用了一种新的制备方法，通过 585 ℃半固态机械搅拌、595 ℃近液相线保温和 585 ℃挤压铸造，成功制备出了一种含有 8.5% 体积分数的 SiC 颗粒的 SiC/AZ91D 镁基复合材料。再经过 415 ℃ × 24 h 固溶处理(T)和 220 ℃ × 8 h 时效（T6）后，对材料组织和性能进行检测。结果表明，挤压铸造和热处理使镁基复合材料的组织和性能得到提高，挤压铸造后，复合材料的组织晶粒转化成等轴晶粒，晶界被大量 SiC 占据；经过固溶时效处理后，观察到晶粒中析出大量一定位向的层片状 $Mg_{17}Al_{12}$ 相。经过挤压铸造后，复合材料的拉伸强度达到 191.06 MPa，伸长率为 1.5%，硬度达到 143.4 HV。经过固溶时效处理后，复合材料的性能进一步提高，拉伸强度增加到 241.26 MPa，伸长率增加至 4.22%，硬度也有所提升，达到 152.5 HV。具体研究如下：

1. 合金成分

AZ91D 是一种常用的镁合金，熔化温度约为 585 ℃。本研究采用 CO_2 和 SF_6 保护气体，在 585 ℃ 的温度下对 AZ91D 合金进行加热，直至完全熔化，并随后将温度降至 670 ℃。此温度范围内，AZ91D 合金表现出较好的熔化和流动性，有利于后续的材料处理。

在进行材料处理之前，需要针对 SiC 进行预处理。经 600 ℃ 预热 1 h 后，将体积分数为 8.5%、尺寸为 10 μm 的 SiC 加入熔融的 AZ91D 合金中，并进行 5 min 的保温。预热处理有助于改善 SiC 颗粒的分散度和界面结合强度，从而提高复合材料的性能。

为了确保 SiC 颗粒在熔体中均匀分布，研究中采用机械搅拌的方法。在将温度降至 575 ℃ 后，以 400 r/min 的转速进行 30 min 的机械搅拌。机械搅拌可以有效地提高颗粒分散度，并促进颗粒与基体合金之间的相互作用，从而获得更好的界面结合和增强效果。

为了进一步提升复合材料的质量，本研究采用精炼处理方法。在将熔体加热至 720 ℃ 后，以 400 r/min 的转速进行 5 min 的机械搅拌，并加入 0.1% 体积分数的 C_2Cl_6 精炼 30 min。这种精炼处理可以有效去除杂质，并改善材料的纯度和均匀性，进一步提升材料的力学性能和耐腐蚀性能。

将处理后的熔体冷却至 595 ℃，并倒入预热至 200 ℃ 的模具中，形成半固态坯料。试样采用自主改造的 YD1532325 - 400 四柱液压机上的挤压模具进行挤压，挤压温度为 575 ℃，保温时间为 30 min，挤压力为 2 000 kN，挤压速度为 1 mm/s。通过挤压工艺，可以进一步改善材料的致密性和力学性能，实现所需的形状和尺寸。最后对挤压得到的 SiC/AZ91D 复合材料采用 415 ℃ × 24 h 的固溶处理和 220 ℃ × 8 h 的时效处理，进一步完善材料的晶体结构和力学性能，从而获得更优异的复合材料性能。

2. 组织分析

在制备 SiC/AZ91D 复合材料的过程中，Al 元素与 SiC 之间发生反应，生成 Al_4C_3 和 Si 的反应物。同时，游离的 Si 也会与 Mg 发生反应，生成 Mg_2Si 相。Mg_2Si 相通常呈现粗大的汉字脆性状结构，容易导致应力集中和裂纹形成，对材料的力学性能产生不利影响。

为了控制 Mg_2Si 相的产生，制备过程中需要严格控制温度和挤压铸造参数。适宜的温度和挤压铸造条件能够有效减少反应物的生成，提高复合材料的晶体结构和力学性能。通过控制温度和挤压速度[5]，可以使复合材料保持较小的晶粒尺寸，减少材料内部的应力集中，提高材料的强度和韧性。

图 5-1 所示为 XRD 图谱的分析结果，SiC 含量为 8.5% 的 SiC/AZ91D 复合材料（简称 8.5% SiC/AZ91D 复合材料）的组成相主要包括 α-Mg 基体相、$Mg_{17}Al_{12}$ 第二相和 SiC 增强相。值得注意的是，在制备过程中未观察到 Mg_2Si 脆性相的存在。

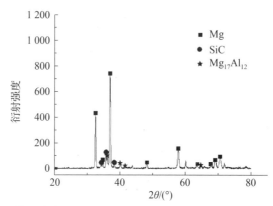

图 5-1 挤压铸造 8.5% SiC 含量的 SiC/AZ91D 复合材料的 XRD 图谱

图 5-2 所示为铸态 AZ91D 合金与挤压铸造的 SiC/AZ91D 复合材料的光学显微组织。由图 5-2 可见，SiC 的添加和挤压铸造工艺，对 AZ91D 镁合金的晶粒尺寸和 $Mg_{17}Al_{12}$ 相的尺寸都产生了显著影响。SiC 的加入使 AZ91D 合金的晶粒尺寸显著细化，挤压铸造工艺进一步优化了晶体结构，使晶粒取向基本沿挤压方向排列[6]，晶粒形状更接近球状，SiC 颗粒呈项链状分布在晶界区域。这种晶粒状和 SiC 颗粒的分布对于提高材料的强度和韧性起到重要作用。与传统的铸态 AZ91D 相比，SiC/AZ91D 复合材料具有更细小的晶粒和较小的 $Mg_{17}Al_{12}$ 相尺寸。

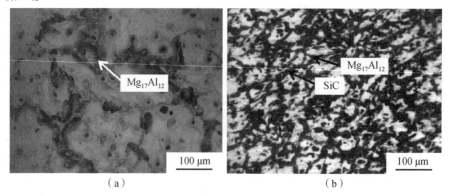

图 5-2 铸态 AZ91D 合金和挤压铸造 8.5% SiC 含量的 SiC/AZ91D 复合材料的光学显微组织

（a）铸态 AZ91D 合金；（b）挤压铸造 8.5% SiC 含量的 SiC/AZ91D 复合材料

图 5 - 3 所示为 8.5% SiC/AZ91D 复合材料在不同状态下的显微组织。由图 5 - 3 (a)、(c) 可知，经过热处理后，SiC/AZ91D 复合材料的晶粒结构发生了明显的再结晶现象，晶粒呈现出更为圆整和细小的形态。分析认为再结晶的发生可能是由于热处理过程中发生了晶界迁移和晶粒长大，导致重新排列晶粒的形态。

根据图 5 - 3 (a) 的观察结果，在经过挤压铸造后，SiC 颗粒深入到晶界中（见图 5 - 3 (d)），在晶界处形成与 SiC 粒子相互作用的 $Mg_{17}Al_{12}$ 第二相，第二相呈点状或岛屿状。这种相互作用和黏附有助于提高材料的界面结合强度，进一步增强了复合材料的力学性能。

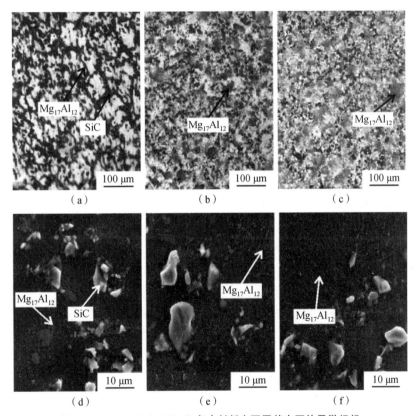

图 5 - 3 8.5% SiC/AZ91D 复合材料在不同状态下的显微组织

(a) 挤压铸造态，OM；(b) 固溶态，OM；(c) 时效态，OM；(d) 挤压铸造态，SEM；

(e) 固溶态，SEM；(f) 时效态，SEM

在经过固溶处理后，SiC/AZ91D 复合材料的组织发生显著变化。根据图 5 - 3 (b) 的观察结果，复合材料的晶内部产生大量不均匀分布的 $Mg_{17}Al_{12}$ 二次析出相。由图 5 - 3 (e) 可知，晶界处的第二相已经落于基体，并从晶界处以一定位向向晶内析出，晶界处只剩余少量第二相。图 5 - 3（c）展示了晶粒内部大量的 $Mg_{17}Al_{12}$ 二次析出相的形成，而图 5 - 3（f）揭示了晶界处的第二相已完全溶于基体，并以点状和层片状的方式分布在晶粒内，其分布依然有一定的位向。观察图 5 - 3（e）、（f）中二次析出相的位向与分布规律可知，点状形态是由于层片状从中间部分断开并球化而产生的。

通过挤压铸造制备的 8.5% SiC/AZ91D 复合材料在半固态挤压铸造温度下，发生组织的部分重熔现象，使晶界处岛状 $Mg_{17}Al_{12}$ 相的部分溶解。同时点状 $Mg_{17}Al_{12}$ 相从晶界处剩余的固相中析出，导致挤压铸造后晶界处是岛状和点状的 $Mg_{17}Al_{12}$ 相。SiC 的加入在此过程中起到关键作用，促进晶界的形成，进而促进 $Mg_{17}Al_{12}$ 相的生成。这些相的形成在一定程度上阻碍晶界迁移并钉扎位错。

经过固溶处理，8.5% SiC/AZ91D 复合材料的组织发生明显的再结晶现象，晶粒进一步细化。再结晶过程中，晶界处的 $Mg_{17}Al_{12}$ 相溶解于基体，并往晶内二次析出形成层片状的 $Mg_{17}Al_{12}$ 相。由于基体与 $Mg_{17}Al_{12}$ 相之间的界面能的影响，$Mg_{17}Al_{12}$ 相的析出密度在晶界处并不均匀，所以出现了一定的不规则性。

经过时效处理，$Mg_{17}Al_{12}$ 相继续向晶内析出，发生球化现象。球化现象是由时效作用引发的，时效处理改变了 $Mg_{17}Al_{12}$ 相的形貌和分布。层片状的 $Mg_{17}Al_{12}$ 相发生球化，形成更加均匀和平滑的结构。在整个加热、固溶和时效处理的过程中，8.5% SiC/AZ91D 复合材料的组织晶粒持续圆整，最终形成无畸变的等轴晶粒结构。

3. 力学性能

通过分析图 5 - 4 所示的应力 - 应变曲线能够揭示出铸态 AZ91D 合金和 8.5% SiC/AZ91D 复合材料在不同状态下的力学性能差异。试验结果表明，与铸态 AZ91D 合金相比，经过挤压铸造制备的 8.5% SiC/AZ91D 复合材料展现出更高的拉伸强度和伸长率。铸态 AZ91D 合金的拉伸强度为 143.21 MPa，伸长率为 1.79%；而挤压铸造的复合材料的拉伸强度显著提升至 191.06 MPa 伸长率为 1.75%。这种性能提升主要归因于挤压铸造和 SiC 颗粒共同作用的结果。挤压铸造过程导致复合材料中晶粒的细化，从而引发了大量晶界的形成。这些晶界的存在有效地阻碍位错的运动，因而提高了复合材料的拉伸强度。此外，挤压铸造 AZ91D 基体和 SiC 颗粒之间的热错配效应促使位错易于在 SiC 颗粒附近生成。在拉伸过程中，$Mg_{17}Al_{12}$ 相主要析出在应力集中的区域周围，进一步提高复合材料的强度。

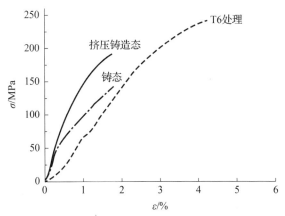

图 5 - 4　铸态 AZ91D 合金和 8.5% SiC/AZ91D 复合材料

在不同处理状态下的应力 - 应变曲线

经过固溶时效处理后，复合材料的强度和伸长率进一步提高。试验结果表明，经过固溶时效处理后的复合材料，拉伸强度达到 241.26 MPa，伸长率则提高至 4.22%。值得注意的是，尽管晶粒细化有助于提高材料的塑性，但 SiC 颗粒的加入对复合材料的塑性产生了一定程度的抑制作用，这两种效应之间存在一定的相互抵消。因此，复合材料的塑性变化不大。通过固溶时效处理，晶粒进一步细化，材料中形成的层片状 $Mg_{17}Al_{12}$ 相具有抑制裂纹扩展的效果，进一步提高复合材料的拉伸强度和伸长率。

图 5 - 5 所示为铸态 AZ91D 合金和 8.5% SiC/AZ91D 复合材料在不同状态下的拉伸断口形貌。从图 5 - 5 (a) 可以观察到，铸态 AZ91D 合金的断口由不均匀分布、尺寸粗大且大小不一的韧窝和裂纹组成，这说明铸态 AZ91D 合金的塑性较差。不同尺寸的韧窝导致断裂过程中的非均匀变形，限制材料的延展性。

从图 5 - 5 (b) 可以观察到，通过挤压制备的 8.5% SiC/AZ91D 复合材料的断口包含大量小尺寸韧窝、撕裂棱、裂纹和 SiC 断口。虽然小尺寸韧窝的均匀分布有利于复合材料的延展性，但晶界处 SiC 颗粒的集中分布对延展性产生了削弱作用。这些 SiC 颗粒在断裂过程中形成应力集中点，成为断裂的裂纹源。通过固溶时效处理后，复合材料的断口形貌发生了显著变化，如图 5 - 5 (c) 所示。断口中出现了大量均匀分布的小韧窝、撕裂棱和 SiC 断口，这表明复合材料的塑性得到改善。值得注意的是，在图 5 - 5 (c) 中局部放大图可以观察到韧窝中存在颗粒状的第二相晶粒，为球状 $Mg_{17}Al_{12}$ 相。球状 $Mg_{17}Al_{12}$ 相的存在增强复合材料的塑性[7]。

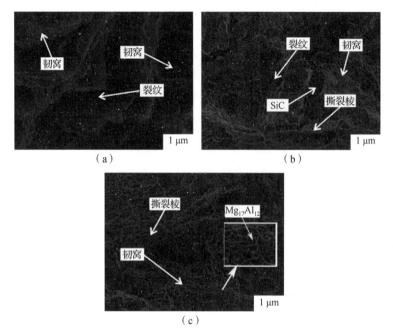

图 5-5　不同状态下 AZ91D 合金和 8.5% SiC/AZ91D 复合材料的拉伸断口形貌

（a）铸态 AZ91D 的断口；（b）挤压铸造 8.5% SiC/AZ91D 的断口；

（c）固溶时效处理 8.5% SiC/AZ91D

图 5-6 所示为铸态 AZ91D 合金和 8.5% SiC/AZ91D 复合材料在不同状态下的硬度测试结果。从图 5-6 中可以观察到，铸态 AZ91D 合金的硬度为 103.1 HV，而通过挤压铸造制备的复合材料的硬度显著增加至 143.4 HV。这是由于材料界面结合力的增加使复合材料的硬度大幅度提高，而增加的致密度也有利于提高材料的硬度。这两个因素的共同作用导致 8.5% SiC/AZ91D 复合材料的硬度相对铸态 AZ91D 合金有显著提高。经过固溶时效处理后，复合材料的硬度进一步升高至 152.5 HV。这主要是由于固溶时效处理过程产生的层片状和点状相间分布的 $Mg_{17}Al_{12}$ 相，与 SiC 颗粒和挤压铸造共同作用，进一步提高复合材料的硬度。

5.1.2　$MgCO_3$ 对镁合金的影响

高声远[8]发现对于 AZ31 镁合金，多次添加少量的 $MgCO_3$ 比单次添加 $MgCO_3$ 具有更显著的细化效果，研究表明控制 $MgCO_3$ 的分解反应和产生 Al_4C_3 的原位反应速度是提高细化效率的关键。

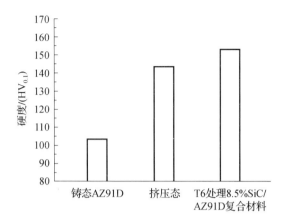

图 5-6　铸态 AZ91D 合金和 8.5% SiC/AZ91D 复合材料在不同状态下的硬度测试结果

5.1.3　C_2Cl_6 对镁合金的影响

根据 Mg-Al 合金的熔体试验结果发现，C_2Cl_6 不仅在晶粒细化方面表现出良好的效果，而且还具有除气作用，可以消除镁合金的缺陷，提高铸件的综合力学性能。随着 C_2Cl_6 添加量的增加，晶粒的细化效果得到明显的提升，细化效果与 C_2Cl_6 能够促进 Al_4C_3 的生成有关。Al_4C_3 的形成直接作为 α-Mg 的有效形核核心，极大地提高了形核率[9]。

对于 AZ91 和 AM50 两种典型的镁合金，Wallace 等学者[10]进行了系统研究，以探究不同晶粒细化剂 C_2Cl_6、TiC、SiC、Al_4C_3 对两种合金组织性能的影响。研究结果显示，与其他晶粒细化剂相比，C_2Cl_6 在镁合金中晶粒的细化表现出更好的效果。可能因为 C_2Cl_6 在熔化过程中能够更好地与 Al 发生反应，所以生成更多的 Al_4C_3 颗粒，并促进 Al_4C_3 颗粒在熔体中的均匀分散。

卢敏敏[11]的研究发现，在加热条件下 $MgCO_3$ 和 C_2Cl_6 发生分解，释放出大量的游离 C。这些游离 C 与熔体中的 Al 反应生成大量的 Al_4C_3 粒子，在形核过程中起到了有效的形核核心作用。通过提高形核率，晶粒得到细化。此外，$MgCO_3$ 和 C_2Cl_6 的分解反应产生的气体对于熔体中细小的 SiC 颗粒具有强烈的搅拌作用，使 SiC 颗粒均匀地分散于凝固组织中。均匀分散的 SiC 颗粒能够有效地阻碍 α-Mg 晶体的生长，抑制晶粒长大，进一步促进晶粒细化。研究进一步发现，当 $MgCO_3$、C_2Cl_6 和 SiC 的质量比为 3∶1∶1 时，细化效果最好。

| 5.2　Ca 变质 |

Ca 的添加不仅可以显著细化镁锰合金组织，由于 Ca 的标准电极电位较低（-276 V），还不会对镁合金的电位造成影响（镁的标准电极电位为 -237 V）。因此，Ca 是一种非常适合用于细化镁锰合金的元素。

根据王登峰[12]的研究，在镁锰合金中添加约 0.6% 的 Ca 元素能够显著细化铸造组织，细化效果不仅可以改善合金的力学性能，还能大大提高耐腐蚀性能。通过优化 Ca 的添加量，可以进一步调节镁锰合金的结构和性能，为实际应用提供更好的性能和可靠性，具体研究如下。

5.2.1　镁锰合金成分

试验用工业纯镁为基础材料。合金元素 Mn 和 Ca 分别为 $MnCl_2$ 和自制的 Mg - Ca 复合中间合金。经筛选在 Mg + 1.5% Mn 合金中分别加入质量分数为 0.4%、0.5%、0.6% 的 Ca 进行变质处理，以及在 Mg 中分别加入质量分数为 0.3%、0.5%、1.0%、1.5% 的 Mn 进行合金化处理，并用 0.5% 的 Ca 进行变质处理，配制成不同的镁合金作为试验材料。合金编号命名为 MC，其中 C 代表 Ca，其化学成分如表 5 - 1 所示。

表 5 - 1　MC 合金的化学成分

质量分数/%　　合金	Mn	Ca	Mg
MC0	1.5	0	Bal
MC1	1.5	0.4	Bal
MC2	1.5	0.5	Bal
MC3	1.5	0.6	Bal
MC4	0.3	0.5	Bal
MC5	0.5	0.5	Bal
MC6	1.0	0.5	Bal

5.2.2　Ca 的变质机理

Ca 作为一种溶质元素，其细化镁合金晶粒的机制可以通过溶质元素抑制晶粒生长的理论来解释。在晶粒生长的界面前沿形成的扩散层内，由于溶质元素的扩散速度较慢，会造成成分过冷的情况，使晶粒的生长需要更低的温度才能进行。同时，溶质元素为大量的形核质点的产生创造了条件。溶质元素抑制晶粒生长的程度可以用生长抑制因子来表示：

$$GRF = m_i \, ; \, C_{0,i}(k_i - 1) \qquad\qquad (5.1)$$

式中，m_i 为两元相图中的液相线斜率；$C_{0,i}$ 为合金中溶质元素的初始浓度；k_i 溶质分配系数。

从式（5.1）中可以发现，生长抑制因子与溶质元素抑制晶粒生长的强度成正比。生长抑制因子越大，说明溶质元素抑制晶粒长大的能力越强，即细化效果越好。通过对 Mg – Ca 二元相图的分析，可以得出 Ca 在镁合金中的细化能力较强。根据资料得知，Ca 的生长抑制因子（Growth Restriction Factor, GRF）值为 11.91。GRF 值越大，意味着溶质元素对晶粒的细化能力越强。

Li 等[13]的研究探讨了 Ca 对 AZ91 镁合金组织和力学性能的影响。研究结果表明，添加适量的 Ca 可以显著细化 AZ91 合金的组织，并减少 $Mg_{17}Al_{12}$ 相的数量。随着 Ca 含量的增加，AZ91 合金的热裂倾向增加，室温拉伸强度和伸长率降低，而屈服强度增加。断裂韧性先增加后降低。合金中是否出现新相和 Ca 的添加量有关，添加少量的 Ca，合金中未形成新相，而是主要固溶在 $Mg_{17}Al_{12}$ 中；当 Ca 含量超过一定量后，合金中出现新相 Al_2Ca。

Du 等[14]集中研究了 Mg – (3~9)Al – (1~5)Ca 合金的高温性能。研究结果显示，添加 Ca 能够与 Mg 形成高熔点的 Mg_2Ca 相，可以显著提高镁合金的高温硬度，其中 Mg – 3Al – 3Ca 在 0~350 ℃ 区间内的硬度均高于 AE42 镁合金。当 Ca/Al 值小于 0.8 时，合金中只存在 Al_2Ca 相；而当 Ca/Al 值大于 0.8 时，合金中会同时存在 Mg_2Ca 和 Al_2Ca 相，合金表现出良好的耐热性能。因此，添加 Ca 元素对于改善镁合金在高温条件下的性能具有重要的作用。

Ca 元素对不同的镁合金产生不同的影响，例如在 AZ91 合金中添加 Ca 元素可以提高 $Mg_{17}Al_{12}$ 相的热稳定性，从而显著提高合金在 200 ℃ 时的拉伸强度，但伸长率会稍微降低[15,16]；在 AZ91 合金中同时添加 Ca 和 Sr 元素，则可以显著细化合金的晶粒达到 20 μm，室温强度和伸长率分别为 250 MPa 和 3.5%，优于商业 AZ91 镁合金，并且在 175 ℃ 的蠕变强度上表现出更好的性能[17]；在硅镁合金中容易形成降低镁合金性能的粗大汉字状 Mg_2Si 相，加入少量的 Ca 可以细化 Mg_2Si 相，使 Mg_2Si 相由粗大汉字状转变为细小的多边形，改善合金的拉伸性能和韧性[18]；将 Ca 加入 Mg – Zn – Re 镁合金，T5 处理时可以促进基体中细小的颗粒状 Mg – Zn 相析出，有效提高合金室温和高温下的拉伸强度和屈服强度[19]，同时，合金保持良好的塑性；在 Mg – 12Li 镁合金中添加 Ca 元素，初生的单一 Mg – Li 固溶体的枝晶间出现片状的共晶体相 Mg₂Ca，且共晶化合物的数量和 Ca 元素的添加量有关。综合来看，Ca 作为合金添加元素，可以通过控制添加量和合金体系，优化镁合金的结构与性能[20 - 24]，图 5 – 7 所示为 Ca 含量对不同系列的镁合金强度、硬度及伸长率的影响。

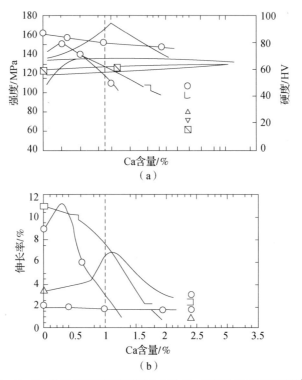

图 5 – 7　Ca 含量对不同系列的镁合金强度、硬度及伸长率的影响[18]

|5.3　Sr 变质|

关于 Sr 在含 Si 镁合金中共晶 Mg₂Si 相的变质机制，研究者对此存在一定的分歧。然而，普遍认为 Sr 作为一种表面活性元素，在共晶 Mg₂Si 相的生长过程中发挥了重要作用。由于 Sr 在 Mg 基体中的固溶度极低，在共晶 Mg₂Si 相的生长界面上富集形成偏析结构，使 Sr 起到抑制共晶 Mg_2Si 相生长的效果，并且 Sr 的富集影响镁合金中共晶 Mg_2Si 的生长方式。图 5 – 8 所示为不同含量 Sr 变质 Mg – 2Al – 1Zn – 1Si 合金的金相显微组织。在图 5 – 8（a）中，Mg – 2Al – 1Zn – 1Si 合金铸态组织主要为 α – Mg（灰色基底）基体及共晶 Mg_2Si 相（汉字状），具有发达枝晶臂的汉字状 Mg_2Si 相在 α – Mg 基体中不均匀地分布，长度方向尺寸约为 100 μm。图 5 – 8（b）~（f）为添加不同含量 Sr 变质后合金的金相显微组织，可以看到随着 Sr 含量增加，共晶 Mg_2Si 的形貌从汉字状逐渐细化为纤维状或颗粒状。添加 0.1%~1.0% Sr 后，共晶 Mg2Si 的形貌和尺寸都发生了明显的变化，具体变化为当添加 0.1% Sr 时，共晶 Mg_2Si 相分布趋于分散但形貌变化不大，仍为汉字状，其尺寸大小约为 40 μm；当添加 0.3% Sr 时，共晶 Mg_2Si 相分布更加分散且间距增大；当添加 0.5% Sr 时，共晶 Mg_2Si 相的形貌变为纤维状或颗粒状，尺寸显著下降，约为 12 μm；当添加 0.7% Sr 时，共晶 Mg_2Si 相进一步细化且纤维状和球状数量增加，分布更均匀，尺寸约为 2 μm；当添加 1.0% Sr 时，共晶 Mg_2Si 相的尺寸较添加 0.7% Sr 时略有增大。

Hume – Rothery 定律是研究溶质在溶剂中溶解和扩散行为的重要原则。根据规则，当溶质与溶剂的原子半径差超过一定范围，或电负性差异较大时，其在溶剂中的固溶度将极低。对于 Si 和 Mg 来说，Si 的原子半径为 1.17×10^{-10} m，电负性为 1.90，而 Mg 的原子半径为 1.60×10^{-10} m，电负性为 1.31。它们的原子半径差约为 26.9%，电负性差约为 0.59。根据 Hume – Rothery 定律，当溶剂与溶质的原子半径差超过 15% 时，固溶度极为有限；当合金组元的电负性相差 0.4 以上时，固溶度极小。Mg 与 Si 的原子半径差、电负性差均满足 Hume – Rothery 定律。结合 Mg – Si 二元相图的研究，Si 在 α – Mg 基体中的固溶度是非常有限的，而固溶度大小是决定合金元素在基体金属能否扩散的基本条件。这说明在含 Si 的镁合金中，溶质 Si 在仅有 α – Mg 基体中的扩散是可以被忽略的。

娄燕等[25]进行的研究揭示了 Sr 对镁基体组织的细化作用。试验结果表明，当 Sr 含量从 0.1% 增加到 0.5% 时，镁基体晶粒尺寸从 83.9 μm 减小到 66.8 μm；0.1%~0.3% Sr 的添加对 Al_2Ca 相有显著的变质细化作用，使形貌由条状转变为球状。随着 Sr 含量增加，镁合金中的 Al_2Ca 相含量也有所增加。Sr 对镁基体晶粒的细化作用主要是增加熔体的有效过冷度，并在合金固/液界面前沿区域形成很强的成分过冷效应，这些因素共同促使镁基体晶粒的细化。此外，研究认为 Sr 对 Al_2Ca 相的变质作用主要是 Al_2Ca 晶体上的吸附作用。随着 Sr 含量的增加，合金会经历过变质现象，进一步改变合金的显微组织。

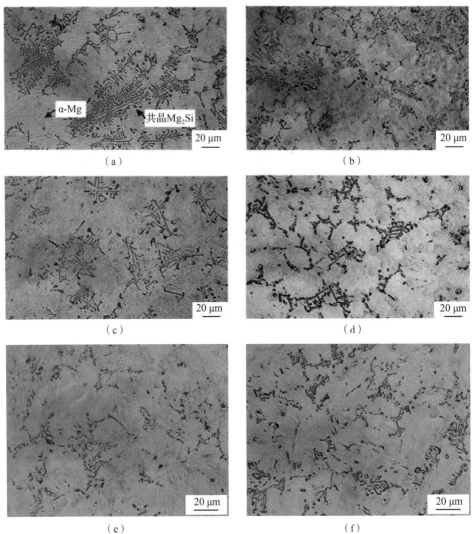

图 5-8 不同含量 Sr 变质 Mg-2Al-1Zn-1Si 合金的金相显微组织

（a）0% Sr；（b）0.1% Sr；（c）0.3% Sr；（d）0.5% Sr；（e）0.7% Sr；（f）1.0% Sr

接下来我们从几种镁合金中研究 Sr 变质。

1. Mg-Al 系

在 Mg-Al 系镁合金中，Mg-Al-Si 系镁合金展现出优秀的高温力学性能，因此被广泛应用于汽车零部件的生产，例如 AS21 和 AS41 等合金。本系镁合金的强化效果主要来自金属间化合物 Mg_2Si，其具有一系列出色的材料性能，如高熔点（1 102 ℃）、低密度（1.88 g/m^3）、高硬度（4.5×10^9 N/m^2）、低热扩散系数（7.5×10^{-6} K）和高弹性模量（146 GPa）。此外，Mg_2Si 在高温下具有良好的热稳定性，并且能够阻碍晶界的滑移，有助于提高镁合金的高温性能。然而，在重力铸造过程中，Mg_2Si 通常以粗大的树枝状或汉字状存在于凝固组织中，导致合金的强化效果变差，从而降低力学性能。

任磊等[26]通过研究发现，可以通过添加 Sr 元素有效地变质 Mg - 2Al - Zn - Si 合金中的共晶 Mg_2Si 相。随着 Sr 含量的增加，粗大的汉字状共晶 Mg_2Si 相会逐渐退化，并转变为较小的颗粒状或纤维状结构。当 Sr 含量达到 0.5% 时，共晶 Mg_2Si 相会进一步细化为纤维状，并且能够均匀地分布在合金基体中。

杨明波等[27]的研究结果显示，在 Mg - 3Al - 1Zn 合金中加入微量的 Sr（0.01% 和 0.05%）并没有影响合金组织中的相种类。然而，当 Sr 含量增加至 0.1% 时，合金组织中出现了 Al_4Sr 相。微量的 Sr 添加可以减少合金中 $Mg_{17}Al_{12}$ 相的数量，并使其分布更加弥散和均匀；在 Sr 含量为 0.1% 时，合金组织中的 $Mg_{17}Al_{12}$ 相基本呈断续状分布。Sr 对 Mg - 3Al - 1Zn 合金的组织细化作用主要是由于 Sr 影响晶粒的生长动力，或者是由于 Sr 在晶粒生长界面上形成含 Sr 的吸附膜，降低了晶粒的生长速率。

李晓斌[28]的研究表明，通过添加 Sr 元素，Mg - 5Al - 0.8Ca - 0.2La 合金中的化合物呈网状分布，并增加对基体的割裂作用。尽管添加 Sr 可以提高合金的屈服强度，但常温下的拉伸强度和伸长率明显下降。此外，Sr 的添加有效抑制 β - $Mg_{17}Al_{12}$ 相的析出，并形成 Mg - Al - Sr 三元相以及 Al_2Ca 和 $Al_{11}La_3$ 等高熔点相。在合金高温形变过程中，这些相共同作用，有效地阻止位错的滑移和攀移，提高合金的高温力学性能。

刘生发[29]发现在 AZ91 镁合金中，适量的 Sr 含量（0.2% ~ 0.5%）能够明显细化合金的 α - Mg 晶粒。添加 Sr 后，合金中的晶粒平均尺寸从未细化前的 107 μm 下降到约 60 μm。此外，Sr 对 β 相也具有一定的变质作用，使其从网状或块状结构变得更加细小弥散。当 Sr 的含量增加至 0.8% 时，合金组织中还会形成杆状的 Al_4Sr 新相。Sr 对 AZ91 合金的显微组织细化作用主要是由两方面因素影响：一方面，Sr 降低了合金的液相线与固相线温度，减小了合金的过冷度；另一方面，Sr 在固/液界面前沿的富集抑制了 α 晶粒的长大，进一步改善了合金的细化效果。

2. Mg - Si 系镁合金

邱克强[30]以 Mg - Si 系镁合金为研究对象，系统地研究了 Sr 对初生 Mg_2Si 及共晶 Mg_2Si 相的影响，并从原子层面上分别揭示 Sr 对 Mg - Si 系镁合金中初

生 Mg_2Si 相及共晶 Mg_2Si 相的影响。研究发现 Sr 对 Mg_2Si 有吸附效应，能诱导孪晶沟槽、旋转晶界等原子扩展台阶的出现，改变合金中的原子堆砌模式及晶体生长取向，对初生 Mg_2Si 相产生变质作用。Sr 的加入也能改变 $Mg + Mg_2Si$ 共晶的生长模式，从协同生长转变为以再形核为主兼协同生长的混合模式，改变 Mg_2Si 的生长形貌，实现 Sr 对 Mg_2Si 共晶的变质。

唐守秋[31]的研究聚焦于 Sr 对 Mg – Si 系镁合金中共晶 Mg_2Si 相的变质作用机理。通过凝固实验和结构表征，他发现 Sr 元素的凝固过程在熔体中富集，并且在 Mg_2Si 晶体生长表面形成一层富含 Sr 的吸附膜，改变了 Mg_2Si 晶体生长的优先方向，影响了生长优势。此外，Sr 还与 Mg_2Si 晶体之间发生相互作用，进一步改变共晶 Mg_2Si 相的结构和性质。

3. Mg – Li 系镁合金

周伟[32]研究 Sr 对 Mg – Si 系镁合金中共晶 Mg_2Si 相的细化作用。研究发现，在添加碱土元素 Sr 的情况下，凝固过程中大部分 Sr 会富集于结晶前沿，并在晶界处形成 Al_4Sr 相，阻碍晶粒的长大，使熔体有足够时间产生更多的晶核，对 Mg – 9Li – 3Al 合金中 α 相具有良好的细化作用。

|5.4 过热变质法|

过热处理是通过加热材料至高于其晶界溶解温度，并保持一定时间，以促使晶界溶解和再结晶。过热处理的主要目的是改善晶界结构、减少晶界夹杂和提高材料的力学性能，主要应用于合金铸造中。

过热处理可以产生以下效果：

①降低晶界能量：在过热温度下，材料中的晶界能量将随着时间的增加而降低，这将促使高角度晶界（高能晶界）的溶解，减少晶界的密度和强化材料的晶界结构。

②再结晶：在过热温度下，由于晶界的溶解和迁移，材料中的晶体重新排列形成新的晶粒，这个过程被称为再结晶。再结晶过程可以消除原有晶粒中的缺陷和畸变，提高材料的力学性能和韧性。

③减少晶界夹杂：过热处理还可以通过晶界溶解和再结晶的过程，减少晶界的夹杂和内部应力，改善材料的抗氧化性、耐腐蚀性和疲劳寿命。

在 Mg – Al 系合金中，过热处理被广泛应用于细化晶粒组织，主要作用是在过热处理过程中生成大量的非均质结晶晶核，增加晶粒的形核数量，细化晶粒组织。尽管过热处理对 Mg – Al 系合金的细化效果有益，但也存在一些问题：首先，熔体温度的升高会导致氧化和吸气现象加剧，对合金的质量造成不利影响；其次，由于杂质和熔体合金的密度降低，分离杂质变得更加困难，降低了铸锭的质量。因此，在实际应用中需要综合考虑过热处理的优点和缺点，寻找合适的工艺条件和控制策略，以实现最佳的细化效果。

研究人员在高温（850 ℃）下加热 AZ91E 15 min，然后按 2.5 ℃/s 的速率进行冷却，将 600 ℃ 下铜模淬火得到的样品和未经热处理的样品进行比较，结果表明：在 600 ℃ 下，样品的晶粒有较大的细化，在中间形成"外来物质"为中心的树枝晶，而没有过热处理的样品，"外来物质"未生成树枝晶。

针对过热处理在 Mg – Al 合金中的细化机理，研究者们对此展开了深入的研究。在过去的研究中，有学者认为过热处理中的 MgO 或 Al_2O_3 充当形核核心，起到细化晶粒的作用[33]，但也有学者对此提出了异议，并指出直接加入 MgO 或 Al_2O_3 并不能导致合金的细化[34]，而且在真空环境下过热处理后的合金仍会出现细化现象。另外，研究中还有观点认为过热会降低熔体中 Fe 的溶解度，析出的 Fe 可能成为晶粒的形核核心，导致晶粒细化[35]。

除了 MgO、Al_2O_3 和 Fe 等元素，还有其他物质被认为与 Mg – Al 合金细化有关[36-38]。一些研究发现，合金中 Al – Fe、Al – Mn – Fe 金属化合物的形成对细化起到关键作用。此外，高温下钢质坩埚中析出的 C 与 Al 形成的 Al_4C_3 也被认为可能导致 Mg – Al 合金的细化[39,40]；也有研究表明细化的原因主要是熔体中有潜在异质形核能力的大颗粒化合物，在过热处理过程中逐渐溶解形成了很多小的形核颗粒。

目前，对于 Mg – Al 合金过热处理实现晶粒细化的机理尚无定论，大量的研究观点和假设被提出，但仍缺乏确凿的证据来明确机制。因此，今后还需进行更深入、系统和细致的探究，以揭示过热处理细化 Mg – Al 合金晶粒的确切机制。同时，由于过热处理存在能耗高和氧化严重的问题，应进一步研究改进工艺措施，以促进过热处理在工业生产中的广泛应用。

| 5.5 Sm 变质 |

Sm 是一种具有斜方晶体结构的稀土元素，具有银白色的金属外观、良好的延展性和磁性。钐的斜方晶体结构指的是在常温下，钐的晶体结构呈斜方晶系或称为斜晶系。在斜方晶体结构中，晶胞的各个边长和角度并不完全相等。镝常用于制备稀土磁体、核材料、催化剂、激光材料等，同时，还具有一些特殊的磁学和光学性质。

张金山[41,42]研究了 Sm 对 AM60 合金显微组织和力学性能的影响，具体研究如下。

5.5.1 AM60 合金成分

试验采用了工业纯镁（99.5%）、纯铝（99.5%）、纯锌（99.5%）以及 Al - Be、Al - 10% Mn、Al - 40% Sm 中间合金作为原材料，并按一定比例混合使用。在熔炼过程中，使用井式坩埚炉，RJ - 6 作为覆盖剂和精炼剂进行。在高温条件下，将原材料依次加入并进行机械搅拌和保温 20 min 处理，升温至 760 ℃以确保充分溶解和精炼。降温至 700 ℃后，将熔融的合金浇注到预热至 200 ℃的金属模具中，同时使用 ZnO 涂料保护型腔。在整个过程中，所有原料需要经过 200 ℃的烘干箱预热处理。试验合金经过 415 ℃的固溶处理，在箱式电阻炉中保持 24 h，然后通过水淬火处理，淬火温度为 70 ℃。试验合金成分如表 5 - 2 所示。

表 5 - 2　AM60 合金的化学成分

质量分数/% 序号	Al	Mn	Zn	Be	Sm	Mg
5 - 5 - 1#	6.0	0.3	0.2	0.02	0	Bal
5 - 5 - 2#	6.0	0.3	0.2	0.02	0.5	Bal
5 - 5 - 3#	6.0	0.3	0.2	0.02	1.0	Bal
5 - 5 - 4#	6.0	0.3	0.2	0.02	1.5	Bal
5 - 5 - 5#	6.0	0.3	0.2	0.02	2.0	Bal

5.5.2 Sm 对 AM60 合金显微组织的影响

AM60 合金的铸态显微组织是由灰色 α - Mg 基体和以离异共晶方式析出的 β - $Mg_{17}Al_{12}$ 相、颗粒状的 AlMn 相组成（见图 5 - 9（a））。β - $Mg_{17}Al_{12}$ 相以不连续网状分布的形式存在，与 α - Mg 基体之间形成一种共晶结构。颗粒状的 AlMn 相分布在材料中，增加显微组织的复杂性和多相结构，为合金提供了一定的强度和耐磨性。当少量的 Sm 添加到 AM60 合金中时，观察到 β - $Mg_{17}Al_{12}$

相发生了显著变化。新添加的 Sm 元素导致 β 相的晶粒细化,并且减少 β 相数量(见图 5 - 9(b))。β - $Mg_{17}Al_{12}$ 相呈现出弥散分布的方式,与原来的不连续网状分布相比,形成一个更均匀的网状结构。与此同时,明亮颗粒状的新相 Al - Sm 相在晶界和晶内出现,这表明添加少量的 Sm 改变了合金的微观组织形貌,并促进了一种新的相的生成。

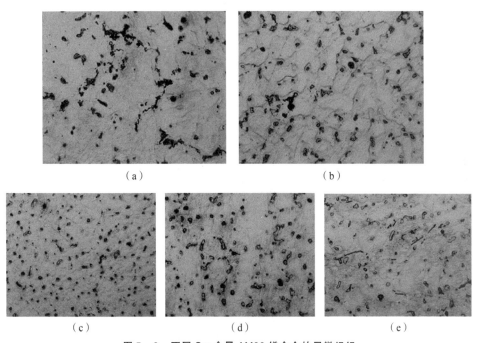

图 5 - 9　不同 Sm 含量 AM60 镁合金的显微组织

(a)0% Sm;(b)0.5% Sm;(c)1.0% Sm;(d)1.5% Sm;(e)2.0% Sm

结合能谱分析(见图 5 - 10 和表 5 - 3),进一步揭示了新相 Al - Sm 相的化学组成。Al 和 Sm 元素以 1.88 : 1 的原子比例结合,与化学计量数 2 : 1 非常接近。从能谱分析的角度来看,明亮斑颗粒状相可以确定为由 Al 和 Sm 相形成的 Al_2Sm 相。从图 5 - 10 中可以看出,随着 Sm 的加入,AM60 合金中 β 相减少并趋于弥散分布,而且合金的组织也得到细化。

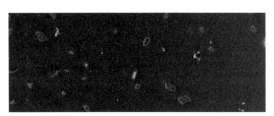

图 5 - 10　添加 1% Sm 的 AM60 合金的 SEM 图片

表 5 - 3　强化相的 EDS 能谱分析

测试点	成分（原子分数/%）		
	Mg	Al	Sm
A(β – $Mg_{17}Al_{12}$)	76.58	23.42	—
B(Al_2Sm)	—	65.18	32.82

　　根据 Mg – Sm 二元合金相图，可以推断当 Sm 的含量较低时，合金凝固过程中发生了相的特殊分布。较低的 Sm 含量使平衡分配系数 $K_0 = C_J C_L < 1$（C_J 和 C_L 分别为固相和液相的平衡浓度）。在固液界面前沿部分产生过饱和的 Sm 元素，导致合金成分过冷，这种偏聚现象促使 Sm 在此区域形成新相的形核，抑制了 Al_2Sm 相的长大。当 Sm 含量达到 1% 时，合金中的颗粒相析出最多且最细小，达到最佳的组织细化效果（见图 5 – 9 (e)）。根据扩散相变理论，合金中 Sm 的浓度提高，虽然析出相增多，但明显有粗化、偏聚的趋势（见图 5 – 9 (d)、(e)），同时有新的半连续网状、杆状相（可能为 Al_3Sm）生成，合金凝固过程为

$$L_1 \longrightarrow \alpha - Mg + L_2 (615\ ℃) \tag{5.2}$$

$$L_2 + Al_2Sm \longrightarrow \alpha - Mg + L_3 (607\ ℃) \tag{5.3}$$

$$L_3 + Al_2Sm \longrightarrow Al_3Sm + \alpha - Mg + L_4 (602\ ℃) \tag{5.4}$$

$$L_4 + Al_3Sm \longrightarrow Mg_{17}Al_{12} + \alpha - Mg (436\ ℃) \tag{5.5}$$

　　图 5 – 11 所示为不同 Sm 含量 AM60 镁合金的 XRD 图谱，随着 Sm 的加入，β 相的衍射峰值逐渐减弱，甚至消失，谱线 C，D，E 与 A 峰相比，出现额外的峰位，但是这些峰位的位置是相同的，这表明 Sm 的加入导致了新相的生成，并且有一些峰位的衍射角发生了细微的偏移，峰位的强度也发生了改变，与 Al – Mn 峰相比较，参照 EDS 的物相分析，我们发现这种化合物以 Al_6Mn 相的形式存于 AM60 合金中。当添加 Sm 之后，会产生 Al_8Mn_5、$Al_{11}Mn_{14}$ 等其他 Al – Mn 化合物相，并有可能与 Sm 形成 Al – Mn – Sm 三元相（也有可能是 Al_6Mn_6Sm），这些相态以颗粒状或团状的形式存在于基体表面，对合金的力学性质有一定的影响。合金固相转变过程相对比较复杂，需做进一步研究，综上分析得出，合金最终由 α – Mg + Al_3Sm + Al_2Sm + $Mg_{17}Al_{12}$ + AlMn 化合物相组成。

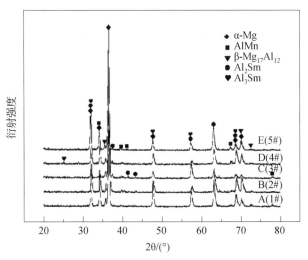

图 5 - 11 不同 Sm 含量 AM60 镁合金的 XRD 图谱

Sm 的添加使合金晶粒明显地变细（见图 5 - 12）。Hume - Rothery 定律认为，当相对原子半径差超过 15% 时，只会生成极低的固溶体。Sm 的原子半径（0.259 nm）和 Mg 的原子半径（0.160 nm）二者相差（44.8%）超过 15%，所以 Sm 在 Mg 中溶解度低。镁合金是一种具有表面活性的元素，在合金凝固时，扩散速度非常缓慢；在 β 相生长的时候，会被吸附到 β 相的生长顶端，限制 β 相的生长，使 β 相的数目、分散度和尺寸变得更小。Al_2Sm 相是一种稳定性较高的高温化合物相（约 1 500 ℃），在金属液凝固之前便已经形成。当 Sm 添加量增加时，产生的第二相颗粒偏聚，α - Mg 成核质点减少，一些晶粒也随之变大（见图 5 - 12（c））。经过 24 h 415 ℃ 的固溶处理，在晶界上的 β 相已经被完全溶解，但仍存在颗粒状的 Al_2Sm 相（见图 5 - 13），表明 Al_2Sm 相是一种耐高温相，有助于提高合金的耐热性能。

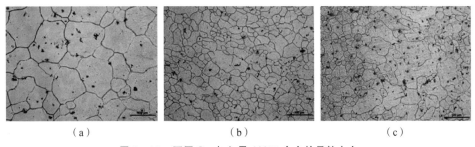

（a） （b） （c）

图 5 - 12 不同 Sm 加入量 AM60 合金的晶粒大小

（a）0% Sm；（b）1.0% Sm；（c）2.0% Sm

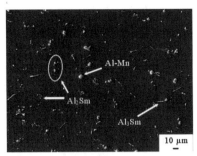

图 5 – 13　添加 2% Sm 的 AM60 合金固溶处理后的 SEM 图片

5.5.3　Sm 对 AM60 的力学性能影响

如图 5 – 14 所示，Sm 对 AM60 镁合金的拉伸强度和伸长率的影响具有相似的趋势，也就是随着 Sm 含量的增加，合金的拉伸强度和伸长率呈现先升后降的趋势。在加入 1% Sm 时，AM60 镁合金的室温拉伸强度最高为 210 MPa，伸长率最高为 6.9%，与不加入 Sm 的情况相比，分别提高为 25% 和 43.8%；

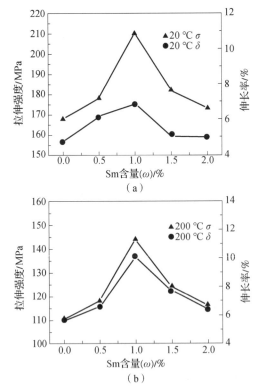

图 5 – 14　Sm 含量对 AM60 合金抗拉伸强度和伸长率的影响

(a) 20 ℃；(b) 200 ℃

在 200 ℃时，材料的拉伸强度可达 144 MPa，伸长率可达 10.1%，与不含 Sm 的材料相比，分别提高 30.3% 和 77.2%。随着 Sm 含量的不断提高，合金的拉伸强度和伸长率会降低，这与 Sm/AM60 复合材料的组织和晶粒大小有很大的关系，因为合金的力学性能不仅取决于晶粒大小，还取决于第二相形态、大小以及合金是否存在缺陷等多种因素。

合金的晶粒细化和晶间共晶相的增加可以有效地阻止位错的滑移，β 相的弥散分布可以减少位错对基体的切割作用，明显地提高合金的强度。合金元素的添加提高了原子间结合力，降低了固溶体中元素的扩散能力，因而阻碍了扩散变形过程的进行。

Sm 在镁中表现出较高的固溶度，在共晶温度（542 ℃）时的最大固溶度可达 6.8%。由于 Sm 的原子半径较大，在溶质原子周围引起点阵膨胀，导致平均点阵常数增大，发挥了强烈的固溶强化效应，进而提高了基体镁合金的抗软化能力。形成的 Al_2Sm 是一种热力学稳定性较好的第二相，可以在镁合金的基体中形成一种稳定的结构。这种 Al_2Sm 相以颗粒状或团状的形式分布在基体中，有效阻碍了位错的运动，显著提高了合金的强度。当位错运动到达 Al_2Sm 相颗粒周围时，由于 Al_2Sm 是一种硬质相，并且与基体失去共格，位错将可能以奥罗万机制运动，在受到第二相质点 Al_2Sm 阻挡时发生弯曲。在外加应力的增加下，位错弯曲程度进一步加剧，以致围绕着粒子的位错线在左右两边相遇时，正负号位错将会彼此抵消，形成包围着粒子的位错环而被留下，其余部分位错线恢复直线继续前进，颗粒附近遗留下的位错环将对合金的强化效果起到重要作用。

随着 Sm 含量的增加，Al_2Sm 在合金中生成、聚集、分散，并伴随有长条杆状相 Al_2Sm（见图 5-13），所致的应力集中会割裂基体，严重影响合金的力学性能。在高 Sm 含量的情况下，由于 Sm 在合金中的扩散速度极慢，导致固溶不完全，形成较粗大的 Al_2Sm，并在凝固时优先进入固-液相界面上，导致塑性相分隔开。粗大的第二相在晶界处极易与基体发生脱离，形成微孔洞，限制材料的变形性能。在微小尺寸的变形过程中，第二相沿孔洞发生开裂，降低了材料的塑、韧性能。同时，第二相数量过多，会造成应力集中，增大了晶间裂纹的形成概率。在载荷作用下，裂纹首先从第二相和基体界面处产生，并向外扩展，使材料的拉伸强度降低。

在高温条件下，分布在基体中的强化相会发生软化并部分溶解。同时，原子活性增强，晶界上的扩散速率也加快。因此，晶界的黏滞特性增强，对变形的阻力减弱，同时会发生晶粒沿晶界的相对滑动。温度升高后，镁合金由单一的滑移系演变为多滑移系，试样的滑移取向变得更加有利，使合金试样中的位错挣脱溶质原子束缚的临界切应力值显著降低，导致合金的拉伸强度降低，但伸长率增加。在高温下，Sm 元素在镁中的扩散速度相对较慢，使 Al_2Sm 相具有较高的热稳定性，能够钉扎晶界并阻碍高温下的晶界转动。这些效应共同作用，提高了合金的高温性能。此外，Al – Sm 相的形成还抑制了低熔点的 $\beta – Mg_{17}Al_{12}$ 相的形成，使合金中 $\beta – Mg_{17}Al_{12}$ 相数量减少，尺寸减小，而高熔点的稀土相增多，导致合金裂纹沿 $\beta – Mg_{17}Al_{12}$ 相传播速度减慢，从而提高了合金的伸长率。同时，高温稳定性的 Al – Sm 相在高温下形态并未发生变化，仍起到钉扎晶界和抑制高温晶界转动的作用，阻碍晶界的滑移和裂纹扩展，因此提高合金的高温性能。

5.5.4 断口形貌

未添加 Sm 的 AM60 镁合金的拉伸断口呈现出解理断裂的特征，其中仅存在少量的韧窝，并且在解理面上可以观察到细小而断续的河流花样。这说明在未添加 Sm 的情况下，合金的断裂方式主要受解理台阶的影响，而韧性突出的区域较为有限，如图 5 – 15（a）所示。

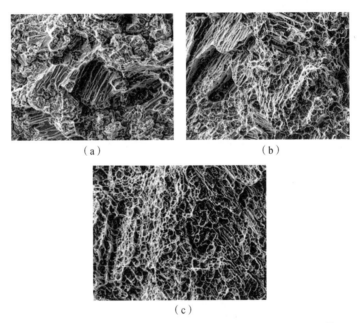

（a）　　　　　　　　　　（b）

（c）

图 5 – 15 不同 Sm 含量 AM60 镁合金的拉伸断口形貌 SEM 图片

（a）0% Sm；（b）0.5% Sm；（c）1.0% Sm

随着 Sm 含量的增加，AM60 合金的拉伸断口上的解理面明显减小，同时韧窝的数量逐渐增多且变小，且分布得更加均匀。此外，断面上出现大量高密度、短而弯曲的撕裂棱，表明随着 Sm 含量的增加，合金的断裂方式发生了明显的转变，从单一的解理断裂向准解理和局部韧性断裂的混合方式过渡，如图 5－15（b）所示。

　　当 Sm 含量达到 1% 时，合金的拉伸断口呈现出更多且均匀化程度更高的韧窝，形成准解理和韧性断裂的混合特征，如图 5－15（c）所示。这可以解释为随着添加适量的 Sm，合金的断裂强度得到了提高。韧窝的增多和均匀化程度的提高表明合金在断裂过程中能够更均匀地吸收能量，从而增强了合金的断裂韧性。

参 考 文 献

[1] 蒋傲雪，游志勇，段状正，等. 挤压铸造 SiCp/AZ91D 镁基复合材料的组织与性能 [J]. 特种铸造及有色合金，2021，41（07）：863－866.

[2] 蒋傲雪. SiCp/AZ91D 半固态挤压组织与性能的研究 [D]. 太原：太原理工大学，2020.

[3] You Z Y, Jiang A X, Duan Z Z, et al. Effect of heat treatment on microstructure and properties of semi－solid squeeze casting AZ91D [J]. China Foundry, 2020, 17（03）：219－226.

[4] Jiang A X, You Z Y, Duan Z Z, et al. Effects of SiCp on microstructures of semi－solid extruded AZ91D magnesium alloys in recrystallization process [J]. China Foundry, 2021, 18（6）：763－766.

[5] 姜向东，陈体军，马颖，等. SiC 对 AZ91D 镁合金晶粒细化效果的影响 [J]. 特种铸造及有色合金，2009，29（08）：763－766.

[6] Chen T J, Jiang X D, Ma Y, et al. Grain refinement of AZ91D magnesium alloy by SiC [J]. Journal of Alloys and Compounds, 2010, 496（1－2）：218－225.

[7] 胡勇，倪旭武，赵龙志，等. 纳米 SiC 颗粒对 AZ91D 镁合金组织性能的影响 [J]. 特种铸造及有色合金，2016，36（05）：459－462.

[8] 高声远，张志强，乐启炽，等. MgCO3 在 AZ31 镁合金中的细化效果及机理 [J]. 材料科学与工艺，2011，19（03）：49－52.

[9] Lu L, Dahle A K, Stjohn D H. Grain refinement efficiency and mechanism of aluminium carbide in Mg－Al alloys [J]. Scripta Materialia, 2005, 53：517－522.

[10] Wallace J F, Schwam D, Zhu Y. The influence of potential grain refiner on

magnesium foundry alloys [J]. AFS Transactions, 2003, 111: 1061 – 1075.

[11] 卢敏敏, 李克, 吴尚敏, 等. 复合碳变质剂对 AZ91D 镁合金的晶粒细化作用 [J]. 中国有色金属学报, 2015, 25 (04): 883 – 889.

[12] 王登峰, 张金山, 薛永军, 等. Ca 对镁锰合金组织和腐蚀性能的影响 [J]. 铸造设备研究, 2005, 6 (03): 3 – 5.

[13] Li P, Tang B, Kandalova E. Microstructure and properties of AZ91D alloy with Ca additions [J]. Materials Letters, 2005, 59 (6): 671 – 675.

[14] Du W W, Sun Yang shan, Xue G M, et al. Microstructure and mechanical properties of Mg – Al based alloy with calcium and rare earth additions [J]. Materials Science Engiweering A. 2003, 365 (1 – 2): 1 – 7.

[15] 闵学刚, 杜温文, 薛烽, 等. Ca 提高 Mg17Al12 相熔点的现象及 EET 理论分析 [J]. 科学通报, 2002, 47 (2): 109 – 112.

[16] 闵学刚, 朱曼, 孙扬善, 等. Ca 对 AZ91 显微组织及力学性能的影响 [J]. 材料科学与工艺, 2002, 10 (1): 93 – 96.

[17] Kinji H, Hidetoshi S, Yorinobu T, et al. Effects of Ca and Sr addition on mechanical properties of a cast AZ91 magnesium alloy at room and elevated temperature [J]. Materials Science Engineering A, 2005, 403 (1 – 2): 276 – 280.

[18] Kim J J, Kim D H, Shin K S, et al. Modification of Mg$_2$Si morphology in squeeze cast Mg – Al – Zn – Si alloys by Ca or P addition [J]. Scripta Materialia, 1999, 41 (3): 333 – 340.

[19] Bettles C J, Gibson M A, Venkatesan K. Enhanced age – hardening behavior in Mg – 4wt. % Zn micro – alloyed with Ca [J]. Scripta Materialia, 2004, 3 (51): 193 – 197.

[20] 朱曼, 孙扬善, 薛烽, 等. Ca 的低合金化对 Mg – Zn – Re 系镁合金显微组织及力学性能的影响 [J]. 江苏冶金, 2002, 30 (6): 1 – 5.

[21] Vogel M, Kragt O, Arzt E. Effect of Calcium additions on the creep behavior of magnesium diecast alloy ZA85 [J]. Metallurgical and Materials Transactions A, 2005, 36 (7): 1713 – 1719.

[22] Zhang Z, Tremblay R, Dube D. Microstructure and creep resistance of Mg – 10Zn – 4Al – 0.15Ca permanent moulding alloy [J]. Materials Science and Technology MST A publication of the Institute of Metals, 2002, 4 (18): 433 – 437.

[23] 宋海宁, 袁广银, 王渠东, 等. 耐热 Mg – Zn – Si – Ca 合金的显微组织

和力学性能［J］. 中国有色金属学报，2002，12（5）：956 - 960.

［24］ Song G S, Kral M V. Characterization of cast Mg - Li - Ca alloys［J］. Materials Characterization, 2005, 54（4）：279 - 286.

［25］ 娄燕，白星，李落星，等. Sr 对 Mg - Al - Ca 铸造合金微观组织的影响［J］. 中国有色金属学报（英文版），2011，000（006）：1247 - 1252.

［26］ 任磊，郭学锋，崔红保，等. 固溶处理对 Sr 变质镁合金中共晶 Mg_2Si 的影响［J］. 铸造，2014，63（07）：642 - 646.

［27］ 杨明波，潘复生，李忠盛，等. Sr 对 Mg - 3Al - 1Zn 镁合金铸态组织的影响［J］. 重庆工学院学报（自然科学版），2007，110（03）：10 - 12.

［28］ 李晓斌，王社斌，王帅，等. Sr 对 Mg - 5Al - 0.8Ca - 0.2La 镁合金显微组织及高温性能的影响［J］. 太原理工大学学报，2009，40（02）：173 - 176.

［29］ 刘生发，王慧源. Sr 对 AZ91 镁合金铸态组织的影响及其细化机制［J］. 稀有金属材料与工程，2006，35（06）：970 - 973.

［30］ 邱克强，热焱，宋欣颖，等. Sr 对 Mg - 1.7Si 合金中初生和共晶 Mg_2Si 相的变质作用［J］. 沈阳工业大学学报，2016，38（01）：24 - 29.

［31］ Tang S Q, Zhou J X, Tian C W, et al. Morphology modification of Mg2Si by Sr addition in Mg - 4% Si alloy［J］. Transactions of Nonferrous Metals Society of China, 2011, 21（09）：1932 - 1936.

［32］ 周伟，彭晓东，杨艳，等. Sr 对 Mg - 9Li - 3Al 合金显微组织及高温力学性能的影响［J］. 铸造，2011，60（05）：489 - 492.

［33］ Chen S Y, Huang Y D, Chang G W, et al. Effects of melt superheating holding time on solidification structure and mechanical property of AZ31B magnesium alloy［J］. Advanced Materials Research Trans Tech Publications, 2012, 557：54 - 59.

［34］ Bolzoni L, Babu N H. Considerations on the effect of solutal on the grain size of castings from superheated melts［J］. Materials Letters, 2017, 201：9 - 12.

［35］ Lee Y C, Dahle A K. The role of solute in grain refinement of magnesium［J］. Metallurgical and Materials Transactions A, 2000, 31（11）：2895 - 2906.

［36］ 詹美清. 镁铝合金的稀土细化机理及组织与性能［D］. 南昌：南昌大学，2016.

［37］ Qiu D, Zhang M X, Taylor J A, et al. A novel approach to themechanism for the grain refining effect of melt superheating of Mg - Al alloys［J］. Acta Materialia, 2007, 55（6）：1863 - 1871.

[38] Han G, Liu X. Phase control and formation mechanism of Al – Mn (– Fe) intermetallic particles in Mg – Al – based alloys with $FeCl_3$ addition or melt superheating [J]. Acta Materialia, 2016, 114: 54 – 66.

[39] Emley, Edward F. Principles of magnesium technology [M]. Pergamon Press, 1966.

[40] Zha M, Wang H Y, Bo L, et al. Influence of melt superheating on microstructures of Mg – 3. 5 Si – 1Al alloys [J]. Transactions of Nonferrous Metals Society of China, 2008, 18: 107 – 112.

[41] 张金山, 姬国强, 王星, 等. Sm 对 AM60 合金显微组织和力学性能的影响 [J]. 稀有金属材料与工程, 2012, 41 (04): 617 – 622.

[42] Zhang J S, Ji G Q, Qin B, et al. Effect of Sm and Ti compound inoculation on microstructure and mechanical properties of AM60 alloy [J]. Rare Metal Materials and Engineering, 2012, 41 (9): 1574 – 1579.

第 6 章

镁合金的合金化技术

工业纯镁的力学性能相对较低，限制了镁在工程结构中的应用。为了提高镁合金的强度，合金化技术被认为是最基本、最常用和最有效的强化方法之一[1-4]。

合金化是通过向镁基体中引入适量的合金元素来改善性能，其中固溶强化、析出强化和弥散强化是常见的强化机制。在合金化设计过程中，需要考虑晶体学、原子的相对大小、原子价、电化学等因素[5]。合金化元素的选择要求具有较高的固溶度，并且在温度变化时有明显的变化。此外，合金化元素在时效过程中应能形成强化效果比较突出的过渡相。

除了力学性能的优化，合金化元素的选取必须考虑对耐腐蚀性、加工性能等方面的影响。根据对二元镁合金机械性能的影响，可将合金化元素分为3类。第1类，有些合金元素能够提高合金的强度和韧性，其中 Al、Zn、Ca 等元素在强度方面具有较高的效果，Th、Ga、Zn 等元素在韧性方面表现较好[6]；第2类，有些合金化元素能够增强镁合金的韧性而对强度变化不大，如 Cd、Tl、Li 等元素；第3类，有些元素能够明显增强合金的强度，但同时会降低韧性，如 Sn、Pb、Bi、Sb 等[7-9]。

|6.1 Re 合金化|

6.1.1 稀土元素在镁合金中的物理化学基础

大部分稀土元素（Re）与镁（Mg）具有相似的密排六方（HCP）晶体结构，使稀土元素具有较高的固溶度。通常，部分 Mg-Re 亚稳相具有六方相（超点阵结构），与镁基体易于形成共格或半共格关系，是稀土镁合金具有良好高温抗蠕变性能的原因之一。

不同的稀土元素和镁之间存在相似而又不同的半径差别，因而固溶度也不同。从图 6-1 可以看出，镧系元素的原子半径随原子序数的增大而变小，即所谓的"镧系收缩"，在钨、钇的含量上存在两个峰值，称为"双峰效应"。由于大部分稀土元素与 Mg 的半径相差小于 15%，故大部分稀土元素在镁中具有较高的固溶度，可达 10%~20%。与之形成鲜明对比的是，在钢、铝中稀土元素的溶解程度仅为千分之几。稀土元素在 Mg 中的最高固溶度随原子序数的增大而增大，但是在铕和镱中出现两个低谷，这是由于铕和镱的原子半径（分别为 2.04×10^{-12} m 和 1.93×10^{-12} m）比 Mg 的原子半径（1.62×10^{-12} m）大得多，导致的"双谷现象"。

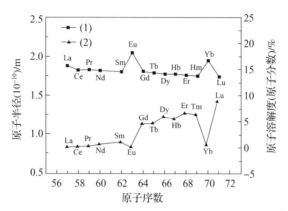

图6-1 稀土金属在镁中最大固溶度与稀土原子半径的关系[10]

通过添加三价的稀土元素来提高镁在合金基体中的结合强度。大多数情况下，稀土金属以三价形式溶于二价镁基体中，增加了合金基体中的电子云密度，强化了镁合金中原子间的结合力。此外，稀土原子的质量和半径比镁原子大，可以减缓原子的扩散速率，对改善合金的力学性能有很大帮助，特别是抗高温蠕变性能。

稀土元素是镁合金中的表面活性元素。当镁合金熔炼时，稀土元素在熔体表面富集，生成 MgO、Re_2O 和 Al_2O_3 等多元复合致密的氧化膜，抑制氧化现象，提高合金的起燃温度，促进熔体熔铸。在合金凝固时，稀土元素在固–液相界面上富集，使成分过冷度增大，实现对合金微观结构（含基体及第二相）的精细控制。在熔体中加入适当的 Re，能够有效地降低熔体的表面张力，改善熔体性质。

稀土元素与镁合金中的其他元素发生化学反应。由于稀土元素具有较高的化学活性，几乎能与所有元素发生化学反应，因此可以与镁合金中的杂质反应，形成高熔点和高密度的化合物，从而被去除。常见的杂质包括氢、氧化物夹杂、硫和铁等。

稀土元素除氢的反应过程如下：

$$H_2O(g) + Mg(l) = MgO(s) + 2[H] \tag{6.1}$$

$$Re = [Re] \tag{6.2}$$

$$2[Re] + 3MgO = Re_2O_3 + 3Mg(l) \tag{6.3}$$

$$[Re] + 2[H] = ReH_2 \tag{6.4}$$

稀土元素除氧化物夹杂的反应过程如下：

$$MgO(s) = Mg(l) + 1/2O_2(g) \tag{6.5}$$

$$Re = [Re] \tag{6.6}$$

$$2[Re] + 3/2O_2 =\!=\!= Re_2O_3 \qquad\qquad (6.7)$$

$$3MgO + 2[Re] =\!=\!= Re_2O_3 + 3Mg(l)（以上三式加合）\qquad (6.8)$$

稀土元素除硫反应过程如下：

$$2[Re] + S_2 =\!=\!= 2ReS \qquad\qquad (6.9)$$

$$4[Re] + 3S_2(g) =\!=\!= 2Re_2S_3 \qquad\qquad (6.10)$$

稀土元素除铁反应过程如下：

$$[Re] + 2[Fe] =\!=\!= ReFe_2 \qquad\qquad (6.11)$$

$$[Re] + 3[Fe] =\!=\!= ReFe_3 \qquad\qquad (6.12)$$

$$[Re] + [Fe] + [Mg] + [Al] + [Mn] \longrightarrow Mg-Re-Fe-Al-Mn \quad (6.13)$$

此外，稀土元素与镁或合金化元素形成熔点较高且热稳定性良好的第二相化合物，化合物在高温下不易长大、变形或分解，可以提高合金的强度和耐热性能，如表 6 - 1 所示。

表 6 - 1　镁合金中常见含稀土元素的析出相及熔点

合金	析出相	熔点/K	合金	析出相	熔点/K
Mg - Al	$Mg_{17}Al_{12}$	728	Mg - Yb	Mg_2Yb	991
Mg - La	$Mg_{12}La$	913	Mg - Y	$Mg_{24}Y_5$	878
Mg - Ce	$Mg_{12}Ce$	884	Mg - Al - La	$Al_{11}La_3$	1 513
Mg - Nd	$Mg_{41}Nd_5$	833	Mg - Al - Ce	$Al_{11}Ce_3$	1 508
Mg - Gd	Mg_5Gd	915	Mg - Al - Ce	Al_2Ce	1 753
Mg - Dy	$Mg_{24}Dy_5$	883	Mg - Al - Nd	$Al_{11}Nd_3$	1 508
Mg - Ho	$Mg_{24}Ho_5$	883	Mg - Al - Nd	Al_2Nd	1 733
Mg - Er	$Mg_{24}Er_5$	893	Mg - Al - Y	Al_2Y	1 758

稀土元素具有良好的时效硬化效果，如图 6 - 2 所示，稀土元素特别是重稀土元素（Yb 除外），在镁中的固溶度随温度的降低而减小，满足了固溶和人工时效强化的基本条件[11]。

6.1.2　稀土在镁合金中的作用

在镁合金中添加稀土元素具有多种作用，常见的作用如下：

①强化作用：稀土元素可以在镁合金晶界中形成细小的沉淀相，阻碍晶界滑移和晶界扩散，从而提高材料的强度和硬度[12]。

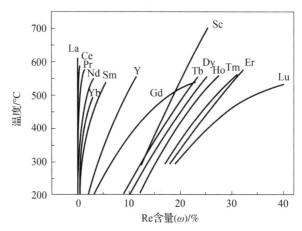

图6-2　不同温度下稀土金属在镁中的固溶度

②改善热稳定性：稀土元素可以与镁形成稳定化合物，在高温下减缓镁合金的析出反应或晶粒长大，提高材料的热稳定性和高温蠕变性能。

③改善耐蚀性：稀土元素的添加可以改善镁合金的耐蚀性能[13]，减少与外界环境中氧、水和其他腐蚀介质的反应，延长材料的使用寿命。

④防止热裂纹：在铸造或加工过程中，稀土元素的添加可以通过改善结晶过程、减少凝固收缩等方式，减少或防止镁合金的热裂纹。

⑤提高变形加工性能：稀土元素能够改善镁合金的变形加工性能，降低加工硬化程度，提高塑性和延展性，从而使镁合金更易成形和加工。

需要指出的是，不同的稀土元素对镁合金的影响可能略有不同，因为化学性质和离子半径不同。因此，在具体的应用中，需要根据材料的要求和特定的合金配方，选择适合的稀土元素添加剂和添加量，以实现所需的性能提升。同时，稀土元素的使用也需要考虑成本和可持续性等因素。

6.2　Zn合金化

镁合金中锌（Zn）合金化是指通过向镁合金中加入锌元素来改变合金组织和性能[14-16]。

下面是一些常见的Zn合金化在镁合金中的应用：

①增加强度和硬度：向镁合金中添加适量的锌可以提高合金的强度和硬度，使合金更适合在高负荷和高强度应用中使用。

②改善耐蚀性：锌的加入可以提高镁合金的耐腐蚀性能，特别是在一些恶劣的腐蚀环境下，如海水、湿度高的环境等。锌可以形成一层防护性的氧化膜，减少镁合金在腐蚀介质中的腐蚀速率。

③调节热处理性能：锌合金化可以改变镁合金的热处理行为，例如通过锌的加入可以减慢镁合金晶粒的长大速率，提高合金的热稳定性和高温蠕变性能。

④改善热传导性：锌合金化可以提高镁合金的热传导性能，使合金更适合在需要良好散热性能的应用中使用，如汽车引擎零部件、电子设备散热器等。

游志勇[17]研究了不同 Zn 含量对高锌镁合金组织和力学性能的影响，具体研究如下。

6.2.1　合金成分设计

在试验中，使用的原料包括工业用纯镁锭（Mg > 99.9%）、纯锌锭（Zn > 99.9%）、纯铝锭（Al > 99.9%）、自制的 Al – 10% Mn、Al – 50% Cu 的中间合金。保护气体采用四氟乙烷（CH_2FCF_3）和二氧化碳（CO_2）混合气体。涂料使用滑石粉、30% 水和 5% 水玻璃（见表 6 – 2）。熔炼工艺如下：

①将坩埚加热至暗红色（400 ~ 500 ℃）。

②放入预热到 200 ℃ 的纯镁锭、纯铝锭、Al – 4% Be 中间合金。

③升温至 680 ℃，待所有炉料熔化。

④升温至 720 ℃，加入预热到 200 ℃ 的 Al – 10% Mn 中间合金，保温 10 min。

⑤待 Al – 10% Mn 中间合金熔化后，加入纯锌，保温 5 min。

⑥再升温至 740 ℃，搅拌均匀，保温 15 ~ 20 min。

⑦升温至 730 ~ 740 ℃ 进行精炼。

⑧在 740 ℃ 静置 30 min，然后降温至 700 ℃。

⑨去除熔体表面的氧化物和夹渣后，浇入预热到 200 ℃ 的金属型铸模中。

⑩冷却凝固后获得所需试样。

表 6 – 2　试验合金的成分设计

质量分数/（wt. %） 试样名称	Al	Zn	Mn	Be	Mg
6 – 2 – 1#	5.01	4.02	0.251	0.037	Bal
6 – 2 – 2#	5.02	5.87	0.244	0.041	Bal
6 – 2 – 3#	4.92	7.92	0.242	0.038	Bal

质量分数/ （wt. %） 试样名称	Al	Zn	Mn	Be	Mg
6 - 2 - 4#	4.97	9.94	0.239	0.042	Bal
6 - 2 - 5#	4.85	14.78	0.245	0.039	Bal
6 - 2 - 6#	4.93	19.84	0.238	0.036	Bal
6 - 2 - 7#	4.96	24.76	0.247	0.035	Bal

根据 Mg – Zn – Al 三元相图可知[18]，合金熔液在约 602 ℃ 开始凝固，最先析出 α – Mg 相。随着温度的降低，α – Mg 晶粒逐渐增多和长大。在 Al 含量不变的情况下，随着 Zn 含量的增加，α – Mg 相的数量减少，金属间化合物相的数量增多。当合金液的成分达到共晶点时，发生共晶反应，生成 φ – $Mg_5Al_2Zn_2$ 相。随后，φ – $Mg_5Al_2Zn_2$ 相与剩余液相发生包晶反应生成 τ – $Mg_{32}(Al,Zn)_{49}$ 相。但 φ – $Mg_5Al_2Zn_2$ 相不会全部反应，会有部分剩余，这时 φ – $Mg_5Al_2Zn_2$ 相和 τ – $Mg_{32}(Al,Zn)_{49}$ 相共存。由于 τ – $Mg_{32}(Al,Zn)_{49}$ 相是通过包晶反应在 φ – $Mg_5Al_2Zn_2$ 相上形核长大的，所以在低倍显微镜很难区分 φ – $Mg_5Al_2Zn_2$ 相和 τ – $Mg_{32}(Al,Zn)_{49}$ 相。

根据 Mg – Zn 二元相图可知（见图 6 – 3），Mg – Zn 合金在冷却到（340 ± 1）℃时发生共晶反应，生成 α – Mg 相和 Mg_7Zn_3 相。Mg_7Zn_3 相是介稳定相，在随后的冷却过程中可分解为 α – Mg 相和 MgZn 相。共晶点的 Zn 含量为 51.3wt. %。共晶温度时，Mg 基体中 Zn 的固溶度为 7.2 wt. %。随着温度的降低，Zn 的固溶度显著降低，

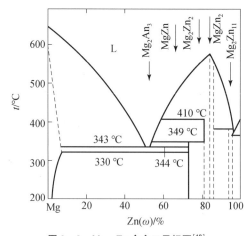

图 6 – 3 Mg – Zn 合金二元相图[18]

在 100 ℃ 时固溶度降至 2wt. % 以下。Mg、Zn、Al 的原子半径分别为15.99 nm、14.32 nm 和13.33 nm，由此可知，Zn 的原子半径与 Al 的较为接近，所以在固溶体或化合物中 Zn 原子更容易取代 Al 原子，形成 $Mg_{32}(Al,Zn)_{49}$ 相[19-21]。

6.2.2 XRD 物相分析

图 6-4 所示为不同 Zn 含量试验合金的 XRD 图谱。根据李忠盛的研究[22]，Zn/Al 原子比对 Mg-Zn-Al 合金形成的第二相种类有很大影响。当 5/6≤Zn/Al 比值 <1 时，形成的第二相为 $Mg_{32}(Al,Zn)_{49}$ 相和 $Al_2Mg_5Zn_2$ 相；当 Zn/Al 比值 ≥1 时，形成的第二相为 $Mg_{32}(Al,Zn)_{49}$ 相和 MgZn 相。根据图 6-4，Mg-Zn-Al 合金的显微组织主要由 α-Mg 基体、τ-$Mg_{32}(Al,Zn)_{49}$ 相和 φ-$Al_2Mg_5Zn_2$ 相组成，没有发现 MgZn 相存在。随着 Zn 含量的增加，τ-Mg_{32} (Al，Zn)$_{49}$ 相和 φ-$Al_2Mg_5Zn_2$ 相的数量增多，合金的相组成发生了较大变化。τ-$Mg_{32}(Al,Zn)_{49}$ 相的构成也发生了变化，使 XRD 结果中许多峰值发生了一定程度的偏移。

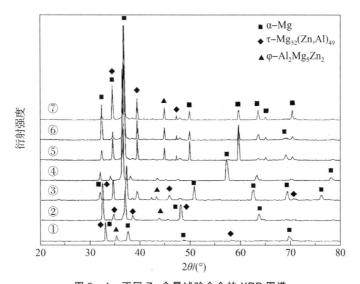

图 6-4 不同 Zn 含量试验合金的 XRD 图谱

①6-2-1#合金；②6-2-2#合金；③6-2-3#合金；④6-2-4#合金；
⑤6-2-5#合金；⑥6-2-6#合金；⑦6-2-7#合金

6.2.3 光学显微组织观察

图 6-5 所示为不同 Zn 含量的试验合金的铸态显微组织。根据图 6-5（a），在 Mg-Zn-Al 合金中，灰色部分代表 α-Mg 基体，生成的第二相主要为条状的 τ-$Mg_{32}(Zn,Al)_{49}$ 相和少量的块状 φ-$Al_2Mg_5Zn_2$ 相。随着 Zn 含量的增加，

合金中的 $\tau - Mg_{32}(Zn, Al)_{49}$ 相和 $\varphi - Al_2Mg_5Zn_2$ 相逐渐增多，并且它们的形貌也发生了显著变化。$\tau - Mg_{32}(Zn, Al)_{49}$ 相由条状生长为长条状，$\varphi - Al_2Mg_5Zn_2$ 相由块状生长为长片状（见图 6 – 5 （b）、（c））。

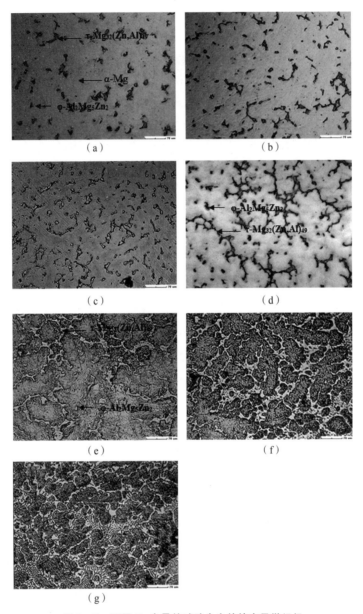

图 6 – 5 不同 Zn 含量的试验合金的铸态显微组织

（a）6 – 2 – 1#合金；（b）6 – 2 – 2#合金；（c）6 – 2 – 3#合金；（d）6 – 2 – 4#合金；

（e）6 – 2 – 5#合金；（e）6 – 2 – 6#合金；（f），（g）6 – 2 – 7#合金

当 Zn/Al 比值为 2 时，ZA105 合金中大部分的 $\tau - Mg_{32}(Zn, Al)_{49}$ 相和少量的 $\varphi - Al_2Mg_5Zn_2$ 相以半连续的长条状或大块状分布在基体中（见图 6 - 5（d））。当 Zn 含量大于 10 wt. % 时，合金的显微组织发生了显著变化，晶粒变得非常粗大，枝晶也变得非常明显，$\tau - Mg_{32}(Zn, Al)_{49}$ 相和 $\varphi - Al_2Mg_5Zn_2$ 相逐渐增多。在 ZA155 合金中，$\tau - Mg_{32}(Zn, Al)_{49}$ 相和 $\varphi - Al_2Mg_5Zn_2$ 相分布在晶界处[23]，并沿晶界分布，$\tau - Mg_{32}(Zn, Al)_{49}$ 相呈粗大的网状分布，$\varphi - Al_2Mg_5Zn_2$ 相呈块状。ZA205 和 ZA255 生成的 $\tau - Mg_{32}(Zn, Al)_{49}$ 相和 $\varphi - Al_2Mg_5Zn_2$ 相也呈粗大的网状分布，但比 ZA155 更密集和更多（见图 6 - 5（e）、（f）、（g））。

6.2.4　显微组织 SEM 观察与 EDS 能谱分析

图 6 - 6 所示为 6 - 2 - 1# （ZA45）合金铸态的 SEM 形貌和各点的 EDS 能谱。由图 6 - 6（a）中狭长骨骼状的相，经 EDS 能谱分析（见图 6 - 6（c））可知，Zn、Al 含量高于 Mg，化学元素成分接近 $\tau - Mg_{32}(Al, Zn)_{49}$ 相；由图 6 - 6（a）中小块状相经 EDS 能谱分析（见图 6 - 6（d））可知，Zn、Al 含量较低，化学组成接近 $\varphi - Al_2Mg_5Zn_2$ 相，所以狭长骨骼状的相为 $\tau - Mg_{32}(Zn, Al)_{49}$ 相，小块状相为 $\varphi - Al_2Mg_5Zn_2$ 相。图 6 - 6（a）中 C 所示区域放大图如图 6 - 6（b）所示，D 点的 EDS 分析如图 6 - 6（e）所示，化学成分中 Zn、Al 含量介于 τ 相和 φ 相之间，应该是液相与 $\varphi - Al_2Mg_5Zn_2$ 相发生包晶反应生成 $\tau - Mg_{32}(Al, Zn)_{49}$ 相的过程中，反应不完全而遗留下来的中间产物，性能不稳定，经过热处理可转化为稳定的三元相 $\tau - Mg_{32}(Al, Zn)_{49}$ 相。

6.2.5　不同 Zn 含量的高锌镁合金的力学性能

1. 硬度

图 6 - 7 所示为不同 Zn 含量对被测合金硬度的关系曲线。从图 6 - 7 中可以看出，测试合金的硬度随 Zn 含量的增大而增大，在 Zn 含量为 25 wt. % 的情况下，合金硬度达 90.6 HB 的最大值，与在 4 wt. % 的情况下相比，硬度提高了 27.7%，原因是随着 Zn 含量的提高，共熔反应形成的 $\varphi - Al_2Mg_5Zn_2$ 相及包晶反应形成的 $\tau - Mg_{32}(Al, Zn)_{49}$ 相的数目随包晶反应而增加，其中，$\tau - Mg_{32}(Al, Zn)_{49}$ 相的显微硬度达到 99 ~ 118 HV，并且这些相在晶内、晶界弥散，显著提升了合金的硬度。

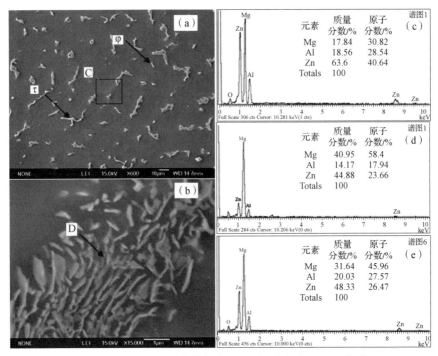

图 6 - 6 6 - 2 - 1# 合金铸态的 SEM 形貌和各点的 EDS 能谱

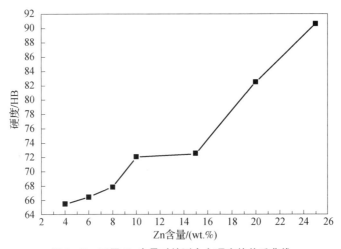

图 6 - 7 不同 Zn 含量对被测合金硬度的关系曲线

2. 拉伸性能

图 6 - 8 所示为常温下不同 Zn 含量与测试合金的拉伸强度和伸长率关系曲线。从图 6 - 8 中可以看出，测试合金的拉伸强度随 Zn 含量的增加先上升后下

降。在 Zn 含量为 10 wt. % 的条件下，合金的拉伸强度达 187.5 MPa，较 Zn 含量为 4 wt. % 的条件下的 156 MPa 提高 20%；在 Zn 含量为 10 wt. % 时，合金的伸长率可达 8.0%，比在 Zn 含量为 4% 的情况下提高 25%。合金的拉伸强度和伸长率先上升后下降，这是因为在 Zn 含量从 4 wt. % 增加至 10 wt. % 的情况下，合金的组成从热裂区向可铸造区过渡，铸造性得到极大的改善，铸造缺陷显著减小，拉伸强度得到提高。该合金在凝固时会形成具有显著强化效果的 $\tau - Mg_{32}(Zn,Al)_{49}$ 相、$\varphi - Al_2Mg_5Zn_2$ 相。因此，Zn 含量的增加在某种程度上可以改善合金的拉伸强度。然而，随着 Zn 含量从 10 wt. % 增加至 25 wt. %，增强相 $\tau - Mg_{32}(Zn,Al)_{49}$ 相和 $\varphi - Al_2Mg_5Zn_2$ 增加并团聚，由于这两种相为脆硬相，故团聚会造成合金拉伸强度下降。

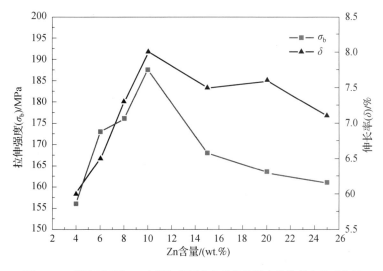

图 6-8　常温下不同 Zn 含量与被测合金的拉伸强度及伸长率关系曲线

3. 冲击韧度

图 6-9 所示为被试合金与 Zn 含量的室温冲击韧度关系曲线。从图 6-9 中可以看出，被测合金的冲击韧度随 Zn 含量的增大而迅速降低，在 Zn 含量为 4 wt. % 时达到 14.3 J/cm²；在 Zn 含量为 25 wt. % 时，冲击韧度降低至 2 J/cm²。这是因为 Zn 含量的增加，会引起增强相 $\tau - Mg_{32}(Zn,Al)_{49}$ 相和 $\varphi - Al_2Mg_5Zn_2$ 相的增加和聚集，从而对基体产生割裂效应，使合金冲击韧度大大降低。当 $\tau - Mg_{32}(Zn,Al)_{49}$ 相和 $\varphi - Al_2Mg_5Zn_2$ 相含量太高时，晶界上析出物的数目也会增加，并且会发生聚集、长大，导致晶界上的黏附力下降。随着冲击应力的增大，材料的晶界更易出现断裂，材料的冲击韧度也随之下降。

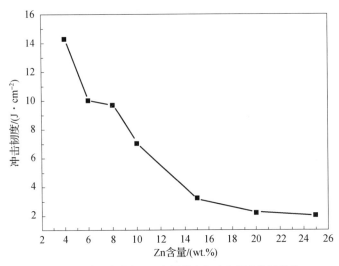

图 6-9　被试合金与 Zn 含量的室温冲击韧度关系曲线

|6.3　Sb 合金化 |

在 Mg - Sb 合金中，Sb 既可以使镁合金中的晶粒细化（细晶强化），又可以与其他元素形成弥散的高熔点化合物，阻碍位错的移动和合晶界滑移（弥散强化），进而改善 Mg - Sb 合金的高温强度和蠕变性能。因此，Sb 合金化可以得到极具应用前景、高强度、高韧性的镁合金。

Sb 既可以单独添加到镁合金中，也可以和稀土元素、其他合金元素一起添加，因此，Sb 可以全面参与到耐热镁合金的合金化过程中，得到广泛使用。

6.3.1　单独以合金元素加入

汪正保等[24]对 Sb 在 AZ91 镁合金中结构及性能的影响进行了讨论。研究发现，Sb 以两种形态在 AZ91 镁合金中存在，一种是以 β - Mg$_{17}$Al$_{12}$ 相存在，另一种是以 Mg$_3$Sb$_2$ 形态析出。Sb 元素可使 AZ91 镁合金微观结构更加精细，Mg$_{17}$Al$_{12}$ 相形貌、分布更加均匀，同时可生成新的 Mg$_3$Sb$_2$ 增强相，显著提高合金拉伸强度。在 150～200 ℃ 的温度下，加入微量 Sb 能够明显地延长合金在高温下的蠕变寿命，并且大幅度地降低稳态蠕变速率。在常温下，合金的强韧化主要是由于晶粒细化引起的晶界强化，但在较高温度时，主要是由于 Mg$_3$Sb$_2$

颗粒的弥散强化机理。

杨景红等[25,26]对 Sb 在 AZ31 镁合金中的作用进行了探讨，发现在 AZ31 合金中添加 Sb 可有效改善合金微观结构，并可获得高熔点且弥散分布的 Mg_3Sb_2 析出相，占 20% 左右，有效抑制位错移动，大幅提升合金室温及抗高温蠕变性能。当加入 0.84% Sb 后，可使稳态蠕变速率降低 2.5 倍，并明显延长合金蠕变寿命。

杨明波等[27,28]研究了 Sb 对含 Si 镁合金（AS 系列）的微观结构及强度的影响。结果表明，Sb 的加入可使 Mg_2Si 相由汉字状转变为短杆状和条状，并可细化 Mg_2Si 相尺寸。适当地添加 Sb，则可使 Mg_2Si 相在热处理过程中的性能得到进一步的提高。但当 Sb 含量大于某一数值时，Mg_2Si 相在晶界处会发生大量的偏聚并粗化，使合金力学性能降低。

刘子利等[29,30]研究了在 AE41（Mg－4Al－1Re）镁合金中，Sb 对合金微观结构及力学性能的影响。研究发现添加 Sb 后，Sb 倾向与 Re 发生反应，生成以 Re_2Sb 为主的高熔点弥散颗粒质点，而枝条状 $Al_{11}Re_3$ 相数量和尺寸下降。在降低 $Al_{11}Re_3$ 对基体的割裂作用的同时，利用 Re_2Sb 颗粒的弥散强化及 Sb、Re 等元素的固溶强化，使合金在室温、高温下的力学性能，特别是塑、韧性得到改善。另外，Sb 元素对提高合金的抗高温蠕变性能具有较好的效果。但是，过多的 Sb 含量会导致材料的强度、耐热性等性能下降。

6.3.2　与稀土元素联合加入

杨忠等[31]研究了 Sb 及混合稀土对 AZ91 镁合金流动性及结晶温度的影响。结果表明，加入 0.4% 的 Sb，可使 AZ91 合金的流动性增加 34%，并使结晶温度降低 16 ℃；加入 0.8% 的混合稀土后，使合金的流动性能增加 26%，结晶温度间隔缩短 21 ℃；当添加复合稀土含量为 0.8%、Sb 含量为 0.4% 时，合金的流动性能增加 31%，结晶温度间隔减少 28 ℃。在 AZ91 镁合金中，Sb 和 Mg 结合形成短棒状金属间化合物，而混合稀土和 Al 结合形成片状金属间化合物，二者均能对 AZ91 镁合金进行细化。

王东军等[32]研究了在 AZ31 镁合金中 Sb 及混合稀土元素对合金铸态及高温变形行为的影响。结果表明，在 AZ31 镁合金中加入 0.5% Sb、1.0% 混合稀土，可改善合金流动性能，并降低液相线温度 46 ℃。AZ31 镁合金随变形温度的升高和应变速率的降低，变形抗力逐渐减小；而加入 1% 复合稀土和 1% Sb 后，合金的变形抗力提高，对动态再结晶有明显的促进作用。

6.3.3　与其他元素联合加入

游志勇等[33,34]通过 ZA105 合金中 Sb 含量的变化，对合金微观组织及机械性能进行了研究。试验结果显示，对于 Mg－10Zn－5Al－2Cu 型高锌镁合金，添加 0.1 wt.％ Sb 时，合金组织得到最大程度的细化，综合力学性能达到最佳，冲击韧度最大为 6 J/cm²，与不添加 Sb 的情况相比，可提高 50％。在添加 0.2 wt.％ Sb 的情况下，材料的拉伸强度最高可达 195 MPa，与未加入 Sb 的情况相比，可提高 5.4％。

1. 试验合金的化学成分

试验合金的化学成分如表 6－3 所示。

表 6－3　试验合金的化学成分

质量分数/% 试样	Al	Zn	Mn	Cu	Sb	Mg
6－3－1#	4.89	9.87	0.19	1.92	—	bal
6－3－2#	4.85	9.92	0.21	1.88	0.09	bal
6－3－3#	4.88	9.94	0.17	1.94	0.18	bal
6－3－4#	4.92	9.89	0.21	1.96	0.39	bal
6－3－5#	4.91	9.93	0.22	2.01	0.57	bal
6－3－6#	4.87	10.02	0.18	1.95	0.78	bal

注：bal 表示试验合金除表中元素外，剩余成分为 Mg

2. 不同 Sb 含量 ZA105 高锌镁合金的显微组织

（1）XRD 物相分析。

通过对试验合金的 XRD 图谱图 6－10 中①进行分析，可以发现不含 Sb 的 6－3－1# 合金的微观组织主要是由 α－Mg 基体、τ－Mg$_{32}$（Al，Zn）$_{49}$ 相、φ－Al$_2$Mg$_5$Zn$_2$ 相和 MgZnCu 相构成的。加入 Sb 后，X 射线衍射图谱上出现新的衍射峰，与标准衍射卡片（简称 PDF 卡）进行详细的比较，发现新的衍射峰与 Mg$_3$Sb$_2$ 相的衍射峰完全一致，如图 6－10 中②所示。Mg$_3$Sb$_2$ 相为高熔点（1 245±5）℃的六方 D5$_2$ 结构相，主要成分为 τ－Mg$_{32}$（Al，Zn）$_{49}$ 相和基体中出现的黑色弥散颗粒结构。

（2）光学显微组织观察。

图 6－11 所示为不同 Sb 含量的试验合金的铸态微观结构。从图 6－11 可以看出，试验合金具有离异共晶组织的特性，基体为镁基固溶体，沿晶界分布着大量的共晶化合物。图 6－11（a）所示为 6－3－1# 复合材料无 Sb 合金的微观结构，可以看到合金

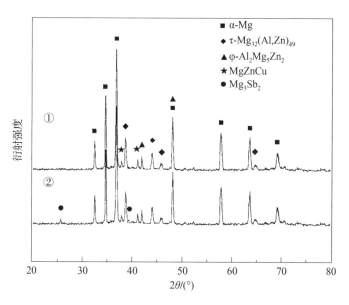

图 6 - 10　试验合金的 XRD 图谱

组织较为粗大。在 α - Mg 基体中发现了少量的 τ - Mg$_{32}$(Al,Zn)$_{49}$ 相和 φ - Al$_2$Mg$_5$Zn$_2$ 相，其中，τ - Mg$_{32}$(Al,Zn)$_{49}$ 相为半连续的长条状结构；φ - Al$_2$Mg$_5$Zn$_2$ 则为块形结构；鱼骨状相是由一定数量的 Cu 在 τ - Mg$_{32}$(Al,Zn)$_{49}$ 相中生成的一种 MgZnCu 相[35]。从图 6 - 11（b）可看出，在添加 0.1 wt.% Sb 后，6 - 3 - 2# 合金的微观组织得到了细化，τ - Mg$_{32}$(Al,Zn)$_{49}$ 相由半连续的长条状变短或呈块状，且单位体积内相的数量增加，与此同时，在 τ - Mg$_{32}$(Al,Zn)$_{49}$ 相和 φ - Al$_2$Mg$_5$Zn$_2$ 相上，出现了一些黑色的弥散颗粒 Mg$_3$Sb$_2$ 相。从图 6 - 11（c）可看出，当 Sb 含量达到 0.2 wt.% 的时候，合金的微观组织变得更加精细，τ - Mg$_{32}$(Al,Zn)$_{49}$ 相和 φ - Al$_2$Mg$_5$Zn$_2$ 相以块状的小颗粒较均匀地分布在 α - Mg 基体中，黑色颗粒组织的 Mg$_3$Sb$_2$ 相数量增加，并且开始出现针状的 Mg$_3$Sb$_2$ 相。Mg$_3$Sb$_2$ 相的数量随 Sb 含量的提高不断增加，当达到某一值时，Mg$_3$Sb$_2$ 相会在晶界处发生偏聚[36]，并呈针状生长，如图 6 - 11（d）、（e）和（f）所示。

（3）显微组织 SEM 观察与 EDS 能谱分析。

图 6 - 12 所示为 6 - 3 - 2# 试验合金的 SEM 图和 EDS 分析结果。图 6 - 12（b）灰黑色区域代表 α - Mg 基体，有微量 Zn、Al 原子固溶其中；图 6 - 12（c）为半连续网状分布相 τ - Mg$_{32}$(Al,Zn)$_{49}$ 相，在相上发现了 MgZnCu 结构；图 6 - 12（d）块状相为 φ - Al$_2$Mg$_5$Zn$_2$ 相；图 6 - 12（e）为鱼骨状 MgZnCu 相。

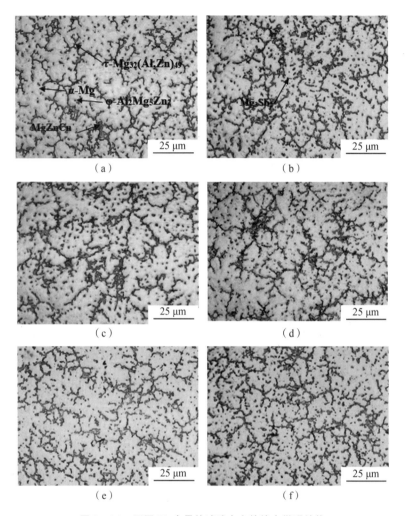

图 6 - 11　不同 Sb 含量的试验合金的铸态微观结构

(a) 6 - 3 - 1#合金；(b) 6 - 3 - 2#合金；

(c) 6 - 3 - 3#合金；(d) 6 - 3 - 4#合金；

(e) 6 - 3 - 5#合金；(f) 6 - 3 - 6#合全

图 6 - 13 所示为 6 - 3 - 6#合金中针状相的 SEM 图和 EDS 分析结果，可以看到在 5 000 倍的放大镜下，Mg_3Sb_2 相呈现出非常明显的针状形貌。

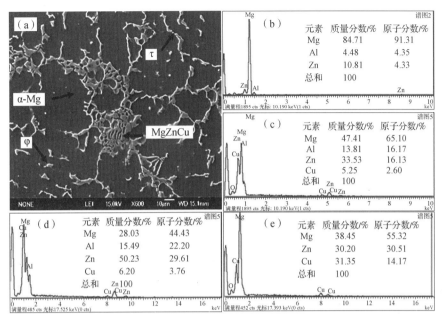

图 6-12 6-3-2#试验合金的 SEM 图和 EDS 分析结果

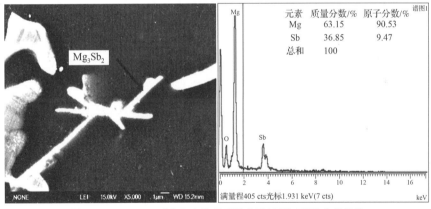

图 6-13 6-3-6#合金中针状相的 SEM 图和 EDS 分析结果

3. 不同 Sb 含量 ZA105 高锌镁合金的力学性能分析

（1）硬度。

图 6-14 所示为 Sb 含量与试验合金的硬度的关系曲线。从图 6-14 可以看出，测试合金的硬度随 Sb 含量的增大而增大。当 6-3-1# 基合金无 Sb 时，其硬度为 71.2 HB。Sb 含量越高，合金硬度越高。在 6-3-6# 合金中，添加 0.8 wt.% 的 Sb 后，其硬度最高可达 75.9 HB，与 6-3-1# 相比提高了 7.19%。

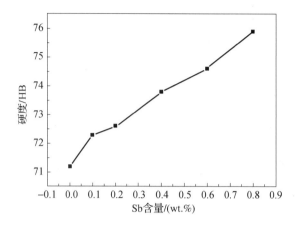

图 6-14　Sb 含量与试验合金的硬度的关系曲线

Sb 的添加在一定程度上改变了合金的铸态结构。首先，Sb 在镁中的溶解度很低，这是因为 Sb 具有比镁更大的原子半径。Sb 在镁合金 α-Mg 晶粒表面吸附，使合金的 α-Mg 表面能下降，α-Mg 晶粒长大速率减慢，达到细化晶粒的目的。由于 Sb 在 τ-Mg$_{32}$(Al,Zn)$_{49}$ 相和 φ-Al$_2$Mg$_5$Zn$_2$ 相不同晶面上的吸附量存在差异，表面张力大的晶面吸附 Sb 的量多，Sb 抑制晶面的长大，从而改善两相的晶粒形貌。其次，Sb 和 Mg 生成的 Mg$_3$Sb$_2$ 相熔点高达 1 228 ℃，使 Mg$_3$Sb$_2$ 相在凝固时先沉淀析出。由于 Mg$_3$Sb$_2$ 与 α-Mg 的低指数晶面的错配度基本满足共格条件，在不存在新的非自发形核的前提下，部分 Mg$_3$Sb$_2$ 颗粒将先作为 τ-Mg$_{32}$(Al,Zn)$_{49}$ 相和 φ-Al$_2$Mg$_5$Zn$_2$ 相非均质形核的质点[37]。不能起到形核作用的 Mg$_3$Sb$_2$ 相，则会在初生 α-Mg 晶界前沿聚集，阻止其进一步长大，进而导致基体微观结构的细化。当 Sb 含量超过 0.2 wt.% 后，Mg$_3$Sb$_2$ 相会逐步转变成针状相，同时，越聚越多的 Mg$_3$Sb$_2$ 相因其自身的硬脆性，对合金硬度也有一定的影响。

（2）拉伸性能。

图 6-15 所示为试验合金在室温下的拉伸强度和伸长率与 Sb 含量的关系曲线。观察图 6-15 中的数据可得出：随着 Sb 含量的增加，合金的拉伸强度先增加后降低。当 Sb 含量为 0.2 wt.% 时，合金的拉伸强度达到峰值为 193 MPa，相比不添加 Sb 时提高了 7.2%；伸长率达到 9.3%，相比不添加 Sb 时提高了 16%。

拉伸强度和伸长率提高的主要原因是根据霍尔-佩奇公式 $\Delta\sigma = Kd^{-1/2}$，式中 $\Delta\sigma$ 表示材料的屈服强度增加量；K 为常数，$K = 0.28$；d 表示晶粒的平均尺寸。镁合金具有低对称性和滑移系数量少的特性，因而具有显著的细晶强化效应。

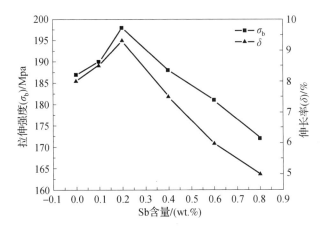

图 6 - 15　试验合金在室温下的拉伸强度及伸长率与 Sb 含量的关系曲线

当 Sb 含量低于 0.2 wt. % 时，合金中会形成大量弥散分布的 Mg_3Sb_2 颗粒相，它们能够吸附在晶粒表面，阻碍晶粒长大，进而细化晶粒。部分 Mg_3Sb_2 颗粒相还会成为合金中 $\tau - Mg_{32}(Al, Zn)_{49}$ 相和 $\varphi - Al_2Mg_5Zn_2$ 相形核的异质核心，从而细化了 $\alpha - Mg$ 的晶粒。晶粒度越小，合金的拉伸强度越高。在 $\alpha - Mg$ 晶粒细化过程中，晶界的数目成倍地增多，对位错的移动产生很大的阻碍作用，使材料的拉伸强度和伸长率得到了提高。当 Sb 加入基体合金中时，其固溶度非常低，会与 Mg 形成 Mg_3Sb_2 颗粒相。热稳相 Mg_3Sb_2 相和 $\tau - Mg_{32}(Al, Zn)_{49}$ 相因为熔点高、热稳定性好，也会阻碍位错的移动，使基体的位错密度增大，提高合金的拉伸强度。当 Sb 含量超过0.2 wt. % 后，Mg_3Sb_2 颗粒相将在晶界富集和生长，形成针状组织，而针状 Mg_3Sb_2 相将对基体造成割裂效应，使基体拉伸强度和延展性下降。

（3）冲击韧度。

图 6 - 16 所示为试验合金与 Sb 含量的冲击韧度关系曲线。从图 6 - 16 中可以看出，随着 Sb 的添加，合金的冲击韧度先增加后减小。当 Sb 含量为 0.1 wt. % 时，合金的冲击韧度达到最大值为 7.4 J/cm^2，相比不添加 Sb 时提高了48.8 %。而当 Sb 含量超过 0.1 wt. % 时，合金的冲击韧度逐渐下降。这是由于当 Sb 含量达到 0.1 wt. % 时，$\tau - Mg_{32}(Al, Zn)_{49}$ 相和 $\varphi - Al_2Mg_5Zn_2$ 相的分布从连续的条状变成了半连续或块状，晶粒尺寸变小，细晶的总界面面积增大。随着裂纹的扩展，材料的冲击韧度得到了提高。但是，过多的 Sb 含量使 Mg_3Sb_2 在基体中生成大量的晶粒，晶粒间相互聚集、生长成针状组织，割裂了基体，使镁合金在冲击下极易发生断裂，降低了镁合金的冲击韧度。

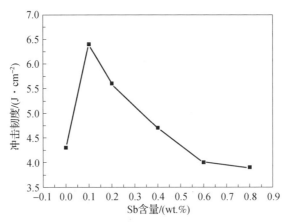

图 6 – 16　试验合金与 Sb 含量的冲击韧度关系曲线

（4）拉伸断口形貌。

图 6 – 17 所示为 6 – 3 – 2#合金和 6 – 3 – 6#合金的室温断口 SEM 形貌。结果表明，6 – 3 – 2#镁合金的断裂口形貌为河流花样，河流底部分布颗粒状形貌的第二相，断口表面呈不规则状，有大量的裂纹，断裂方式既有沿晶断裂，又有穿晶断裂，以沿晶断裂为主。造成这一缺陷的形成原因主要是由于 Mg_3Sb_2、$\tau – Mg_{32}(Al,Zn)_{49}$ 以及 $\varphi – Al_2Mg_5Zn_2$ 三种相结构发生了变化，从最初的连续网状变成半连续的长条状、块状。当受到拉应力时，它们会明显降低裂纹沿晶界扩展的能力，使微裂纹沿三个相的界面处扩展，从而导致沿晶断裂（见图 6 – 17（b））。合金组织中有较多的缩松现象，在界面处产生微裂纹，并沿基体进行了扩展，在断口面上出现大量显微缩松连成一片。如图 6 – 17（a）和（c）所示，河流花样的方向各不相同，在断口上有高的撕裂棱，撕裂棱的间距很小，表明合金的强韧性优于其他合金。但是，当 Sb 含量提高时，Mg_3Sb_2 相发生富集、长大，形成了针状结构，严重割裂基体，降低了合金的强度和韧度（见图 6 – 17（d））。

（5）Sb 对 ZA105 高锌镁合金力学性能强化机理分析。

Sb 的添加增强了基体镁合金的机械性能，其作用机制可归结为三点：

①晶粒细化造成的。加入 Sb 后，基体镁合金的晶粒进一步细化，细晶强化是改善材料力学性能的重要手段。按照霍尔 – 佩奇公式，减小晶粒度可以提高材料的强度，Sb 的加入使基体镁合金的拉伸强度、冲击韧度得到极大的改善。

②第二相的增强作用。在常规铸造条件下，Sb 可与 Mg 发生反应，生成 Mg_3Sb_2 颗粒相，低于 930 ℃，生成 $\alpha – Mg_3Sb_2$ 相；高于 930 ℃，生成 $\beta – Mg_3Sb_2$

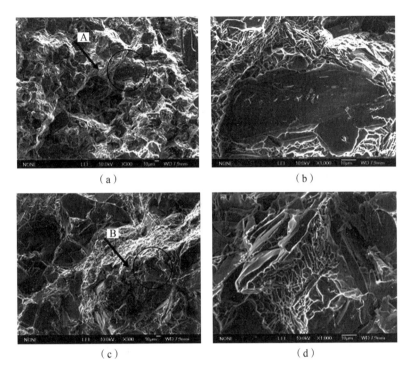

图 6-17　6-3-2#合金和 6-3-6#合金的室温断口 SEM 形貌

(a)、(b) 6-3-2#合金；(c)、(d) 6-3-6#合金

相。$\alpha-Mg_3Sb_2$ 相的稳定性将直接影响材料的力学性能。$\alpha-Mg_3Sb_2$ 相的稳定性可由形成能进行评价，由式（6.14）计算得出，$\alpha-Mg_3Sb_2$ 相的平均到每个原子的形成能为 $\Delta H=-0.982$（eV），为负的形成能，表明 $\alpha-Mg_3Sb_2$ 为相对稳定的状态。

$$\Delta H=(E_{tot}^{Ax,By}-xE_{tot}^{A}-yE_{tot}^{B})/(x+y) \qquad (6.14)$$

式中，$E_{tot}^{Ax,By}$ 表示 $\alpha-Mg_3Sb_2$ 在平衡态时的总能；E_{tot}^{A} 和 E_{tot}^{B} 分别表示物质 A 和 B 在单质情况下的总能；x 和 y 分别表示每个晶胞中含原子 A 和 B 的个数。

③固溶体的增强作用。Sb 在镁合金中溶解度很低，在镁合金中可形成间隙固溶体。固溶体的形成使镁合金具有更高的强度、硬度等特点。

④$\alpha-Mg_3Sb_2$ 相在 $\alpha-Mg$ 基体内或 $\tau-Mg_{32}(Al,Zn)_{49}$ 相上（晶界处）弥散均匀分布。部分 $\tau-Mg_{32}(Al,Zn)_{49}$ 相和 $\varphi-Al_2Mg_5Zn_2$ 相也以 Mg_3Sb_2 作为异质形核质点结晶并长大。在凝固过程中，$\alpha-Mg_3Sb_2$ 颗粒增强相可吸附在晶粒表面，阻碍晶粒的长大，抑制 $\alpha-Mg$ 相和 $\tau-Mg_{32}(Al,Zn)_{49}$ 相的生长，阻碍裂纹的沿晶界扩展，使合金的冲击韧度和拉伸强度得到提高。

⑤合金粒子的高熔点和高稳定性。按照 Orowan 位错环理论，在外力作用下，

当基体发生变形时，会产生位错滑移现象。由于要绕过 $\alpha - Mg_3Sb_2$，晶粒相需要较大的应力，因而会对位错滑移产生很强的阻力。由此推测，$\alpha - Mg_3Sb_2$ 在一定程度上对基体起到了一定的保护作用，并具有一定的增强效应，从而使基体具有较高的拉伸强度和冲击韧度。

|6.4 Cu 合金化|

6.4.1 Cu 合金化研究现状

黄晓锋等[38]对 $Mg - 7Zn - 0.2Ti - xCu$ 镁合金的非枝晶组织的演变过程和机制进行了讨论。在铸造状态下，合金的微观结构以白色的 $\alpha - Mg$ 为基体，黑色的共晶结构以 $\alpha - Mg + CuMgZn + MgZn_2 + Mg_4Zn_7$ 为主。从图 6 - 18、图 6 - 19 可以看出，在 $Mg - 7Zn - 0.2Ti - xCu$ 合金中，Cu 含量的改变对合金非枝晶结构有很大的影响。

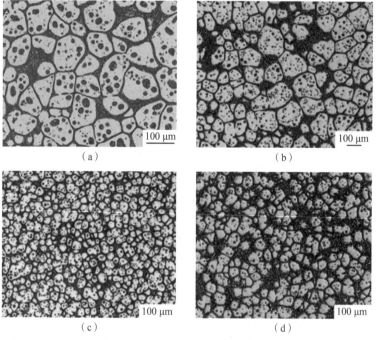

（a）　　　　　　　　　　　　　　（b）

（c）　　　　　　　　　　　　　　（d）

图 6 - 18　Mg - 7Zn - 0.2Ti - xCu 镁合金在 600 ℃下保温 30 min 的组织

（a）x = 0；（b）x = 0.5；（c）x = 1.0；（d）x = 1.5

在 Mg－7Zn－0.2Ti 合金中的固相颗粒粗大且不圆整，中间存在大量的大液池（见图 6－18（a））。这种液池是通过合金中的微粒共晶组织的熔化而形成的。当加入 0.5%（质量分数）的 Cu 后，粗大固相颗粒开始减少，并且产生细小的固相颗粒（见图 6－18（b））。当 Cu 添加量达到 1.0%（质量分数）时，铜对非树状晶组织的改善作用最大。在 Mg－7Zn－0.2Ti－1Cu 合金中，非枝晶组织的颗粒变得更细且形状规则（见图 6－18（c）），固相颗粒的平均尺寸为 43.12 μm，形状因子为 1.46，固相的含量为 59.77%，符合触变成形的要求。当 Cu 含量进一步增加到 1.5%（质量分数）时，Mg－7Zn－0.2Ti－1.5Cu 合金中的半固态组织中的固相颗粒大小和形状因子相对增大，如图 6－18（d）和图 6－19 所示。

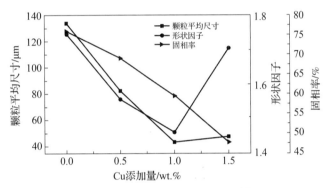

图 6－19　Mg－7Zn－0.2Ti－xCu 镁合金在 600 ℃下保温 30 min
的颗粒平均尺寸、形状因子和固相率

出现上述现象的主要原因是添加 Cu 使合金在凝固时成分过冷增大，使镁元素在合金中的扩散速度减慢，阻碍了 α－Mg 的生长。在镁合金的表面，有大量的溶质原子富集，阻碍镁合金的晶粒生长[39,40]。在不添加 Cu 的情况下，合金中的共晶组织以弥散状分布在基体上。在进行等温热处理时，先熔化的共晶组织不能将粗大的晶粒分离出来，只会在晶粒内部形成液池，导致半固态组织由粗大的固相颗粒和包裹在其中的液池构成；在 Cu 质量分数为 0.5% 的情况下，一些共晶结构在晶界上形成半连续的网状结构，对固相颗粒的分离起到有利的作用。当 Cu 含量达到 1.0%（质量分数）时，共晶结构在晶界上呈半连续或连续网状结构，使铸态组织细化，易于获得细化的固体颗粒[41]。采用等温处理，使分散在晶界处的共晶结构溶解，并将基体包裹，渗入到亚晶界处。此外，液相在晶界处的分布，促进溶质原子的扩散，使固体颗粒的边界因熔点降低发生了部分熔化[42,43]；当铜的质量分数为 1.5% 时，合金的晶界发生了显著的偏聚。在等温热处理后，熔融的共晶结构分割基体为细小的固相颗粒。然而，在熔融状态下，液相因晶界偏析而发生团聚，使固体颗粒互相接触，并在保温过程中发生焊合，使固体颗粒尺寸增大。同时，非枝晶固相颗粒的边界处出现较多的毛刺，使形状因子增大。

Cu 含量、重熔温度、等温热处理时间是影响 Mg－7Zn－0.3Mn－xCu 镁合金半固态结构演化的重要因素[44]。Cu 能促进非枝晶颗粒的分离与球化，当 Cu 质量分数为 1.0% 时，效果最好。对于 Mg－7Zn－0.3Mn－1Cu 镁合金，通过提高保温温度或延长保温时间，可以得到细小且分布均匀的球状颗粒。但是，当保温温度超过 585 ℃ 或保温时间大于 20 min 时，半固态颗粒会出现粗化和长大的现象。

从图 6－20 中可以看出，在 585 ℃ 温度下保温 20 min，不同的 Cu 含量对 Mg－7Zn－0.3Mn－xCu 镁合金的半固态非枝晶组织有不同的影响。在不加入 Cu 的情况下，虽然获得了近球状的非枝晶颗粒，但多数非枝晶颗粒仍紧密结合，难以有效地实现分离。非枝晶颗粒尺寸大、形状不圆整，影响了球化效果（见图 6－20（a））。当 Cu 含量按 0.5%、1.0%、1.5% 等梯度增大时，非枝晶颗粒尺寸减小，外形更加圆整，球化效果明显提高（见图 6－20（b）、（c）和（d））。由图 6－20 可见，Cu 元素的加入对非枝晶颗粒的分离及球化有一定的促进作用。但是，在 Cu 含量为 1.5% 时，由于铸态合金中的晶粒尺寸的差异，非枝晶颗粒有增大的趋势。

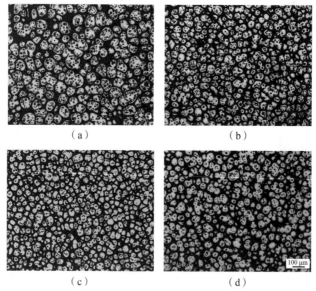

（a）　　　　　　　　　　　（b）

（c）　　　　　　　　　　　（d）

图 6－20　Mg－7Zn－0.3Mn－xCu 合金 585 ℃ 下保温 20 min 的组织

（a）$x=0$；（b）$x=0.5$；（c）$x=1.0$；（d）$x=1.5$

当 Cu 含量为 1.0% 时，非枝晶颗粒尺寸和形状因子最小，分别为 38.85 μm 和 1.39（见图 6 – 21），符合半固态成形对组织的要求（细小、均匀、近球状）。

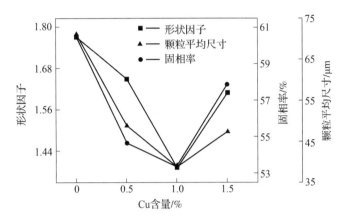

图 6 – 21　Mg – 7Zn – 0.3Mn – xCu 合金在 585 ℃下保温 20 min 的颗粒平均尺寸、
形状因子和固相率

李爱文等[45]在铸造 Mg – 3Zn – xCu – 0.6Zr 镁合金过程中，对 Cu 含量与镁合金时效行为的影响进行了讨论。研究发现，Cu 元素的加入增加了第二相的析出密度、细化了晶粒，并使 Mg + Mg$_2$Cu、CuMgZn 等共晶组织的晶界结构发生了变化。这种高熔点共晶结构可有效抑制晶界滑移，提高材料的高温力学性能。从时效析出的结果可知，Mg – Zn – Cu – Zr 合金中镁基体的 Cu 或 Zn 原子与空位之间可以产生相互结合作用，使淬火后的空位可以有效地保留下来。Cu 元素的加入增强了界面间的相互作用，而通过升高固溶温度来增大空位浓度，只是增加界面间的相互作用的可能性。

Buhal 研究[46]结果表明，与二元 Mg – Zn 合金比较，不管是 T6 处理还是 T4 处理，Cu 的加入可以明显地提高 Mg – Zn 合金的时效峰值硬度，而且还可以缩短达到峰值硬度所需的时间。结果还表明，Cu 对 Mg – Zn 合金的时效强化效果有明显的促进作用。与铝合金等有色合金相似，镁合金的时效析出与形核和空位的分布密切相关[47,48]，空位以及空位（原子）团簇起形核中心的作用。通过添加 Cu 元素，合金的固溶温度升高增加大量的空位浓度，这是由于 Cu 是增强 Mg – Zn 合金时效硬化效应的一个重要因素。

如图 6 – 22 所示，随着 Cu 含量的增加，板条状和六棱柱状的 β – MgZn$_2$ 析出密度增加，同时短条状 β – MgZn 析出相减少，当 Cu 含量超过 1.0% 时，几乎没有 β – MgZn 相析出。

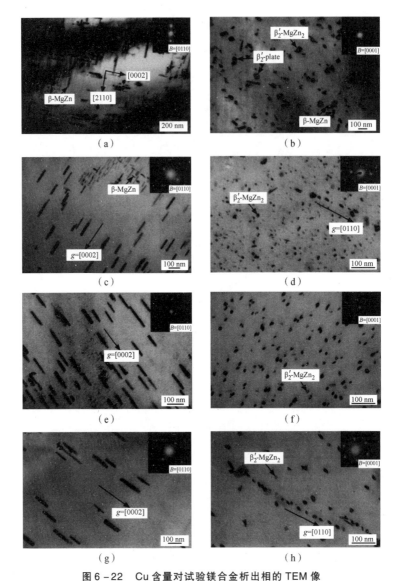

图 6-22　Cu 含量对试验镁合金析出相的 TEM 像

（a），（b）Cu（0.5wt.%）；（c），（d）Cu（1.0wt.%）；

（e），（f）Cu（1.5wt.%）；（g），（h）Cu（2.0wt.%）

6.4.2　Cu 对高锌镁合金的作用

1. 合金的成分

游志勇[49]进行试验时，选择了 Mg-10Zn-5Al-0.1Sb 作为基体合金，添加的
Cu 含量分别为 0.5%、1%、1.5%、2.0%、2.5%和 3.0%，如表 6-4 所示。

表 6 - 4　试验合金的化学成分

质量分数/%　　　试验序号	Al	Zn	Mn	Cu	Sb	Mg
6 - 4 - 1#	4.84	9.65	0.21	—	0.092	bal
6 - 4 - 2#	4.88	9.74	0.22	0.41	0.091	bal
6 - 4 - 3#	4.86	9.86	0.21	0.92	0.089	bal
6 - 4 - 4#	4.91	9.85	0.23	1.41	0.088	bal
6 - 4 - 5#	4.89	9.88	0.20	1.89	0.093	bal
6 - 4 - 6#	4.82	9.78	0.22	2.52	0.087	bal
6 - 4 - 7#	4.93	9.91	0.21	2.86	0.086	bal
注：bal 表示试验合金除表中元素外，剩余成分为 Mg						

2. 不同 Cu 含量 ZA105 高锌镁合金的显微组织

（1）XRD 物相分析。

图 6 - 23 所示为不同 Cu 含量的 ZA105 试验合金的 X 射线衍射图谱。从图 6 - 23 中①可以看出，不含 Cu 的 ZA105 试验合金主要由 α - Mg 基体、τ - $Mg_{32}(Al,Zn)_{49}$ 相和 φ - $Al_2Mg_5Zn_2$ 相构成。在试验合金中加入 Cu 元素后，因为 Cu 在 α - Mg 基体中发生了固溶作用，所以除了 τ - $Mg_{32}(Al,Zn)_{49}$ 相和 φ - $Al_2Mg_5Zn_2$ 相以外，还生成了 MgZnCu 相，见图 6 - 23 中②。

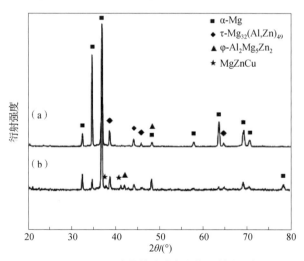

图 6 - 23　不同 Cu 含量的试验合金的 X 射线衍射图谱

（a）6 - 4 - 1#合金；（b）6 - 4 - 2#合金

（2）光学显微组织观察。

图 6-24 所示为不同 Cu 含量的试验合金的铸态显微组织。从图 6-24（a）可以看出，在不含 Cu 的 6-4-1# 合金中，灰色的基体是 α-Mg 相，半连续长条状 τ-Mg$_{32}$（Al，Zn）$_{49}$ 相和块状 φ-Al$_2$Mg$_5$Zn$_2$ 相分布在晶界附近。由图 6-24（b）~（g）可知，在 6-4-2# 合金和 6-4-3# 合金晶界上分布的半连续长条状 τ 相变短，6-5-3# 合金的 τ-Mg$_{32}$（Al，Zn）$_{49}$ 相上，出现了黑色鱼骨

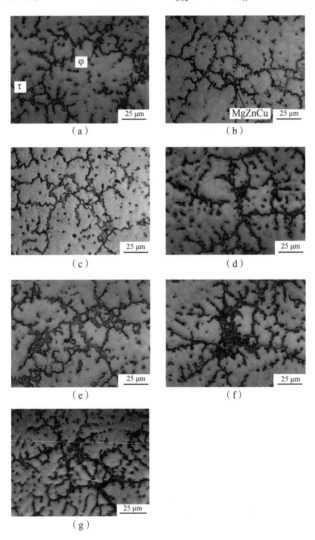

图 6-24　不同 Cu 含量的试验合金的铸态显微组织

（a）6-4-1# 合金；（b）6-4-2# 合金；（c）6-4-3# 合金；（d）6-4-4# 合金；

（e）6-4-5# 合金；（f）6-4-6# 合金；（g）6-4-7# 合金

状 MgZnCu 相，并且内部块状 φ 相增多；在 6 - 4 - 5#合金中，τ 相变成连续的条状，并出现了大量的黑色鱼骨状 MgZnCu 相，且分布均匀。6 - 4 - 6#、6 - 4 - 7#合金的微观结构随 Cu 含量的提高而变得越来越粗大，MgZnCu 相的数量也越来越多，甚至有一些发生了聚集、长大的现象。

（3）显微组织 SEM 观察与 EDS 能谱分析。

图 6 - 25 所示为 6 - 4 - 5#试验合金的扫描组织形貌和能谱图。在图 6 - 25（a）中，大多数的灰色区域是 α - Mg 基体，其组成见图 6 - 25（b），部分 Zn 和 Al 原子固溶于其中；半连续的长条组织（见图 6 - 25（c））为 $\tau - Mg_{32}(Al,Zn)_{49}$ 相；孤立的块状相（见图 6 - 25（d））为 $\varphi - Al_2Mg_5Zn_2$ 相，并且在 τ 相及 φ 相中都固溶有一定数量的 Cu 原子。研究发现，鱼骨状新相 Cu 含量比 $\tau - Mg_{32}(Al,Zn)_{49}$ 及 $\varphi - Al_2Mg_5Zn_2$ 更高，并初步推测新相为 MgZnCu。

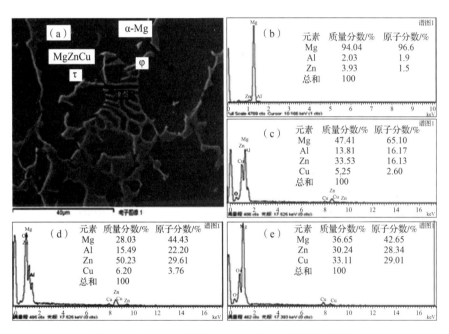

图 6 - 25　6 - 5 - 5#试验合金的扫描组织形貌和能谱图

3. 不同 Cu 含量 ZA105 高锌镁合金的力学性能

（1）硬度。

图 6 - 26 所示为试验合金的硬度与 Cu 含量的关系曲线。可知，随着 Cu 含量的增加，合金的硬度先上升后下降。在 Cu 添加量为 2.0 wt.% 的情况下，合金的硬度最高为 79.35 HB，较未添加 Cu 时增加 9.65%。但在 Cu 添加量大于

2.0 wt.%时，合金的硬度有所降低；在 Cu 添加量为 3.0 wt.%时，其硬度达到 74.9 HB，较未添加 Cu 时提高 2.4 HB，原因是 Cu 对合金组织的细化作用。Cu 是一种不能溶解于 Mg 的表面活性物质。在合金凝固时，Cu 元素易在固 – 液 相界面上富集，并在 α – Mg 晶面上吸附，使其表面能下降，组织变得更细。 另外，Cu 与 Mg、Zn 等元素反应生成 MgZnCu，并在凝固过程中首先析出， 成为异质形核的 τ – Mg$_{32}$(Al, Zn)$_{49}$相和 φ – Al$_2$Mg$_5$Zn$_2$相的形核质点；过多 的 MgZnCu 相会积聚在 α – Mg 的界面，抑制 α – Mg、τ – Mg$_{32}$(Al, Zn)$_{49}$以及 φ – Al$_2$Mg$_5$Zn$_2$等相的生长，使合金的微观结构变得更加精细。在 Cu 含量低于 2.0 wt.%的情况下，Cu 的细晶强化作用使合金的硬度增加。但是，在大于 2.0 wt.%的情况下，MgZnCu 相会大量增加，并将一部分 Zn 消耗掉，使合金 的硬度下降。

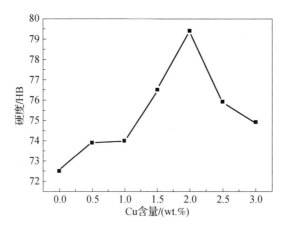

图 6 – 26　试验合金的硬度与 Cu 含量的关系曲线

（2）拉伸性能。

图 6 – 27 所示为 Cu 含量与试验合金在室温下的拉伸强度和伸长率曲线。 由图 6 – 27 可知，随着 Cu 含量的增加，ZA105 合金的拉伸强度、伸长率均呈 先上升后下降的趋势。在未添加 Cu 的情况下，ZA105 合金获得了 161 MPa 的 拉伸强度且伸长率为 6.0 的性能；在 Cu 添加量为 2.0 wt.%的情况下，ZA105 合金的最大拉伸强度为 190 MPa 且伸长率为 8.5，与未添加 Cu 时比，拉伸强 度增加 21.1%，伸长率增加 31.2%；但在 Cu 添加量大于 2.0 wt.%后， ZA105 合金的拉伸强度和伸长率出现明显的降低。在 Cu 含量为 3.0 wt.% 时，ZA105 合金拉伸强度降至 176 MPa，伸长率为 7.1，仍高于不添加 Cu 的 情况。

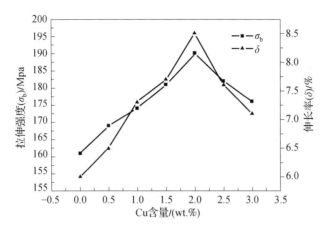

图 6 - 27　Cu 含量与试验合金在室温下的拉伸强度及伸长率曲线

如图 6 - 28 所示，随着 Cu 含量的变化，试验合金的室温及高温拉伸强度曲线。由图 6 - 28 可知，在常温下（20 ℃）与高温下（200 ℃），试验合金的拉伸强度具有相似的变化趋势。在 Cu 添加量为 2.0 wt.% 的情况下，试验合金的室温拉伸强度可达 190 Mpa，高温拉伸强度可达 160 Mpa，与未添加 Cu 的情况相比，室温拉伸强度分别提高 21.1% 和 14.3%，主要是由于添加 Cu 后，Cu 在固 - 液相界面容易富集，且吸附到 α - Mg 的表面，降低 α - Mg 的表面能，阻碍 α - Mg 晶粒的长大，细化 α - Mg 的晶粒尺寸。由霍尔 - 佩奇公式可知，细化晶粒有利于增强合金的性能。此外，镁合金中添加 Cu 后生成了 MgZnCu 相，为热稳定相，可以抑制形变过程中位错的移动，改善材料的力学性能，

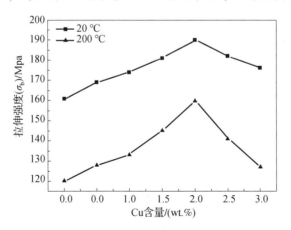

图 6 - 28　试验合金与 Cu 含量的室温和高温拉伸强度曲线

其机理为在镁合金拉伸时，由较软的镁合金基体向硬质强化相 $\tau - Mg_{32}(Al,Zn)_{49}$、MgZnCu 等相转移应力。而增强相的强度比基体高得多，对基体起保护作用，只有施加更大的应力才能克服。由于增强相引起的位错的钉扎作用，使其具有比基体更高的力学性能，从而造成材料的断裂。当 Cu 含量超过2.0 wt. % 时，Cu 元素在第二相中增加，使 MgZnCu 相增加，并在晶界处聚集、生长，晶界周围的应力得不到有效的释放，拉伸过程中 MgZnCu 相生成裂纹，对基体造成割裂，而 Zn 元素在 $\tau - Mg_{32}(Al,Zn)_{49}$ 相的含量降低，从而降低合金的拉伸强度。

（3）冲击韧度。

图 6 - 29 所示为 ZA105 合金与 Cu 含量在室温下的冲击韧度曲线。由图 6 - 29 可知，在 Cu 含量为 2.0 wt. % 的情况下，合金具有 6 J/cm² 的冲击韧度。但在 Cu 添加量大于 2 wt. % 的情况下，合金的冲击韧度有所降低，因为 Cu 的加入对合金的晶粒有一定的细化作用。在合金凝固时，Cu 元素易在固 - 液相界面上富集，并吸附于 $\alpha - Mg$ 晶粒表面，使其表面能下降，进而抑制晶粒生长，使晶粒变细。另外，生成的 MgZnCu 相在晶体前沿富集，阻碍 τ 相和 φ 相的长大，并发生形状变化，使 τ 相从条状变成块状。综上所述，当 Cu 含量为 2.0 wt. % 时，合金的晶粒度最小，冲击韧度也最好；在 Cu 含量大于 2.0 wt. % 的情况下，$Mg_{32}(Al,Zn)_{49}$ 在合金中形成一种粗大连续的网状结构，而鱼骨状 MgZnCu 相则在合金表面大量地聚集和生长，对基体造成切割效应，使合金冲击韧度降低。

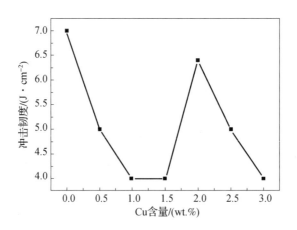

图 6 - 29　ZA105 合金与 Cu 含量在室温下的冲击韧度曲线

|6.5　Al – Ce 合金化|

6.5.1　Al – Ce 基合金强化 ZA105 高锌镁合金的制备

1. Al – Ce 基合金变质强化 ZA105 高锌镁合金的成分

You[50] 将 1.0 wt. %、2.0 wt%、3.0 w% 和 4.0 wt% 的 6 – 5 – 1# Al – Ce 基合金加入 ZA105 高锌镁合金中，观察 Al – Ce 基合金对 ZA105 高镁合金显微组织和力学性能的影响。表 6 – 5 所示为 Al – Ce 基合金的实际化学成分。

表 6 – 5　Al – Ce 基合金的实际化学成分

实际化学成分/（wt. %） 试样名称	Ce	Ti	Sb	Mn	Al
6 – 5 – 1#	39.68	4.98	4.94	0	Bal

2. Al – Ce 基合金对 ZA105 高锌镁合金的组织的影响

（1）XRD 物相分析。

图 6 – 30 所示为添加 4.0 wt. % 6 – 5 – 1# Al – Ce 基合金的 ZA105 的 XRD 图

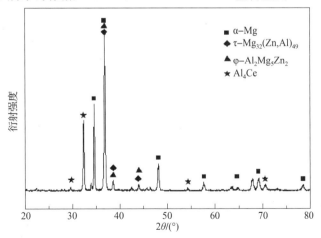

图 6 – 30　添加 4.0 wt. % 6 – 5 – 5# Al – Ce 基合金的 ZA105 的 XRD 图谱

谱。加入 4.0 wt. % 6 - 5 - 1#合金的 ZA105 合金的铸态组织中不但包含 α - Mg 基体相、φ - Al₂Mg₅Zn₂ 相和 τ - Mg₃₂(Al, Zn)₄₉相，还出现一些较低的峰。对这些较低的峰进行分析、对照发现为 Al₄Ce 相，由此可断定在合金中有新的 Al₄Ce 相形成。

（2）光学显微组织观察。

图 6 - 31 所示为加入不同含量 6 - 5 - 1#Al - Ce 基合金的 ZA105 高锌镁合金的显微组织。由上述知道，ZA105 基合金主要由 α - Mg 和 τ - Mg₃₂(Al, Zn)₄₉ 组成。从图 6 - 31 （a） 可以看出，在加入 1.0 wt. % 6 - 5 - 1#合金时，合金中相的组成并未发生变化，但基体的尺寸变得较小，并且合金中的黑色条状相也被细化，形成细小的块状相均匀地分布在合金基体中。从图 6 - 31 （b） 可以看出，当添加 2.0 wt. % 6 - 5 - 1#合金时，合金中的大块长条相基本完全细化，形成小块状分散于合金中，而基体则更加细小。随着 6 - 5 - 1#中间合金的含量不断增加，合金相结构发生明显的变化。首先是在合金中产生了少量的、细长的针状相 Al₄Ce 相（见图 6 - 31 （c）），其次合金的基体开始变得粗大，

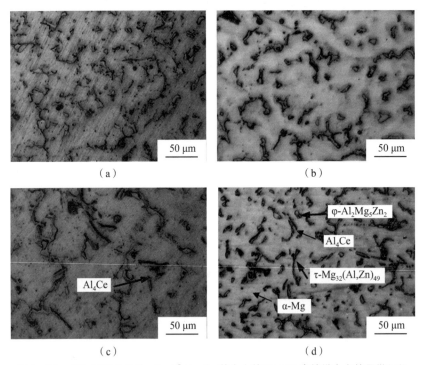

图 6 - 31　加入不同含量 6 - 5 - 1#Al - Ce 基合金的 ZA105 高锌镁合金的显微组织

（a）加 1.0 wt. % 6 - 5 - 1#合金；（b）加 2.0 wt. % 6 - 5 - 1#合金；
（c）加 3.0 wt. % 6 - 5 - 1#合金；（d）加 4.0 wt. % 6 - 5 - 1#合金

块状的第二相逐步连接在一起，形成长条状[51,52]。在加入 4.0 wt.% 6-5-1#合金时，合金中会产生大量的针状相，并且第二相 τ-$Mg_{32}(Al,Zn)_{49}$ 和 φ-$Al_2Mg_5Zn_2$ 的数量也会增多（见图 6-31（d）），但它们均以细小的块状均匀分布在合金基体中，与此同时，合金基体所占面积进一步增大。

图 6-32 所示为加入不同含量 6-5-1#Al-Ce 基合金的 ZA105 高锌镁合金。由图 6-32 可知，在不添加 Al-Ce 基合金的情况下，合金中第二相 τ-$Mg_{32}(Al,Zn)_{49}$ 和 φ-$Al_2Mg_5Zn_2$ 相比较粗大；加入量为 1.0 wt.% 6-5-1#合金时，第二相变得细小，且呈块状分布。当加入 6-5-1#合金为 4.0 wt.% 时，在 ZA105 合金中形成大量细长的针状相 Al_4Ce 相（见图 6-32（b））。所以，从图 6-32 可知，6-5-1#合金的加入，不仅对第二相 τ-$Mg_{32}(Al,Zn)_{49}$ 和 φ-$Al_2Mg_5Zn_2$ 相的形貌和尺寸[53]进行了改善，细化了合金的基体，还引入了新的 Al_4Ce 相。

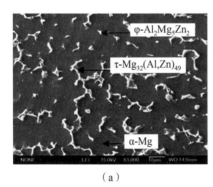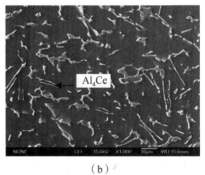

（a）　　　　　　　　　　　　　（b）

图 6-32　加入不同含量 6-5-1#Al-Ce 基合金的 ZA105 高锌镁合金的 SEM 图谱

（a）加入 1.0 wt.% 合金；（b）加入 4.0wt.% 合金

图 6-33 所示为加入 4.0 wt.% 6-5-1#基合金的 ZA105 高锌镁合金的 EDS 能谱分析，灰色部分表示含有少量 Al 和 Zn 原子的 α-Mg 基体。通过 XRD 分析，发现 τ-$Mg_{32}(Al,Zn)_{49}$ 相呈网状结构，φ-$Al_2Mg_5Zn_2$ 相呈小块状分布。

图 6-34 所示为加入 4.0 wt.% 6-5-1#Al-Ce 基合金的 ZA105 高锌镁合金的 EDS 能谱分析。从图 6-34 中可以看出，在加入 4.0 wt.% 6-5-1#Al-Ce 基合金时，ZA105 合金的铸态组织有明显的改变，出现大量细长的针状相 Al_4Ce 相。在图 6-34（a）中，灰色部分表示其中一些 Al 及 Zn 原子被固溶于 α-Mg 基体中；τ-$Mg_{32}(Al,Zn)_{49}$ 相的形态发生改变，从网状变成短条状；φ-$Al_2Mg_5Zn_2$ 相呈块状，紧密均匀分布在基体中。

添加一定量的 Al-Ce 基合金，ZA105 合金中未出现 Al_3Ti、CeSb 复合相，主要与 Sb、Ti 元素的含量有关，镁合金中只含有少量的 Sb、Ti，因此用 EDS、XRD 等测试方法没有发现这两个相。

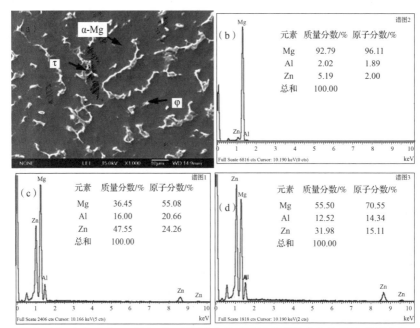

图 6 - 33   加入 4. 0 wt. %6 - 5 - 1#基合金的 ZA105 高锌镁合金的 EDS 能谱分析
(a) ZA105 的 SEM；(b) α - Mg 的 EDS；(c) τ 的 EDS；(d) φ 的 EDS

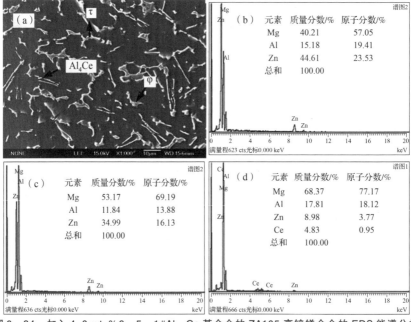

图 6 - 34   加入 4. 0 wt. %6 - 5 - 1#Al - Ce 基合金的 ZA105 高锌镁合金的 EDS 能谱分析
(a) ZA105 的 SEM；(b) τ 的 EDS；(c) φ 的 EDS；(d) Al₄Ce 的 EDS

6.5.2　Al – Ce 基合金强化 ZA105 高锌镁合金的力学性能分析

（1）硬度。

图 6 – 35 所示为加入 6 – 5 – 1$^\#$Al – Ce 基合金的 ZA105 合金的硬度。由图 6 – 35 可知，ZA105 高锌镁合金的硬度随 6 – 5 – 1$^\#$Al – Ce 基合金加入量的增加而增加。当 6 – 5 – 1$^\#$Al – Ce 基合金的加入量小于 2.0 wt% 时，ZA105 高锌镁合金的硬度增加幅度大；当 6 – 5 – 1$^\#$基合金的加入量大于 2.0 wt% 时，ZA105 高锌镁合金的硬度依旧呈上升的趋势，但增加的幅度明显降低；当 6 – 5 – 1$^\#$基合金的加入量为 4.0 wt.% 时，ZA105 高锌镁合金的硬度达到最大值 78.3 HB，比未加入 6 – 5 – 1$^\#$基合金时提高 33.9% 。

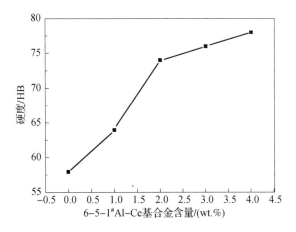

图 6 – 35　加入 6 – 5 – 1$^\#$Al – Ce 基合金的 ZA105 合金的硬度

（2）常温、高温拉伸性能。

图 6 – 36 所示为加入不同含量 6 – 5 – 1$^\#$Al – Ce 基合金的 ZA105 高锌镁合金的常温、高温下的拉伸强度。由图 6 – 36 可知，随着 6 – 5 – 1$^\#$Al – Ce 基合金的加入，ZA105 高锌镁合金的常温、高温拉伸强度先增加后减小。当 6 – 5 – 1$^\#$Al – Ce 基合金的加入量为 2.0 wt.% 时，ZA105 高锌镁合金的常温、高温拉伸强度达到最大值，分别为 195 MPa 和 152 MPa，分别比未加入 6 – 5 – 1$^\#$Al – Ce 基合金提高 8.33% 和 16.92% ；当 6 – 5 – 1$^\#$Al – Ce 基合金的加入量超过 2.0 wt.% 时，ZA105 高锌镁合金的常温、高温拉伸强度明显降低。而且在常温状态下，6 – 5 – 1$^\#$Al – Ce 基合金的加入量为 4.0 wt.% 时，ZA105 高锌镁合金的常温拉伸强度比未加降低 10 MPa。

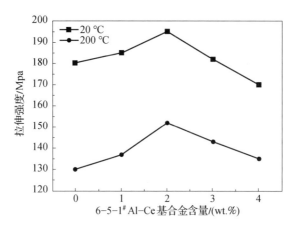

图 6 – 36　加入不同含量 6 – 5 – 1#Al – Ce 基合金的 ZA105 高锌镁合金的常温、高温下的拉伸强度

（3）冲击韧度。

图 6 – 37 所示为加入不同含量 6 – 5 – 1#Al – Ce 基合金的 ZA105 高锌镁合金的冲击韧度。由图 6 – 37 可知，当 6 – 5 – 1#Al – Ce 基合金的加入量小于 1.0 wt.% 时，ZA105 高锌镁合金的冲击韧度随 6 – 5 – 1#Al – Ce 基合金加入量增加而增大；当 6 – 5 – 1#Al – Ce 基合金的加入量为 1.0 wt.% 时，ZA105 合金的冲击韧度达到最大值为 8.45 J/cm^2，比未加入 6 – 5 – 1#Al – Ce 基合金的 ZA105 高锌镁合金提高 16.23%；但随着 6 – 5 – 1#Al – Ce 基合金的加入量大于 1.0 wt.%，ZA105 高锌镁合金的冲击韧度逐渐降低；当 6 – 5 – 1#Al – Ce 基合金的加入量为 4.0 wt% 时，ZA105 高锌镁合金的冲击韧度降至最小值为 5 J/cm^2，比未加入 6 – 5 – 1#Al – Ce 基合金时降低近 30%。

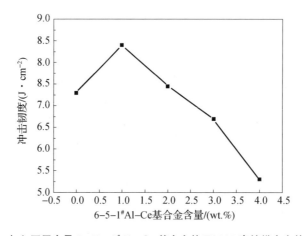

图 6 – 37　加入不同含量 6 – 5 – 1#Al – Ce 基合金的 ZA105 高锌镁合金的冲击韧度

（4）断口形貌。

图 6 - 38 所示常温下加入 6 - 5 - 1$^{\#}$Al - Ce 基合金的 ZA105 高锌镁合金断口的 SEM 形貌。从图 6 - 38 可以看出，在 ZA105 高锌镁合金中添加 6 - 5 - 1$^{\#}$合金，断裂面表现为韧性和脆性的复合断裂面，且脆性的断裂面比例较大。当 6 - 5 - 1$^{\#}$合金为 2.0 wt.％时，ZA105 高锌镁合金的断口形貌呈现出细小的撕裂棱，呈放射状的河流花样，并有部分舌状花纹，属于准解理型；在添加 4.0 wt.％ 6 - 5 - 1$^{\#}$Al - Ce 基合金时，ZA105 高锌镁合金铸态组织呈现出针状、均匀分布的 Al$_4$Ce 相，且微观结构趋于细化，导致断口韧窝较浅，撕裂棱较细，并产生大量二次裂纹，仍为准解理断裂。由于镁合金在高温下发生较大的氧化，难以获得清楚、完整的断裂形态，因此无法进行高温拉伸断裂形态的扫描和分析。

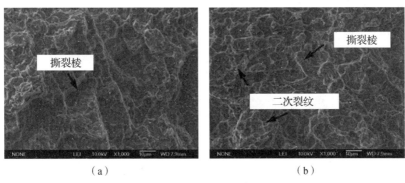

（a）　　　　　　　　　　　　（b）

图 6 - 38　常温下加入 6 - 5 - 1$^{\#}$Al - Ce 基合金的 ZA105 高锌镁合金断口的 SEM 形貌

（a）加入 2.0 wt.％ 6 - 5 - 1$^{\#}$合金；（b）加入 4.0 wt.％ 6 - 5 - 1$^{\#}$合金

6.5.3　Al - Ce 基合金强化 ZA105 高锌镁合金的机理分析

随着 6 - 5 - 1$^{\#}$Al - Ce 基合金的添加量的增大，ZA105 高锌镁合金的硬度有所提高。这是由于 6 - 5 - 1$^{\#}$Al - Ce 基合金中的元素以 Al$_4$Ce 为主，为硬脆相，使 ZA105 高锌镁合金的硬度有明显的提高。同时，Ce 的加入使 ZA105 高锌镁合金的晶粒得到细化，合金硬度得到进一步的提高。此外，6 - 5 - 1$^{\#}$Al - Ce 基合金的添加对 ZA105 高锌镁合金在室温、高温下的拉伸强度、冲击韧度均有一定的改善作用，造成这种情况的主要原因如下：

①细晶强化效应：在 6 - 5 - 1$^{\#}$Al - Ce 基合金的凝固过程中，存在大量的、高熔点、细小的 Al$_3$Ti、Al$_4$Ce、CeSb 及 Al$_6$Mn 粒子，它们在 ZA105 高锌镁合金中首先被析出，并弥散分布于 ZA105 高锌镁合金中，部分作为异质形核质点，加速 ZA105 高锌镁合金的晶粒形核[54]，使合金在室温、高温下的力学性能得到改善。

②弥散强化效应：ZA105 高锌镁合金中存在高熔点的 Al_3Ti、Al_4Ce、$CeSb$、Al_6Mn 等颗粒相弥散分布，这些元素对 ZA105 高锌镁合金在变形过程中产生显著的增强作用，使合金强韧性能得到显著的改善。图 6 - 39 所示为在 ZA105 高锌镁合金中形成 Orowan 位错环的机制。从图 6 - 39 可以看出，ZA105 高锌镁合金在承受外力的情况下，产生位错的滑移。当外加应力增大时，位错不能穿过硬质颗粒点，如 Al_3Ti、Al_4Ce、$CeSb$、Al_6Mn 等，导致位错停止运动。当外力不断增大时，位错只能绕过这些颗粒点向前移动，会在颗粒附近形成下一个位错环，将影响到与位错环同向的其他位错，使位错运动受阻。由于硬质颗粒数量的增多，ZA105 高锌镁合金变形所需的力增加，使 ZA105 高锌镁合金在室温和高温下的拉伸强度得到了提高。

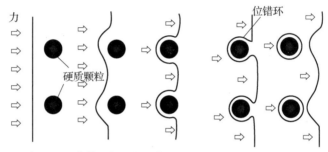

图 6 - 39　在 ZA105 高锌镁合金中位错绕过硬质颗粒形成 Orowan 位错环的机制

③固溶增强效应：由于在合金凝固时，熔体中的一些硬质颗粒在熔体液相前沿聚集，如 Al_3Ti、Al_4Ce、$CeSb$、Al_6Mn，使 Al、Zn 原子在熔体中的扩散阻力和固溶度增加，导致合金在室温、高温下的拉伸强度和冲击韧度得到改善。

④第二相增强：添加 $6-5-1^{\#}Al-Ce$ 基合金，可提高 ZA105 高锌镁合金 Al、Zn 元素的固溶度，导致生成 $\varphi - Al_2Mg_5Zn_2$ 和 $\tau - Mg_{32}(Al,Zn)_{49}$ 相所需的 Al、Zn 原子数目减少，限制两种相的生成。同时，合金中最先析出的 Al_3Ti、Al_4Ce、$CeSb$、Al_6Mn 等高熔点颗粒在合金中聚集[55]，阻碍 $\varphi - Al_2Mg_5Zn_2$、$\tau - Mg_{32}(Al,Zn)_{49}$ 相形核与生长。

|6.6　其他元素合金化|

6.6.1　Al 元素合金化

Al 对镁合金的力学性能有明显的改善，特别是在室温下的屈服强度。

Mg - Al 系合金的屈服强度随 Al 含量的增加而增大，最大至 9%[56]。结果表明，当 Al 的质量分数小于 6% 时，随着 Al 元素的增加，材料的屈服强度提高；在 Al 添加量为 6% 的情况下，Mg - Al 系合金具有较好的强度和塑性。Al 元素对 Mg 的固溶增强效果显著。通过对 Mg - Al 系合金的分析发现，Al 对 Mg - Al 系合金的基面有增强作用，而对棱侧有削弱作用。因此，基面滑移与棱面滑移的临界分切应力（CRSS）在一定程度上得到平衡，这也是多晶体 Mg - Al 系合金随 Al 含量提高，合金屈服强度提高而加工硬化率下降的原因。AZ91 合金是当前使用最多的一种镁合金，当 Al 含量为 9% 时，合金具有较好的机械性能和加工性能。但是，由于 $Mg_{17}Al_{12}$ 主要以基面作为惯性平面，以片状形貌析出，导致合金时效性能远低于普通铝合金[57]。

6.6.2　Ca 元素合金化

在 ZA 系镁合金中加入 Ca，合金高温性能得到明显提高，主要是因为 Ca 和 Al 在晶界上形成热力学稳定的线性 Al_2Ca 相，在高温下起抑制晶界扩散的作用。同时，Ca 对 ZA 系合金中 $Mg_{17}Al_{12}$ 相的生成有一定的抑制作用。在 Al 含量小于 2% 的情况下，合金的微观结构中没有 γ 相存在。Mostafa 等[58]对 Mg - Ca(- Zn) 系合金显微组织进行了研究，发现在无 Al 的 Mg - Ca(- Zn) 体系条件下，合金的铸态结构呈细小球形的共晶相（Mg_2Ca），且分布均匀。Mg_2Ca 相无论是形貌还是热力学稳定性，均有利于改善合金高温力学性能。当 Zn 含量为 1% 时，合金的高温力学性能得到进一步的改善。微观结构分析表明，铸态组织中存在两种第二相，均为片状，一种为 Mg_2Ca，在透射电镜下表现为六边形或三角形，并含有异质位错形核的六方结构；另一种相（化学式数还不清楚）也显示出类似的六方结构，且在基质中均匀分布。两种相位具有一定的位向关系：$(0001)_p // (0001)_m$；$[2\bar{1}\bar{1}0]_p // [10\bar{1}0]_m$。另外，在 Mg - Al - Zn - Si 体系中添加少量的 Ca[59-61]，可将合金中的 Mg_2Si 相由粗大汉字状转变为细长的多边形，提高合金在室温下的强度。

6.6.3　Si 元素合金化

Si 元素在提高合金的耐热性、抗蠕变性能的同时，也提高了合金的流动性。但当 Fe 存在时，Si 元素会降低合金的耐腐蚀性。目前，仅有少数几种镁合金中含有 Si，如 A91、AS21 等。

Si 在镁合金中形成 Mg_2Si 相，通常以粗大汉字状结构存在，导致材料的室温力学性能下降，特别是伸长率。慢的冷却速率更易使 Mg_2Si 相形貌转变为细小弥散分布的多边形状或球状，调控 Mg_2Si 相形貌实现 Mg_2Si 相形貌细化、分布弥散[62]，提高合金综合性能。

在 Mg – Al – Si 体系中，Mg_2Si 相既有汉字状，又有多边形状，两种形态 Mg_2Si 相的形成机理，迄今仍有较大争议。已有研究表明，Mg – Al – Si 合金中汉字状 Mg_2Si 相与多边形状 Mg_2Si 相是经过不同的共晶反应形成的，两者均为离异共晶。具体的相变机制为随着温度的降低，先共晶的镁固溶体析出，当降至一定温度时，进入单变量的三相平衡共晶转变区，此时由于离异共晶，Mg 和 Mg_2Si 完全分离，Mg_2Si 相生长成多边形（块状）的颗粒；当温度达到恒温四相共晶转变时，会同时生成 Mg、Mg_2Si 和 $Mg_{17}Al_{12}$，其中 Mg_2Si 以汉字状形态存在。

而李英民等[63]认为，汉字状 Mg_2Si 相是 Mg – Al 系合金在凝固过程中发生共晶反应时产生的，而多边形状 Mg_2Si 相是在凝固过程中作为初生相形成的，属于先共晶产物。根据 Al 含量对 Mg – Si 相的影响图像，在含 Al 量不超过 9% 时，随着 Al 含量的增加，Mg – Si 二元合金的共晶温度降低，共晶成分点向左移。很显然，在 Si 含量相同的情况下，含 Al 量较低的 Mg – Al – Si 合金更易得到汉字状 Mg_2Si 相，而 Al 含量高的 Mg – Al – Si 合金更易得到多边形状 Mg_2Si 相。

张春香等[64]在 Mg – 8Zn – 4Al – 0.3Mn 合金中，添加不同含量的 Si 发现，当 Si 含量低于 0.36% 时，Si 会通过共晶反应，形成小块或小条状 Mg_2Si 相，分布在晶界或晶界附近。小块或小条状 Mg_2Si 相形成的原因为共晶 Mg_2Si 相析出，残余的 Si 含量低，使 Mg_2Si 相难以长大。共晶 Mg_2Si 相主要沿晶界或界面生长，与 Zn、Al 元素含量高导致 Mg_2Si 相生长缓慢有关。Si 含量大于 0.71%，因非平衡结晶，除少量的小块、小条状共晶 Mg_2Si 相外，还有更粗大的块状及汉字状初生 Mg_2Si 相。

在 Mg – Sn – Si 系三元合金中，Mg_2Si 是硬度较高的金属间化合物。Mg_2Si 颗粒既可增强镁合金的强度，又可改善合金的高温力学性能。但是，Mg_2Si 的硬脆特性使其在外部载荷下极易发生开裂，从而导致材料失效，如图 6 – 40 所示。由于 Mg_2Sn 与 Mg_2Si 具有相同的 CaF_2 型立方晶体结构，晶格常数非常接近。因此，Sn 能固溶 Mg_2Si 相（见图 6 – 41），形成 $Mg_2(SiSn)$ 并提高合金韧性，进一步提升性能。

0.5 μm

图 6 – 40　Mg – 4Al – 2Si 合金中
Mg_2Si 颗粒上出现的微裂纹

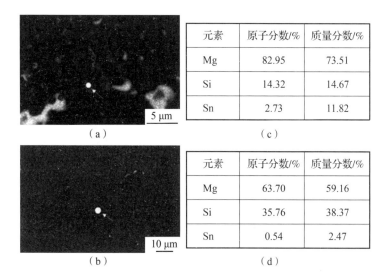

元素	原子分数/%	质量分数/%
Mg	82.95	73.51
Si	14.32	14.67
Sn	2.73	11.82

（a）　　　　　　　　　　　（c）

元素	原子分数/%	质量分数/%
Mg	63.70	59.16
Si	35.76	38.37
Sn	0.54	2.47

（b）　　　　　　　　　　　（d）

图 6-41　Mg-Al-Si 合金中 Mg$_2$(SiSn) 颗粒能谱分析结果

参 考 文 献

[1] 刘冬艳. 若干二元镁合金中固溶及析出强化的第一性原理研究 [D]. 沈阳：东北大学, 2015.

[2] 沙学超. 稀土镁合金析出强化机制研究 [D]. 北京：北京工业大学, 2019.

[3] 胡连喜, 于欢, 孙宇, 等. 一种 Ti 弥散强化超细晶高强镁合金的制备方法：中国, 20710656426.6 [P]. 2017-11-24.

[4] 吴明. 准晶增强 AM60 镁合金的研究 [D]. 济南：济南大学, 2014.

[5] 倪红军, 黄明宇, 张福豹, 等. 工程材料 [M]. 南京：东南大学出版社, 2016.

[6] 陈江英, 李翔晟. 微合金化元素 Ce 对 AZ91 镁合金显微组织和力学性能的影响 [J]. 铸造技术, 2014, 35 (07)：1441-1443.

[7] 吴树森, 万里, 安萍, 等. 铝、镁合金熔炼与成形加工技术 [M]. 北京：机械工业出版社, 2012.

[8] 刘鸣放, 刘胜新. 金属材料力学性能手册 [M]. 北京：机械工业出版社, 2011.

［9］ 杨林. 金属学与热处理［M］. 北京：中央广播电视大学出版社，2015.

［10］ 张景怀，唐定骧，张洪杰，等. 稀土元素在镁合金中的作用及其应用［J］. 稀有金属，2008，23（05）：659 – 667.

［11］ 李华成，冯志军，占亮，等. 稀土元素在铸造镁合金中的应用及研究进展［J］. 铸造，2023，72（04）：359 – 364.

［12］ 张金玲，何勇，李涛，等. 稀土元素 Gd 对 AZ91 镁合金摩擦磨损及腐蚀性能的影响［J］. 铸造技术，2014，35（07）：1498 – 1501

［13］ 张丁非，谌夏，潘复生，等. 稀土元素对镁合金力学性能影响的研究进展［J］. 功能材料，2014，45（05）：5001 – 5007.

［14］ 肖文龙. Mg – Zn – Al – Re 系镁合金显微组织及强韧化机理研究［D］. 长春：吉林大学，2010.

［15］ 陈吉华. Mg – Zn – Al – X 合金的组织、性能极其蠕变行为研究［D］. 长沙：湖南大学，2010.

［16］ 赵玮霖，杨明波，潘复生，等. 合金元素对 Mg – Zn – Al(ZA)系耐热镁合金组织及性能的影响［J］. 材料导报，2007，7（21）：70 – 73.

［17］ 游志勇. 合金化对高锌镁合金组织和性能影响的研究［D］. 太原：太原理工大学，2012.

［18］ 刘丹. 镁合金材料的应用及发展前景［J］. 科技资讯，2012，1（29）：74 – 79.

［19］ Emley E F. Principles of magnesium technology［M］. Pergamon Oxford，1966，56（32）：242 – 249.

［20］ 赵宇宏，张云涛，赵雨薇，等. 一种高导电 Mg – Zn – Cu 镁合金的制备方法：中国，202211431375.4［P］. 2023 – 11 – 07.

［21］ Ishii H，Takagi R，Takata N，et al. Influence of added fourth elements on precipitation in heat – resistant Al – Mg – Zn ternary alloys［J］. Journal of Japan Institute of Light Metals，2021，71（7）：275 – 282.

［22］ 李忠盛，Mg – Al – Zn 基镁合金铸态组织研究［D］. 重庆：重庆大学，2005.

［23］ Zhang Z，Tremblay R，Dube D，et al. Solidification microstructure of Za102，ZA104 and ZA106 magnesium alloys and its effect on creep deformation［J］. Canadian Metallurgical Quarterly，2013，39（4）：503 – 512.

［24］ 汪正保，刘静，袁泽喜，等. Sb 对镁合金组织和力学性能的影响［J］. 特种铸造及有色合金，2005，25（9）：567 – 569.

［25］ 杨景红，田素贵，于兴福，等. Sb 对 AZ31 合金组织和力学性能的影响

　　　　［J］．材料与冶金学报，2004，3（4）：289 – 293．

［26］杨景红，田素贵，于兴福，等．微量元素 Sb 对 AZ31 合金组织与蠕变性能的影响［J］．沈阳工业大学学报，2005，27（3）：257 – 260，273．

［27］杨明波，潘复生，陈健，等．Sb 变质 Mg – 6Al – 1Zn – 0.7Si 镁合金的组织和性能［J］．铸造，2007，56（12）：1303 – 1306．

［28］杨明波，潘复生，白亮，等．Sb 变质对 Mg – 6Al – 1Zn – 0.7Si 镁合金热处理组织和力学性能的影响［J］．中国有色金属学报，2007，17（12）：2010 – 2016．

［29］刘子利，潘青林，陈照峰，等．Sb 对 AE41 镁合金组织和性能的影响［J］．航空材料学报，2005，25（06）：4 – 7．

［30］刘子利．陈照峰，刘希琴，等．Sb 合金化对 AE41 镁合金耐热性能的影响［J］．材料研究学报，2006，20（2）：186 – 190．

［31］杨忠，李建平，常见虎，等．锑和混合稀土对 AZ91 镁合金流动性的影响［J］．热加工工艺，2004，33（5）：18 – 20．

［32］王东军，李庆奎，关绍康，等．锑和混合稀土对 AZ31 镁合金铸造性能的影响［J］．铸造技术，2005，26（10）：977 – 979．

［33］游志勇，赵浩峰，李建春，等．Zn – Al – Si 合金的断裂特性研究［J］．2009，30（07）：892 – 895．

［34］You Z Y, Zhang Y H, Cheng W L, et al. Effect of heat – treatment on the microstructures and mechanical properties of Mg – 10Zn – 5Al – 0.1Sb – xCu magnesium alloy［J］. Journal of Wuhan University of Technology Materials Science. 2012, 09（01）: 43 – 47.

［35］郭敬洁，刘新田．添加混合稀土和锑的 AZ31 镁合金的热变形和加工图［J］．热加工工艺，2007，36（5）：17 – 20．

［36］张国英，张辉，方戈亮，等．Bi、Sb 合金化对 AZ91 镁合金组织、性能影响机理研究［J］．物理学报，2005，54（11）：5288 – 5292．

［37］周惦武，刘金水，卢远志，等．Sb、Bi 合金化提高 Mg – Al 系合金抗蠕变性能的机理［J］．中国有色金属学报，2008，18（1）：118 – 125．

［38］黄晓锋，张展裕，尚文涛，等．Mg – 7Zn – 0.2Ti – XCu 镁合金非枝晶组织的演变过程及机理［J］．材料导报，2022，36（18）：112 – 118

［39］王鹏飞，黄晓锋，冯凯，等．Mg – 6Zn – xCu 铸造合金的显微组织及力学性能研究［J］．中国铸造装备与技术，2012，（01）：10 – 13．

［40］Zhang D W, Yang C G, Dai J, et al. Fabrication of Sn – Ni alloy film anode for Li-ion batteries by electrochemical deposition［J］. Transactions of

Nonferrous Metals Society of China, 2009, 19 (06): 1489 – 1493.

[41] 金振国, 刘小战, 张文文, 等. 原始组织对 Mg – 10Zn – 5Al 合金半固态球晶组织的影响 [J]. 中国铸造装备与技术, 2016, 26 (03): 16 – 19.

[42] 冯凯, 黄晓锋, 马颖, 等. 固溶时间对 ZA72 镁合金显微组织及力学性能的影响 [J]. 中国有色金属学报, 2011, 21 (09): 2035 – 2042.

[43] 钟罗喜, 张奇, 袁淑, 等. 固溶处理对 Mg – 10.5Gd – 1.0Y – 1.0Zn – 0.5Zr 铸造镁合金的显微组织和力学性能的影响 [J]. 热加工工艺, 2019, 48 (16): 137 – 140.

[44] 黄晓锋, 杨剑桥, 魏浪浪, 等. Mg – 7Zn – 0.3Mn – xCu 镁合金半固态组织演变 [J]. 中国有色金属学报, 2020, 30 (6): 1238 – 1248.

[45] 李爱文, 刘江文, 伍翠兰, 等. Cu 含量对铸造 Mg – 3Zn – XCu – 0.6Zr 镁合金时效析出行为的影响 [J]. 中国有色金属学报, 2010, 20 (08): 1487 – 1494.

[46] Buha J, Ohkubo. Natural aging in Mg – Zn (– Cu) alloys [J]. Metallurgical and Materials Transactions A, 2008, 39 (9): 2259 – 2273.

[47] 李爱文. 铸造 Mg – 3Zn – xCn – 0.6Zr (wt. %) 镁合金时效析出行为的影响 [J]. 广州: 华南理工大学, 2010.

[48] Yi P, Sasaki T T, Prameela S E, et al. The interplay between solute atoms and vacancy clusters in magnesium alloys [J]. Acta Materialia 2023, 249 (15): 254 – 259.

[49] You Z Y, Zhang Y H, Cheng W L, et al. Effect of Cu addition on microstructure and properties of Mg – 10Zn – 5Al – 0.1Sb high zinc magnesium alloy [J]. China Foundry, 2012, 9 (2011): 43 – 47.

[50] You Z Y, Zhang Z G, Zhang J S, et al. Effect of Ce-rich rare earth on microstructure and mechanical properties of Mg – 10Zn – 5Al – 0.1Sb magnesium alloy [J]. China Foundry, 2012, 9 (02): 131 – 135.

[51] Lv H Y, Peng P, Feng T, et al. High – performance co – continuous Al – Ce – Mg alloy with in-situ nano-network structure fabricated by laser powder bed fusion [J]. Additive Manufacturing, 2022, 60 (PA): 103 – 110.

[52] Zhang J S, Zhang Z G, Zhang Y H, et al. Effect of Sb on microstructure and mechanical properties in Mg – 10Zn – 5Al high zinc magnesium alloys [J]. Transactions of Nonferrous Metals Society of China, 2010, 20 (03): 377 – 382.

[53] 马涛, 雷鹏飞, 张西强. Al – 40Ce – 5Sb – 4.8Ti 中间合金对 ZA105 镁合金的影响 [J]. 铸造设备与工艺, 2013, 34 (03): 41 – 44.

［54］张照光，张金山，丁苏沛，等. Al – Ce – Sb – Ti 中间合金对高锌镁合金的细化效果［J］. 特种铸造及有色合金，2013，33（06）：558 – 561.

［55］Li C，Liu Y，Wang Q，et al. Study on the corrosion residual strength of the 1. 0 wt. ％ Ce modified AZ91 magnesium alloy［J］. Materials Characterization，2010，61（1）：123 – 127.

［56］Yang K V，Cáceres，Carlos H，Easton M A. Strengthening micromechanisms in cold – chamber high – pressure Die – Cast Mg – Al alloys［J］. Metallurgical and Materials Transactions A，2014，45（9）：4117 – 4128.

［57］王子荣. 变形 Mg – Gd – Zn 合金中孪晶交互作用特征的电子显微研究［D］. 北京：北京工业大学，2017.

［58］Mostafa，A，Medraj，et al. Characterisation and thermodynamic calculations of biodegradable Mg – 2. 2Zn – 3. 7Ce and Mg – Ca – 2. 2Zn – 3. 7Ce alloys［J］. Materials Science and Technology：MST：A publication of the Institute of Metals，2017，33（11/12）：1333 – 1345.

［59］吕刚磊，沈华刚，张莉，等. 钙元素对 Mg – 9Al – 0. 8Zn 合金拉伸强度和蠕变性能的影响［J］. 热加工工艺，2017，46（14）：102 – 104.

［60］杨续跃，张笃秀，肖振宇. 一种改善 Mg – Al – Zn 系镁合金热成形及服役性能的方法：中国，201710286421. 9［P］. 2017 – 09 – 01.

［61］张小红. Ca 含量对 Mg – Al – Re 系耐热镁合金的组织与性能的影响［D］. 重庆：重庆大学，2012.

［62］杨明波. Mg – Al – Si 基和 Mg – Zn – Al 基镁合金组织控制的基础研究［D］. 重庆：重庆大学材料科学与工程学院，2006.

［63］李英民，刘桐宇，任玉艳，等. 不同成分 Al – Mg$_2$Si 复合材料相成分变化规律［J］. 中国有色金属学报，2018，028（012）：2531 – 2538.

［64］张春香，关绍康，陈海军，等. 硅对 Mg – 8Zn – 4Al – 0. 3Mn 合金显微组织和性能的影响［J］. 机械工程材料，2004，28（9）：19 – 22.

第 7 章

镁合金的颗粒增强技术

镁合金作为一种塑性较差的结构材料，特别是在高温服役的条件下，其性能下降更为显著，严重制约镁合金的发展与应用。为解决这一问题，一种新型颗粒增强镁基复合材料被提出。由于这种复合材料拥有较高的比强度、优异的机械加工性能和较低的成本等优点，受到人们越来越多的关注，并在相关领域得到广泛的应用[1-4]。

|7.1 外加颗粒增强|

与原位合成法相比，外加法可以实现对强化相颗粒与基底界面反应机理的有效调控。采用外加法，可准确调控增强相的种类及含量，是当前 Mg/SiC 复合材料制备的主要手段。

7.1.1 外加陶瓷增强相颗粒

陶瓷颗粒是颗粒增强镁合金复合材料最主要的增强相，原因为陶瓷颗粒的硬度高、强度高、弹性模量大等。这些优良的力学性能满足复合材料对增强相的要求，同时陶瓷面临塑性差、润湿性差等问题。目前，最常见的陶瓷增强相有碳化物、硼化物、氧化物等。常用的陶瓷颗粒材料有 SiC、TiC、AlN、MgO、TiB$_2$ 等[5-9]。

1. SiC 颗粒

SiC 是一种优异的增强相，在高温条件下表现出良好的耐磨性、抗冲击性能和抗氧化性。SiC 增强相的镁基复合材料具有低密度、高比强度和比刚度、低热膨胀系数、良好的热稳定性和耐腐蚀性能等特点，被广泛用于航空、汽车和其他工业领域[10,11]。

常用的 SiC 增强镁基复合材料制造方法有以下三种。

①真空浸渗：采用陶瓷颗粒预制件形成的真空，产生负压，使被压制的陶瓷颗粒预制件内的熔化基体浸出，实现 SiC 颗粒在镁合金中的均匀分布。

②搅拌铸造法：向基体合金添加 SiC 颗粒，经过一段时间的搅拌，使 SiC 颗粒在基体中均匀分布，最终浇注成型[12,13]。

③挤压铸造法：制备时分为预制块的制备和压力渗透两个阶段，将镁合金熔融液在压力下渗入预制块，冷却凝固后得到复合材料。

You[14] 采用近液相线保温法制备 15 wt. % SiC/AZ91D 复合镁合金，并对其进行挤压改性。将复合材料在 415 ℃（T4）的溶液中进行 24 h 的处理，随后在 220 ℃（T6）溶液中进一步时效处理。研究发现，在时效处理过程中，$Mg_{17}Al_{12}$ 在晶界被溶解，二次沉淀的析出物在晶内逐步层状球化。经 T6 处理后，15 wt. % SiC/AZ91D 复合镁合金的综合性能比未 T6 处理时有较大提高，拉伸强度为 242 MPa，屈服强度为 204 MPa，伸长率为 2.3%，具体研究如下。

（1）复合材料的制备。

在 SiC/AZ91D 系复合材料的制造工艺中，可简化成以下工艺：

①在 CO_2/SF_6 环境中，将 AZ91D 合金加热到 740 ℃，再将其冷却到 670 ℃。

②在将 SiC 颗粒添加到合金中之前，在 600 ℃对 SiC 颗粒进行 5 min 的预热。

③将复合物冷却到 575 ℃，在转速为 400 r/min 的情况下，进行 30 min 的机械搅拌。

④把复合物加热到 720 ℃，然后在 400 r/min 转速下搅拌 5 min。

⑤加入 0.1 wt. % C_2Cl_6 进行提纯 30 min。

⑥在 595 ℃温度下，将复合物冷却 30 min，得到一种半固态的浆料。

⑦向事先被预热到 200 ℃的模具中注入半固态浆料，得到半固态坯料。

⑧在 575 ℃的挤压温度下，通过反向挤压模具以半固态方式挤压坯料，挤压压力为 2 000 kN，保持 30 min、挤压比例为 1.6 : 1，挤出速度为 1 mm/s。

⑨最后，将挤压成型的 SiC/AZ91D 进行固溶处理 24 h（T4）和 220 ℃时效处理 8 h（T6）。

（2）微观组织。

从 XRD 衍射能谱分析的结果可知，镁基复合材料中存在 $Mg_{17}Al_{12}$ 相和 SiC 相，如图 7-1（a）所示，未发现新的相变；图 7-1（b）所示为半固态坯料

的显微组织。在碳化硅的晶界处，有较多的 $Mg_{17}Al_{12}$ 相和碳化硅颗粒，SiC 颗粒呈项链状分布。由于在凝固时液/固界面上的"推动"作用，导致 SiC 在液/固界面上的分布状态。

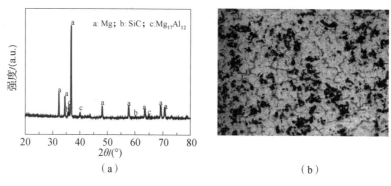

图 7 - 1   15wt.% SiC/AZ91D 半固态复合坯料

(a) XRD 图谱；(b) 显微组织

图 7 - 2 所示为 15wt.% SiC/AZ91D 复合材料在不同处理下的显微组织和 SEM 图像。如图 7 - 2 (a)、(b) 所示，基体晶粒为玫瑰状，项链状分布的 SiC 颗粒占据晶界，而点状 $Mg_{17}Al_{12}$（$P - Mg_{17}Al_{12}$）和岛状 $Mg_{17}Al_{12}$（$I - Mg_{17}Al_{12}$）相均匀分布于晶界上。经 T4 处理后，基体的颗粒形态开始发生变化，但是仍然是一种玫瑰状的结构（见图 7 - 2 (c)、(d)），$Mg_{17}Al_{12}$ 相在晶界上溶于基体中。第二次主要是以层状（$2L - Mg_{17}Al_{12}$）为主要析出相，最后扩散至晶粒内；经 T6 处理后（见图 7 - 2 (e)(f)），基体晶粒变成等轴球状，$2L - Mg_{17}Al_{12}$ 相进一步析出，填充整个晶粒。另外，在显微组织中还存在由 $2L - Mg_{17}Al_{12}$ 相按分布取向球状化而形成的二次析出相（$2P - Mg_{17}Al_{12}$）。

采用图像 ProPlus 5.0（见图 7 - 3）测定 15wt.% SiC/AZ91D 在不同的处理条件下的晶粒尺寸。结果表明，在热处理过程中，合金的晶粒尺寸明显减小，T6 处理后，合金的晶粒尺寸最小（15.78 μm）。同时，在不同的工艺条件下，测定了第二相尺寸和体积分数（见表 7 - 1）。第二相尺寸随热处理时间的延长而减小，但其体积分数却达到最大。在 T6 的作用下，SiC/AZ91D 的第二相尺寸为 15 wt.%（0.16 μm），体积分数为 26.87%。如图 7 - 4 所示，大量的 $Mg_{17}Al_{12}$ 相分布于晶界上，与 SiC 颗粒结合的 $Mg_{17}Al_{12}$ 相颗粒数量较少，与图 7 - 2 所示的结果相符。

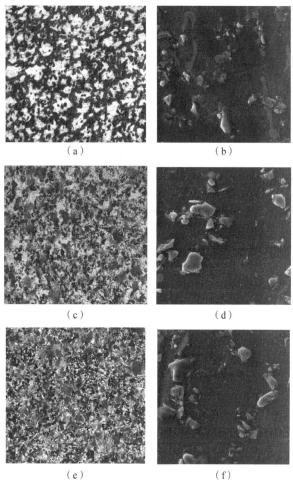

图 7 - 2　15wt.％SiC/AZ91D 复合材料在不同处理下的显微组织和相应的 SEM 图像

（a），（b）挤压态；（c），（d）T4；（e），（f）T6

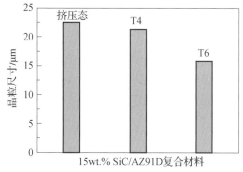

图 7 - 3　15wt.％SiC/AZ91D 复合材料在不同处理条件下的晶粒尺寸

表 7 - 1　不同处理下 15wt.％SiC/AZ91D 复合材料中 Mg17Al12 的相尺寸和体积分数

热处理	挤压	T4	T6
相尺寸/μm	0.42	0.22	0.16
相体积分数/%	16.12	20.49	26.87

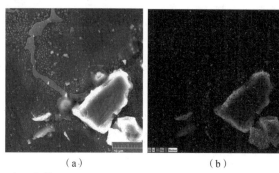

（a）　　　　　　　　　　（b）

图 7 - 4　半固态挤压 15wt.％SiC/AZ91D 复合材料的 SEM 图像的 EDS 分析

在挤压过程中，由于低层错能、宽的位错宽度，使位错难于滑动与攀附，且位错密度与变形能增大，镁合金更易发生动态再结晶。在 15wt.％SiC/AZ91D 镁基复合材料的制备过程中，将近液相线浇注所制得的材料，加热至半固态挤压温度 30 min，使晶粒部分重熔，晶界处的 I - $Mg_{17}Al_{12}$ 相部分溶解于基体内，而 P - $Mg_{17}Al_{12}$ 相从残余的固体中析出至晶界处。然后，通过半固态挤压工艺，使项链状 SiC 颗粒在晶粒变形过程中被压扁、分散，并发生凝固，从而使材料变硬。SiC 的加入使 $Mg_{17}Al_{12}$ 相变得更细，并产生了更多的晶界，$Mg_{17}Al_{12}$ 相会阻碍晶界的迁移并钉扎位错，分布于晶界上的 SiC 颗粒与点状 $Mg_{17}Al_{12}$ 相在晶界处析出，为动态再结晶提供形核颗粒，产生动态的再结晶。由于动态再结晶晶粒难以经受挤压变形的硬化，故不能实现完全的动态再结晶。在固溶处理过程中，再结晶继续进行，晶粒继续细化变形，晶粒中心的位错密度不断增加，导致反复进行动态再结晶。最后，$Mg_{17}Al_{12}$ 相在晶界处溶解，在晶粒中第二次沉淀，使 2L - $Mg_{17}Al_{12}$ 相析出。二次沉淀相的析出密度因与基体之间的界面能而不断下降。另外，SiC 的加入还会加速 2L - $Mg_{17}Al_{12}$ 的形成，阻止球化过程。时效处理后，2L - $Mg_{17}Al_{12}$ 相会进一步析出，并逐步球化，使基体晶粒度进一步变小。再结晶晶粒逐渐趋于球状，并最终成为等轴晶。

（3）力学性能。

图 7 - 5 所示为 15wt.％SiC/AZ91D 镁基半固态挤压复合材料在挤压态和 T6 处理下的应力应变曲线。研究发现，经 T6 处理后，复合材料的强韧性得到明显的提高，最大拉伸强度、屈服强度和伸长率分别为 242 MPa、204 MPa 和 2.3％。

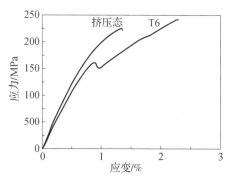

图 7 - 5 15wt. % SiC/AZ91D 镁基半固态挤压复合材料在挤压态和 T6 处理下的应力应变曲线

在挤压过程中，基体 AZ91D 与 SiC 之间的热失配系数，使材料在冷却时极易在 SiC 附近形成位错。在拉伸时，大量的 $Mg_{17}Al_{12}$ 相会在靠近应力集中的地方析出，使其屈服强度得到提高。经 T6 处理后，$2L - Mg_{17}Al_{12}$ 相几乎不能引发裂纹，因此阻止裂纹的扩展萌生，$2L - Mg_{17}Al_{12}$ 相球化后，其塑性会得到改善。由于 $2L - Mg_{17}Al_{12}$ 及 $2P - Mg_{17}Al_{12}$ 相的存在，阻碍晶界发生滑移，从而使合金力学性能得到改善。

图 7 - 6 所示为半固态挤压 15wt. % SiC/AZ91D 镁基复合材料在 T6 处理前和 T6 处理后的断口表面。初生固体颗粒在挤压条件下会产生晶界裂纹和团聚，明亮且高浓度的 $Mg_{17}Al_{12}$ 相会引起晶间裂纹，并产生共晶混合物[15]。SiC 颗粒的集中分布使复合材料的韧性下降，而初生晶粒的大量聚集并不能补偿韧性的下降，因此，挤压后的复合材料显示出较差的延展性。但经 T6 处理后，基体晶粒变得更细，$2L - Mg_{17}Al_{12}$ 相（$2P - Mg_{17}Al_{12}$）发生球化，使其塑性及拉伸强度得到较大提升。

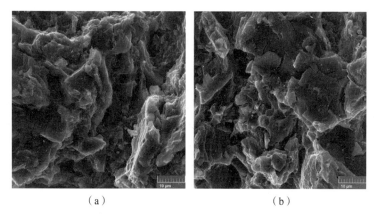

（a）   （b）

图 7 - 6 半固态挤压 15wt. % SiC/AZ91D 镁基复合材料的断口形貌

（a）T6 前；（b）T6 后

图 7 - 7 所示为不同热处理 15wt. % SiC/AZ91D 镁基半固态挤压复合材料的硬度。从图 7 - 7 可以看出，固溶处理可使复合材料的硬度有所下降，而时效处理可使复合材料的硬度有所提高，最高值可达 1 322 MPa，比挤压样品的硬度高。以上结论主要是由于经 T4 处理后，密度降低的 2L - $Mg_{17}Al_{12}$ 相向晶粒内部扩散，导致其硬度下降[16]；而在 T6 处理之后，2L - $Mg_{17}Al_{12}$ 相在基体晶粒内部完全填满，使其硬度得到明显提升。

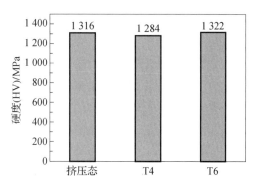

图 7 - 7　不同热处理下 15wt. % SiC/AZ91D 镁基半固态挤压复合材料的硬度

热挤压技术是解决铸件微观结构缺陷的一种有效方法。以搅拌铸造法制备 SiC/AZ91 为研究对象，通过热挤压技术，SiC/AZ91 的基体晶粒尺寸由 350 μm 降低至 20 μm。相对于传统方法，本研究拟采用真空蒸发法与超声波分散法相结合的方法，实现纳米 SiC 增强镁基复合材料的尺寸更细小，增强相分布均匀、致密[17,18]。

SiC 的大小、含量是影响镁合金材料微观结构的重要因素。SiC 颗粒可加速镁基体的非均质形核，抑制初生相的长大，达到细化晶粒的目的[19]。SiC 在复合体系中的含量越高，基体晶粒度先变小后变大，变化过程中，颗粒可作为形核中心，使晶粒更细。但是，随着体积分数的增大，颗粒间会发生聚集，使晶粒变得粗大[20,21]。

采用搅拌铸造法，在凝固阶段施加 100 MPa 压力，制备出微米级、亚微米级、纳米级的 SiC 颗粒增强镁合金。结果表明，SiC 与镁的界面反应不明显，亚微米级 SiC 在热挤压条件下阻碍晶界移动，并在周边形成高密度的位错，是实现动态再结晶的有效形核中心[22,23]；在微米级 SiC 周围存在晶粒变形区，对再结晶形核起到促进作用；纳米级 SiC 分布于晶界与晶内，尤其对晶界移动起到钉扎作用，增强材料的强度。由于纳米级 SiC 的表面能和表面张力高，极易发生团聚，故采用超声波对纳米颗粒进行分散，可以提高颗粒的表面能，降低熔体的表面能，提高颗粒的润湿性，使纳米颗粒在熔体中更均匀地分散。

2. B_4C 颗粒

碳化硼（B_4C）是具有高熔点、高硬度（仅次于金刚石、立方 BN）、低热膨胀系数的一种极具应用前景的陶瓷材料[24,25]。已有研究机构成功研制出 $B_4Cp/Mg-Li$、$Bp/Mg-Li$ 复合材料，并应用于天线构件。

采用挤压铸造法、粉末冶金法、压力浸渗法，以及适合 Mg-Li 基体合金的箔材冶金扩散焊法等多种方法制备 B_4C 增强镁基复合材料。但由于 B_4C 密度较小及与镁基体的浸润性能差等原因[26]，采用挤压铸造法和半固态搅拌铸造法制备的复合材料，出现与镁界面结合力差、颗粒聚集等问题。而采用超声波分散可以改善增强相颗粒和基体的界面结合强度，促进增强相颗粒均匀分布[27,28]。

郝建强等[29]研究了 B_4C 在 $Mg_{94}Zn_{2.5}Y_{2.5}Mn_1$ 合金中的作用，并对其微观结构、力学性质进行了分析。结果表明：铸造 $Mg_{94}Zn_{2.5}Y_{2.5}Mn_1$ 合金的主要成分为 $\alpha-Mg$ 相、鱼骨状 W 相、块状 18R-LPSO 相。B_4C 能有效地细化合金的晶粒，提高 LPSO 相的含量，并抑制 W 相的生成。加入 0.5at.% B_4C 后，获得了最佳的微观结构及综合力学性能，平均晶胞直径为 20.7 μm，LPSO 相的体积分数占 22.5%，拉伸强度为 256 MPa，伸长率为 8.6%。主要研究内容包括以下几个方面。

（1）显微组织。

图 7-8 所示为在未添加 B_4C 和添加 0.5at.% B_4C 的情况下 $Mg_{94}Zn_{2.5}Y_{2.5}Mn_1$ 合金的扫描电镜形貌。从图 7-8 中可以看出，合金的主要成分是 $\alpha-Mg$ 相、块状第二相和鱼骨状第二相。如图 7-8（b）所示，当加入 0.5at.% B_4C，块状第二相在 $Mg_{94}Zn_{2.5}Y_{2.5}Mn_1$ 合金中的含量增多，同时鱼骨状第二相的含量有所下降。图 7-8（c）（d）所示为块状第二相及鱼骨状第二相的能谱分析结果。图 7-8（f）蓝色图线所示为 $Mg_{94}Zn_{2.5}Y_{2.5}Mn_1$ 合金在不加入 B_4C 的情况下的 XRD 曲线。将能谱与 X 射线衍射图谱进行比较，确认块状第二相为 LPSO（$Mg_{12}ZnY$），而鱼骨状第二相为 W 相（$Mg_3Zn_3Y_2$）。在图 7-8（e）中，给出块状第二相的明场像以及选区电子衍射，进一步证实块状的第二相为 18R-LPSO 相。

图 7-9（a）所示为在不加入 B_4C 的情况下，$Mg_{94}Zn_{2.5}Y_{2.5}Mn_1$ 合金的光学微观结构。此时所得到的合金具有粗大的晶粒，平均晶胞直径为 41.2 μm 左右；而在 $Mg_{94}Zn_{2.5}Y_{2.5}Mn_1$ 合金加入不同含量 B_4C，光学微观结构见图 7-9（b）（e）。在加入 0.1at.% 的情况下，得到 $Mg_{94}Zn_{2.5}Y_{2.5}Mn_1$ 合金的平均单胞直径为 33.5 μm；当 B_4C 含量为 0.3at.% 时，平均晶胞直径达到 25.4 μm；当加入

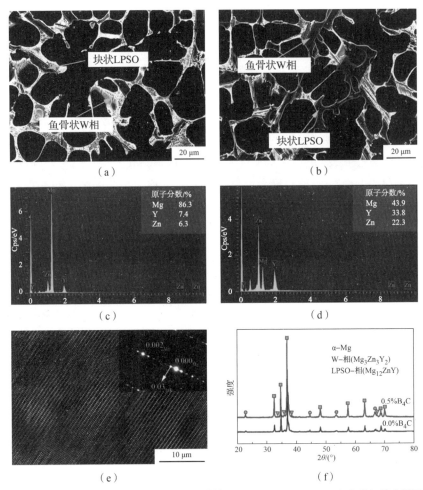

图 7-8 未添加 B_4C 和添加 0.5at.% B_4C 的情况下 $Mg_{94}Zn_{2.5}Y_{2.5}Mn_1$ 合金的扫描电镜形貌

(a) 未添加 B_4C；(b) 添加 0.5at.% B_4C $Mg_{94}Zn_{2.5}Y_{2.5}Mn_1$ 合金的 SEM 图；

(c) 块状第二相；(d) 鱼骨状第二相的 EDS 能谱图；

(e) 块状第二相的明场像和选区电子衍射花样；

(f) 未添加 B_4C 和添加 0.5at.% B_4C $Mg_{94}Zn_{2.5}Y_{2.5}Mn_1$ 合金的 XRD 图谱

0.5at.% B_4C 时，平均晶胞直径达到 20.6 μm；当加入 0.6at.% B_4C 时，平均晶胞直径可达 30.2 μm。由此可以看出，B_4C 对 $Mg_{94}Zn_{2.5}Y_{2.5}Mn_1$ 合金的微观结构有较好的细化作用。随着 B_4C 用量的增大，晶胞尺寸呈先减小后增大的趋势，且在 0.5at.% B_4C 用量下，合金的组织最细。图 7-9（g）所示为在添加 0.5at.% B_4C，$Mg_{94}Zn_{2.5}Y_{2.5}Mn_1$ 合金的面扫描图，图 7-9（h）所示为 B 元素对应的分布，可以看到 B 元素是均匀分布在合金中的。

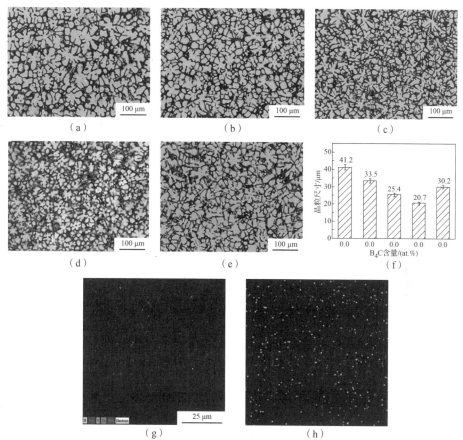

图 7-9　添加不同含量 B_4C $Mg_{94}Zn_{2.5}Y_{2.5}Mn_1$ 合金的光学显微组织和平均晶胞尺寸

（a）0% B_4C；（b）0.1at.% B_4C；（c）0.3at.% B_4C；（d）0.5at.% B_4C；（e）0.6at.% B_4C；

（f）平均晶胞尺寸；（g）含 0.5at.% B_4C $Mg_{94}Zn_{2.5}Y_{2.5}Mn_1$ 合金的 EDS 面扫图；

（h）B 元素对应的分布图

B_4C 对镁合金的晶粒细化效应可从两个角度进行解释。第一，由于 B_4C 是一种具有较高熔点的陶瓷颗粒，对镁合金有较好的浸润性能。故 B_4C 的加入可使合金凝固时的成分过冷区范围扩大，由于成分过冷的最大值超过熔体中非均质形核的要求，进而导致组织的异质形核。第二，由于 B_2O_3 在 B_4C 表面的存在，在冶炼时 B_2O_3 与液态镁反应，形成 MgB_2，可起到形核核心的作用，使晶粒进一步细化。

如图 7-10 所示，在加入不同含量 B_4C，$Mg_{94}Zn_{2.5}Y_{2.5}Mn_1$ 合金中第二相体积分数柱状图，可以看到 LPSO 相的体积分数随 B_4C 用量的增大而减小，而 W 相的体积分数则先减小后增大。尤其是在加入 0.5at.% B_4C，LPSO 相的体积分数由原来的 8.1% 提高到 22.5%，而 W 相的体积分数则从原来的 22.1% 下降到 8%，说明 B_4C 的添加对 LPSO 相的形成有一定的促进作用，对 W 相的产生有一定的抑制作用。在合金凝固的过程中，Zn 和 Y 原子会在晶界处聚集形成富集区，LPSO 相的化学式为 $Mg_{12}ZnY$，W 相的化学式为 $Mg_3Zn_3Y_2$。形成 LPSO 相所需的 Zn 和 Y 原子比 W 相少。根据 DSC 差热分析结果，LPSO 相的吸热峰约为532 ℃，W 相的吸热峰约为 524 ℃，因此 LPSO 相形成优先于 W 相。但 B_4C 的加入使成分过冷区增大，Zn、Y 元素运动受阻，Zn、Y 元素在合金中的富集程度降低，有利于 LPSO 相的生成。由于 Zn、Y 的总量是固定的，因此，在 LPSO 相中，Zn、Y 的含量会增加，W 的含量会降低。

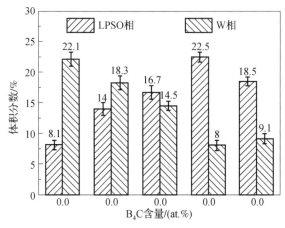

图 7-10　添加不同含量 B_4C $Mg_{94}Zn_{2.5}Y_{2.5}Mn$ 中第二相的体积分数柱状图

（2）力学性能。

图 7-11（a）所示为 $Mg_{94}Zn_{2.5}Y_{2.5}Mn_1$ 合金中加入 0.5at.% B_4C 的载荷-位移曲线。在加载 5 mN 的情况下，W 相的最大压痕深度为 388 nm，18RPSO 相的最大压痕深度为 436 nm，α-Mg 的最大压痕深度为 445 nm。W 相、18R-LPSO 相以及 α-Mg 基体的弹性模数及硬度值如图 7-11（b）所示，其中，W 相具有 56 GPa 和 1.66 GPa 的弹性模量和硬度；18R-LPSO 相具有 48 GPa 和 1.35 GPa 的弹性模量和硬度；α-Mg 具有 44 GPa 和 1.08 GPa 的弹性模量和硬度。由图 7-11 可知，W 相具有较高的弹性模量和硬度，而 α-Mg 具有较低的硬度。LPSO 相的弹性模量、硬度介于 W 相与 α-Mg 之间。然而，W 相与 α-Mg 基体间的非共格结合导致两者间的结合强度低，严重影响合金的综合性能。相反，LPSO 相与镁基体间存在共格关系，两者结合强度高，可提高镁合金的综合性能。由此得出，在 $Mg_{94}Zn_{2.5}Y_{2.5}Mn_1$ 合金中，W 相是一种硬脆相，LPSO 是一种有效的强化相。

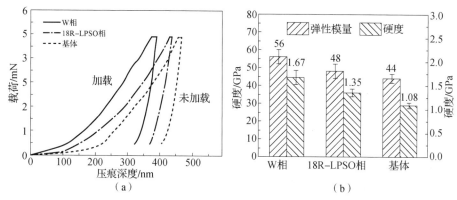

图 7 - 11　添加 0.5at.% B_4C $Mg_{94}Zn_{2.5}Y_{2.5}Mn_1$ 的第二相

（a）载荷 - 位移曲线；（b）弹性模量与硬度值

图 7 - 12（a）所示为加入不同含量 B_4C $Mg_{94}Zn_{2.5}Y_{2.5}Mn_1$ 合金的拉伸应力 - 应变关系曲线，图 7 - 12（b）所示为对应的拉伸强度和伸长率的柱状图。从图 7 - 12 中我们能够得到，在不加入 B_4C 的情况下，$Mg_{94}Zn_{2.5}Y_{2.5}Mn_1$ 合金具有 192 MPa 的拉伸强度和 4.8% 的伸长率，增大 B_4C 含量可提高材料的力学性能，其中拉伸强度、伸长率先增大后减小。在 B_4C 含量为 0.5at.% 时，合金的拉伸强度可达 256 MPa，伸长率可达 8.6%。

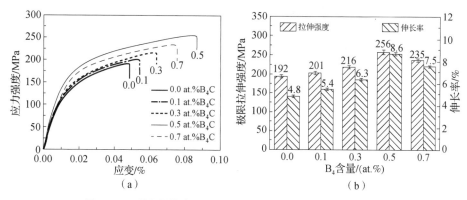

图 7 - 12　添加不同含量 B_4C $Mg_{94}Zn_{2.5}Y_{2.5}Mn$ 合金的力学性能

（a）应力 - 应变曲线；（b）拉伸强度和伸长率

合金力学性能的改善主要是由于如下因素造成的。首先，通过 B_4C 元素的添加，合金晶粒尺寸明显细化（如图 7 - 9 所示），达到细晶强化效果，使合金强韧性能得到大幅提升。其次，B_4C 的添加对 LPSO 相的形成起促进作用。LPSO 相是 $Mg_{94}Zn_{2.5}Y_{2.5}Mn$ 合金中一种高效的强化相（如图 7 - 12 所示），可阻碍位错移动，承受晶粒载荷的位移，改善材料的力学性能。

3. Al₂O₃ 颗粒

Al₂O₃ 颗粒因高弹性模量、理论强度、耐热性、化学稳定性等特点，广泛应用于镁基复合材料中。但陶瓷相 Al₂O₃ 易被镁基体侵蚀，形成不连续 MgO 薄膜。在长期时效过程中，界面和镁基体内有大量的 $Mg_{17}Al_{12}$ 时效析出相，严重影响合金的综合性能。因 Al₂O₃ 与基体热膨胀系数存在差异，在温度变化下，复合材料界面产生热应力，甚至是微小的温度变化，使热应力超过材料的屈服点[30]，进而导致材料的机械性能下降。为此，对 Al₂O₃ 颗粒增强镁基复合材料进行界面优化，主要是通过界面反应生成有益界面结合的第二相，避免有害第二相生成。

搅拌铸造、挤压铸造、粉末冶金等方法是制备 Al₂O₃ 颗粒增强镁基复合材料的主要方法[31,32]。以 Al₂O₃/AZ91D 为研究对象，Al₂O₃ 颗粒促进初生相 α–Mg 在 Al₂O₃ 颗粒表面非均质形核，抑制 α–Mg 相长大，细化晶粒。除镁基体和 $Mg_{17}Al_{12}$ 相之外，合金的微观结构中还含有 Al₂O₃ 和 MgO 相。这是由于一些 Al₂O₃ 颗粒与镁合金相接触，渗入镁合金的晶粒，与镁基体的界面反应生成 MgO 或尖晶石 $MgAl_2O_4$。$MgAl_2O_4$ 为较好的黏结剂，可促进更好的界面结合[33]。

4. 其他颗粒

TiB₂ 优良特性包括硬度大、耐磨损、耐酸碱、稳定性等，其晶型为密排六方结构，与镁晶体晶格结构相同，因此，可与 Mg 形成良好的结合。研究表明，采用搅拌铸造法制备的 TiB₂–TiC 混合颗粒增强镁基复合材料中，TiB₂ 颗粒以矩形或棱柱形的形式均匀分布于镁基体中[34]。

ZrO₂ 因优良的耐热、电学、化学等性能，在航空航天、钢铁冶金、机械制造等行业中得到广泛的应用，主要有单斜、正方和立方三种结构，其中 20 nm 单斜晶 ZrO₂（M–ZrO₂）颗粒和 40 nm 正方晶 ZrO₂（T–ZrO₂）颗粒作为增强体。研究表明，经 4 道搅拌摩擦工艺制备的 ZrO₂ 颗粒增强镁基复合材料，以上两种颗粒均匀分布，与基体没有明显反应。与单斜晶 ZrO₂ 颗粒相比，四边形 ZrO₂ 颗粒的晶粒细化和增强效果更好[35]。

氮化硅（Si₃N₄）作为一种超硬耐磨陶瓷，兼具优良的润滑、抗高温氧化、抗冲击等特性，是一种非常理想的镁基复合材料增强剂。采用搅拌铸造技术制备 1.5% Si₃N₄p/ZK60A（质量分数）纳米复合材料，Si₃N₄ 粒子均匀地分散到镁基体中，提高了纳米级颗粒第二相在基体中的稳定性，同时降低了复合材料的晶粒尺寸[36]。

氮化铝（AlN）是一种常见的镁基复合材料，晶格常数与 Mg 相近，具有介电常数低、电阻高、热膨胀系数与 Si 相近的特点，在电子包装、电器装置等领域具有广阔的应用前景[37]。采用超声波辅助技术，制备出一种由纳米级 AlN 颗粒均匀分布于基体中的 AlN/AZ91D 纳米复合材料。纳米级 AlN 对 AZ91D 凝固行为产生显著的影响，并使材料组织中出现更多的细小片状 β 相。

7.1.2　外加准晶增强相颗粒

准晶是区别于晶体和非晶体结构的一种新的物质形态，准确的定义是同时具有长程准周期性平移序和非晶体学旋转对称性的固态有序相，具有五次、十次等特殊对称性[38]。1982 年，以色列谢切曼等[39-41]人首先在激冷快速凝固 Al - Mn 合金中发现一种具有五次旋转对称性在内的二十面体点群对称（m35）的合金相，并命名为二十面体相。

准晶材料的机械性质与一般的金属间化合物相似，其特征如下：

①具有较高的强度和硬度。准晶材料如 Al - Cu - Fe 二十面体准晶及相似相合金，压缩强度超过 600 MPa，硬度为 600~900 HV，远高于低碳钢（60~200 HV）、铜（40~105 HV）、铝（25~45 HV）等金属。

②脆性与超塑性。准晶体材料在室温下的压缩率很小，一般不超过 1%，但在较高的温度下，准晶态合金呈现出超塑性。这是因为在准晶中，位错不会对变形产生影响，而是由热激活原子或空位迁移造成的。

③表面特性。准晶体的摩擦系数很小，例如 Al - Cu - Fe 二十面体准晶，自身摩擦系数只有 0.12。此外，准晶还具备损伤自我修复的能力，可使在摩擦作用下产生的裂纹逐渐消失，并表现出一定的韧性。

虽然准晶室温脆性大，不能单独用作结构材料，但高硬度特性和第二相的分散强化，使其成为一种极具应用前景的增强相。若能使准晶相在基体镁合金中均匀分散，特别是以原位复合方式弥散分布，则有望提高在室温、高温下准晶增强镁合金自生复合材料的强度。另外，准晶体还具有较好的耐热、耐腐蚀等特性，可满足镁合金高温、腐蚀的要求。

1. 镁基准晶对 AZ31 镁合金显微组织和力学性能的影响

通常 AZ31 合金采用晶粒细化的方法来改善强塑性。细晶强化既能增加强度，又能增加塑性。镁基准晶晶粒具有硬度高、弹性模量高、热力学稳定性好、与基体的润湿性好等优点，故采用镁基准晶颗粒作为细化剂来细化 AZ31 镁合金晶粒组织，提高合金的变形加工性能和力学性能。

杜二玲等[42]将 Mg – Zn – Y – Mn 准晶中间合金引入 AZ31 合金，使 AZ31 合金的微观结构得到有效改善，晶粒得到明显细化。晶粒的平均尺寸由最初的 100 μm 以上降至 25 μm 以下，当加入 5% Mg – Zn – Y – Mn 准晶中间合金，AZ31 合金表现出良好的室温综合性能，硬度增加至 60.63 HB，拉伸强度增加至 179.16 MPa，比 AZ31 镁合金提高 32%。

2. 准晶增强 ZA85 镁基复合材料的组织与性能

当 Mg – Zn – Al 系合金中 Zn/Al 原子比较高时，主要析出相为 τ（Mg_{32}（Al，Zn）$_{49}$）和 MgZn 等热强相，属于新型的耐热镁合金。研究表明，ZA85 的抗蠕变性明显高于 AZ91 镁合金。为此，张金山[43]等人利用传统铸造法制备出准晶相增强 ZA85 复合材料，其在高温条件下表现出优良的力学性能，具体研究如下。

（1）合金成分。

对 4 种不同类型的复合材料进行试验，结果见表 7 – 2。以纯 Mg、纯 Al 及 Al – Mn 中间合金为原材料，以 ZA85 镁合金为基体合金，在 730 ~ 750 ℃温度下，使用井式坩埚 – 电阻炉，添加质量分数为 0%、1.7%、3.4%、5.1% XM（Mg – Zn – Y – Mn 准中间合金），并进行熔化。为了保证准晶中间合金在熔体中的完全溶解和合金的组成均匀，应保温 20 min，再经 RJ – 2 精炼，放置 15 min 后，倒入铸型，制备出所需要的准晶体/ZA85 复合材料。

表 7 – 2　准晶/ZA85 复合材料的名义化学成分质量分数

复合材料编号	Mg/%	Zn/%	Al/%	Mn/%	Be/%	XM/%
7 – 2 – 1#	bal	8	5	0.25	0.02	0
7 – 2 – 2#	bal	8	5	0.25	0.02	1.7
7 – 2 – 3#	bal	8	5	0.25	0.02	3.4
7 – 2 – 4#	bal	8	5	0.25	0.02	5.1
注：bal 表示复合材料除表中元素外，剩余成分为 Mg						

（2）ZA85 合金及准晶/ZA85 复合材料的特征。

图 7 – 13 所示为一种准晶/ZA85 复合物与一种 ZA85 合金的 XRD 图。从图 7 – 13 中可以看出，7 – 2 – 1#复合材料（见图 7 – 13（a））的相组成是 α – Mg 相、φ（$Al_2Mg_5Zn_2$）相、τ（Mg_{32}（Al，Zn）$_{49}$）相；而 7 – 2 – 2#复合材料（见图 7 – 13（b））中，因为添加了 XM，有新相 i（$Mg_{45}Zn_{47}Y_3Mn_5$）的峰出现。

$7-2-2^{\#}$复合材料由 $\alpha-Mg$ 相、φ（$Al_2Mg_5Zn_2$）相、τ（Mg_{32}（Al,Zn）$_{49}$）相、
i（$Mg_{45}Zn_{47}Y_3Mn_5$）相组成。

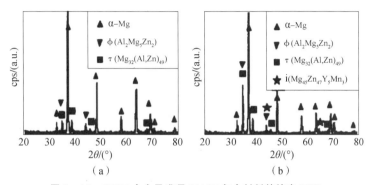

图 7 - 13　ZA85 合金及准晶/ZA85 复合材料的铸态 XRD

（a）$7-2-1^{\#}$复合材料；（b）$7-2-2^{\#}$复合材料

图 7 - 14 所示为 $7-2-2^{\#}$ 复合材料的 SEM 形貌，其中呈骨骼状的为
φ（$Al_2Mg_5Zn_2$）相，而呈块状的为 τ（Mg_{32}（Al,Zn）$_{49}$）相，还有少量的颗粒状亮
点为新生成的 i（$Mg_{45}Zn_{47}gY_3Mn_5$）相。表 7 - 3 所示为 $7-2-2^{\#}$复合材料 SEM
形貌（对应图 7 - 14）中各点的 EDS 测定结果。

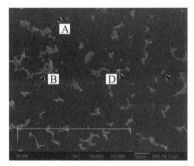

图 7 - 14　$7-2-2^{\#}$复合材料的 SEM 形貌

表 7 - 3　$7-2-2^{\#}$复合材料 SEM 形貌中各点的 EDS 测定结果

位置	Mg	Zn	Al	Mn	Y	相
A	95.41	1.70	2.89	—	—	$\alpha-Mg$
B	56.59	20.69	22.72	—	—	φ（$Al_2Mg_5Zn_2$）
C	50.05	12.97	36.98	—	—	τ（Mg_{32}（Al,Zn）$_{49}$）
D	44.93	48.08	5.43	2.56	—	i（$Mg_{45}Zn_{47}gY_3Mn_5$）

图 7 – 15 所示为不同 XM 含量条件下准晶/ZA85 复合材料的微观结构。由图 7 – 15 可见，添加 XM 准晶中间合金，使 ZA85 的微观结构有两方面的改变：一是三元相在晶界处有不同程度的断裂，部分三元相有粒化趋势；二是合金的晶粒尺寸显著降低，在晶内及晶界上形成弥散分布的粒状复合物，经 XRD、EDS 等表征，确认为准晶相 i（$Mg_{45}Zn_{47}Y_3Mn_5$）。

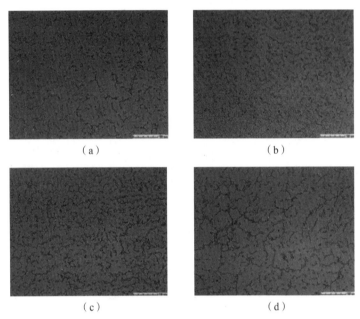

（a）   （b）

（c）   （d）

图 7 – 15　不同 XM 含量条件下准晶/ZA85 复合材料的微观结构

（a）7 – 2 – 1#复合材料；（b）7 – 2 – 2#复合材料；

（c）7 – 2 – 3#复合材料；（d）7 – 2 – 4#复合材料

如图 7 – 15 所示，在含 31.7% XM 准晶中间合金中，晶粒尺寸最小，但随着准晶中间合金的进一步添加，其晶粒大小变化却不大，这说明对于基体合金而言，强化效果有一个最优含量。若形核核心小于临界值，因不能形成足够的形核核心而不能达到细化作用；若当晶核的数量超过临界值时，核心凝结成团，丧失晶核的功能。此外，高熔点准晶相会在凝固过程中大量聚集，阻碍三元相形核的长大，使三元相由半连续网状结构转变为断续状，三元相形态和分布的改变也与初生相密切相关。在晶粒细化的同时，晶粒中含有较高溶质的熔体所占的比例有所减少，其在晶界中所占的比例却有所增加。这样，在最终的凝固过程中，共晶成分在液相中的分配更加均匀。

（3）ZA85 合金及准晶/ZA85 复合材料的力学性能。

从图 7 – 16 可以看出，准晶/ZA85 复合材料的硬度随 XM 中间合金添加量的增大而增大。在添加 3.4% XM 准晶态中间合金时，复合材料硬度最高，可达 82.3 HB，较基体材料提高 31%，这可能是由于 XM 中间合金中存在大量的黑色颗粒 i 相在基体中呈弥散状分布，或者分布在晶界及晶界周围，从而获得较高的硬度。同时，高熔点 i 相增加晶粒成核的概率，进一步细化晶粒。

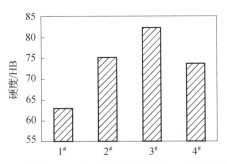

图 7-16　准晶/ZA85 复合材料的硬度随 XM 加入量的变化

由图 7-17 可见，添加 XM 准晶中间合金，复合材料冲击韧度得到极大的改善。其中，添加 1.7% XM 准晶中间合金改善材料的冲击韧度最为显著，使材料的冲击韧度提高 102%，这种现象与复合材料的晶粒细化有很大关系。由于镁合金是密排六方结构，所以在变形时，能够利用的滑移系要少得多。颗粒越大，邻近颗粒间的变形协调性越差。随着颗粒尺度的减小，虽然颗粒间滑移系不变，但颗粒间的颗粒数目增多，导致颗粒间变形的协同作用增大，进而提高复合材料的总体塑性。另外，颗粒增强的机理也有别于弥散强化和纤维增强复合材料。在颗粒增强复合材料中，基体承受大部分的载荷，而颗粒约束基体变形，颗粒阻挡位错在基体中运动的能力越大，则颗粒增强作用也就越大。在准晶/ZA85 复合材料中，生成的黑色颗粒约束基体变形，阻止位错移动，达到增强的效果。但是，如果加入太多的增强体，会使晶界上析出的相数量增加，

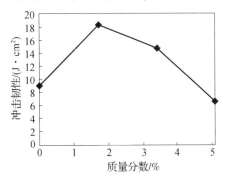

图 7-17　准晶/ZA85 复合材料的冲击韧度随 XM 加入量的变化

并容易发生团聚，使晶界的聚合力下降，应力增大。当产生塑性变形时，在晶界处很可能会出现裂纹，这说明过多的 XM 使复合材料的韧性下降，脆性增大。此外，具有较高熔点、较高热稳定的准晶在晶界及其周围分布，对抑制裂纹沿晶界扩展起到重要作用。

3. 镁基准晶对 AZ91 合金组织与性能的影响

张金山[44]采用传统铸造工艺，成功制备出准晶 Mg - Zn - Y（MZY）和 Mg - Zn - Y - Mn（MZYM）。在已熔化的 AZ91 合金熔液中，分别添加 MZY 及 MZYM 准晶中间合金，再 740~760 ℃放置一定的时间，浇注到事先准备好的模具中，经过凝固结晶，得到不同的样品。表 7 - 4 详细介绍了用于试验的镁基准晶增强 AZ91 合金的化学成分。

表 7 - 4 镁基准晶增强 AZ91 合金的化学成分

化学成分/% 合金编号	Mg	Al	Zn	Mn	Be	MZY	MZYM
7 - 4 - 1#	基体	9	0.8	0.25	0.02	—	—
7 - 4 - 2#	基体	9	0.8	0.25	0.02	5.20	—
7 - 4 - 3#	基体	9	0.8	0.25	0.02	—	5.20

加入准晶中间合金，AZ91 合金的性能有明显的变化，主要表现如下：

①铸态结构有较大的改变，基体结构得到明显细化。在晶界处，$\beta - Mg_{17}Al_{12}$ 相为断网状结构分布，准晶相在 $\beta - Mg_{17}Al_{12}$ 相内、或边缘处均有分布。

②加入 MZY 准晶中间合金，室温拉伸强度显著提高，为 AZ91 基体材料的 24%。随着高温强度增加的同时，塑性值也有所增加，与 AZ91 基体材料相比，拉伸强度提高 16%，屈服强度提高 19%，伸长率提高 13%。

③加入 MZYM 准晶中间合金，室温拉伸强度、屈服强度与 AZ91 基体合金相比，分别提高 38.5%、34.6%，伸长率提高 59%；在 200 ℃温度下拉伸时，拉伸强度可达 194 MPa，屈服强度可达 152 MPa，与 AZ91 基体材料相比，拉伸强度提高 38.5%，屈服强度可达 35.7%。对 AZ91 镁合金而言，MZYM 准晶中间合金比 MZY 准晶中间合金具有更好的强化作用。

4. Mn 对 Mg - Zn - Y 合金中准晶相凝固组织形貌的影响

不同的稀土元素对准晶形貌的影响不相同，造成准晶形貌的差异。为充分发挥准晶的增强效果，在镁基准晶中间合金的制备中，必须通过合金化和控制凝固过程，实现对准晶相形态、尺寸和数量的有效调控，从而获得均匀的二十面体纳米尺度初生球形准晶相。

张金山[45]首先采用中频感应电炉进行镁合金熔炼，在 760~800 ℃温度下，搅拌添加金属 Mn 并保温 10 min，当温度降低至 710~730 ℃，添加所需要的 Zn 和 Y，再搅拌并保温 10 min。将 Mg – Zn – Y – Mn 基准晶中间合金经提纯后放置 1 h，可获得满足化学组成要求的 Mg – Zn – Y – Mn 基中间合金熔体。

从 Mg – Zn – Y 合金相图中的 $Mg_{40-x}Zn_{60}Y_x$ 的截面图（见图 7 – 18（a））知道，当化学成分为 Mg_3Zn_6Y 合金熔体、温度降至 687 ℃时，先结晶出（Zn，Mg）$_5$Y 晶体相，再经 627 ℃包晶反应（$L + (Zn, Mg)_5Y \longrightarrow I$），形成二十面体准晶相。在 Y 元素含量不高的情况下，比如 $Mg_{37}Zn_{60}Y_3$ 熔体，冷却时会先形成二十面体准晶，然后在 400 ℃时进行又结晶[46-48]出由 α – Mg 和层片状准晶构成的共晶相。所以，在传统铸造条件下，Mg – Zn – Y 合金得到的终态组织是花瓣状二十面体准晶 I 相、平行杆状十面体准晶相、α – Mg 与层片状准晶的共生共晶相和 α – Mg、MgZn 晶态相共存的多相复合组织，具体的组织结构见图 7 – 18。

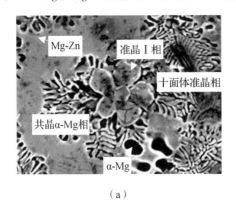
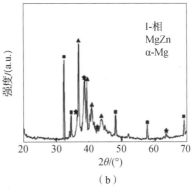

（a）　　　　　　　　　　　（b）

图 7 – 18　Mg – Zn – Y 基准晶中间合金照片及其 XRD 图谱

不同 Mn 含量 Mg – Zn – Y – Mn 基准晶中间合金的显微组织及影响如图 7 – 19 所示。从图 7 – 19 中可以看出，随着 Mn 含量的增加，Mg – Zn – Y – Mn 基准晶中间合金的终态组织中花瓣状准晶相的数量减少，而球形准晶相的数量增多。当 Mn 含量达到 2% 时，Mg – Zn – Y – Mn 基准晶中间合金的准晶相全部变为球形准晶相。随着 Mn 含量的进一步增加，球形准晶相的直径减小，数量减少，而枝晶状 α – Mg 相的数量增加并粗化。同时，碎化的颗粒状 MgZn 相的数量也增加。

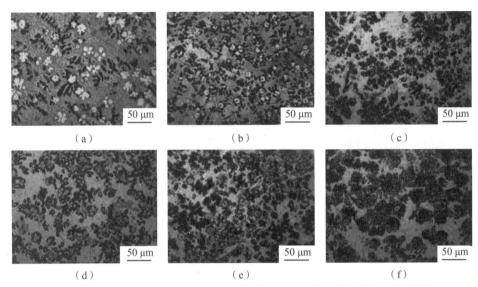

图 7 – 19   不同 Mn 含量 Mg – Zn – Y – Mn 基准晶中间合金中的显微组织及影响

（a）添加 0.5% Mn；（b）添加 1.0% Mn；（c）添加 2.0% Mn；

（d）添加 3.0% Mn；（e）添加 5.0% Mn；（f）添加 9.0% Mn

因此，Mg – Zn – Y – Mn 基准晶中间合金的终态组织由 $Mg_{45}Zn_{47}Y_5Mn_3$ 球形准晶相、枝晶状 α – Mg 相、层片状 $Mg_{55}Zn_{42}Y_2Mn_1$ 准晶相与 α – Mg 的共生共晶相，以及 MgZn 晶态相共存的多相复合组织组成。其中，$Mg_{45}Zn_{47}Y_5Mn_3$ 球形准晶相的体积相对含量占 Mg – Zn – Y – Mn 基准晶中间合金总体积的 30% ~ 40%。图 7 – 20 所示为 Mg – Zn – Y – Mn 基准晶中间合金中准晶相的组织结构分析结果，位于中心的是球形准晶相，周围区域为层片状准晶相与共生共晶区。

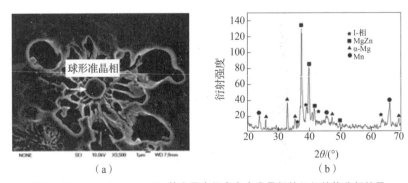

图 7 – 20   Mg – Zn – Y – Mn 基准晶中间合金中准晶相的组织结构分析结果

（a）Mg – Zn – Y – Mn 准晶相的微观结构；（b）Mg – Zn – Y – Mn 准晶相的 XRD 图谱

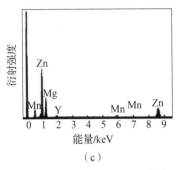

图 7 – 20　Mg – Zn – Y – Mn 基准晶中间合金中准晶相的组织结构分析结果（续）

（c）Mg – Zn – Y – Mn 准晶相的 EDS 分析；（d）Mg – Zn – Y – Mn 准晶相的衍射光斑

综上所述，在 Mg – Zn – Y – Mn 系镁合金中，形成二十面体准晶所必需的 Y 含量随 Mn 元素的添加而降低，使制造 Mg – Zn – Y – Mn 基准晶中间合金的成本降低，为工业化生产和在镁合金中的应用创造了有利条件。

|7.2　原位自生增强|

在镁合金中，第二相强化是决定合金力学性能的重要因素。第二相的尺寸、形貌、分布以及与基体的匹配关系对强化效果有重要影响。研究析出相与基体的匹配关系、析出相与位错间的作用方式，实现对镁合金强塑性的有效调控。

7.2.1　原位自生增强相颗粒

TiC 作为一种硬质颗粒，对镁合金的力学性能和耐磨性能有较大的改善作用。通过原位反应并结合搅拌铸造、压力浸渗等工艺，可获得 TiC/镁基复合材料，再利用铝液与石墨颗粒在高温下的界面扩散作用，使 Ti 与 C 颗粒形成 TiC – Al 过渡合金添加至镁合金中，经半固态成型技术制备出镁基复合材料。本工艺制备的 TiC 粒径小于 5 μm，在镁合金中以球形分散，TiC 颗粒表面覆盖一层 Al，改善与镁合金的浸润性能，同时避免产生 MgO、Al_2O_3 等反应物[49]。利用原位反应 – 自发渗透技术，获得体积分数为 48.5% 的 TiC/AZ91 镁基复合材料，其中，TiC 以亚微米、纳米尺度的网状或颗粒状分布于镁基体中，TiC 与镁基体存在良好的界面结合，没有明显的孔洞、疏松等缺陷，TiC 粒子在基体中均匀分散无团聚现象。当 TiC 加入量增大时，TiC 颗粒间距变小，而 FSW 中颗粒分布的改变几乎可以忽略不计。

Balakrishnan 等[50]利用搅拌摩擦法制备了 TiC/AZ31 复合材料，显微组织如图 7 - 21 所示。结果表明，TiC 粒子在 AZ31 基体中均匀地分散，未形成任何的簇状结构，同时，基体与 TiC 的界面未发生任何的反应，两者的界面结合良好。TiC 颗粒间距离随 TiC 含量的增大而变小，颗粒分布在 FSP 区（搅拌摩擦区）的变化可以忽略不计。

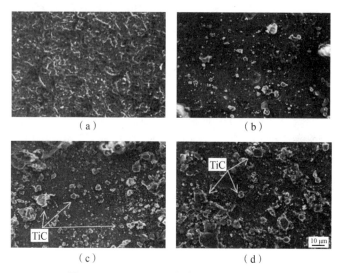

图 7 - 21　TiC/AZ31 复合材料的显微组织

Shamekh 等[51]利用原位反应渗透技术，利用 Ti 粉与 B_4C 反应，制备了（$TiC - TiB_2$）/AZ91 镁基复合材料。结果表明，在 Ti - B_4C 粉末中加入 MgH_2，会加速反应，提高最终形成的复合物中的镁含量，通过控制 MgH_2 的添加量调节增强体的体积分数。TiC、TiB_2、少量残留的 Ti 粒子、BN 以及中间相等较均匀分布在镁基体中。

Mg_2Si 具有密度小（1.99 g/cm^3）、硬度高、屈服强度高、热膨胀系数低、熔点高等优势。殷黎丽[52]等采用铸造和原位反应法制备了 Mg_2Si/AZ91 复合材料，并对其性能进行了研究。研究发现粗大、均匀的 Mg_2Si 相在镁合金中呈树枝状分布，经 T6 热处理后，Mg_2Si 晶粒变细小。

BNSahoo 等[53]采用 Ti 和 B_4C 两种颗粒在 AZ91 熔体中原位生成 TiC 和 TiB_2 粒子。试验发现，在温度为 900 ℃，时间为 2h 时，TiC 和 TiB_2 能在基质中形成均匀的分散状态，拉伸强度和伸长率分别达到 231 MPa 和 12%。

7.2.2　原位自生第二相增强

当合金的固溶度随温度的下降而降低时，较低的温度下逐渐析出沉淀相达到强化的目的，即时效析出。析出物的形貌、大小、强度和与基体的界面结合程度是影响增强效果的主要因素。

要实现沉淀强化，应具备三个条件：①在镁中有一定的固溶度，且固溶度随温度的降低而明显降低；②为了防止过时效倾向及位错攀移，溶质元素在基体中的扩散速度不宜太快；③沉淀相中 Mg 原子比例高，这样既能降低合金中的元素损耗，又能促进沉淀相的大量生成。根据沉淀物的形态，颗粒细小、弥散的沉淀物可获得较好的强化效果。但从界面角度，共格沉淀相的增强作用较好。因此，高温时析出的沉淀相或非共格相易在高温下失配和生长，难以获得优异的综合性能。

从位错的角度出发，研究位错与沉淀相的相互作用，按作用形式可划分为局域相互作用和扩散交互作用。同时，颗粒又可划分为点状障碍物和延性（有限）障碍两类。点状障碍和位错是直接接触的，而延性障碍和位错是在有限的距离上相互作用的。另外，按照障碍物的比强度，可将微粒划分为"弱的"，即可切过的障碍物，以及"强的"，即不可穿透型的障碍物。所以，Nie[54]明确地区分了临界分切应力的"切过"和"绕过"两种机理。从更唯象的观点来看，颗粒可按分散性及与基质的晶体学关系（共格程度）来划分。

图 7－22 所示为位错切过机制和绕过机制示意图[55]。位错在滑移面上滑动时，会与第二相颗粒相遇，并与之发生相互作用，不同的界面类型会产生不同的化学反应。图 7－22 中，τ 为位错运动穿过颗粒的剪切应力；F_m 为最大交互作用力；G 为剪切模量；b 为伯格斯矢量的模；T_L 为位错线张力；l 为弯曲位错线上的有效平均颗粒间距；L 为滑移平面上的最小阻碍距离；f 为球形颗粒的体积分数；τ_{FF} 为 FF 剪切应力；τ_{0r} 为奥罗万（Orowan）应力；h 为硬化参数；r 为球形颗粒半径；C_1、C_2、C_3 为系数。基质中的位错不能直接穿过非共格颗粒，而会绕过粒子并在其周围产生位错环，这就是位错绕过机制。在绕着晶粒运动过程中，位错环的形态会发生变化，见图 7－22 右半部分。但是，位错能穿过基体共格颗粒，见图 7－22 左半部分，同时切过基体和析出相。

合金材料的时效强化机理可归纳为[56]在时效初期，元素发生偏聚，随后形成"GP 区"或原子团簇，随后，适当的 f 和 r 使颗粒弥散分布。在此阶段，绕过的能垒过高，位错起动机制是 FF 切过机制，CRSS 曲线表示为图 7－22 的曲线①；随着时效时间的延长，晶粒长大，但体积分数 f 增加越慢，第二相晶粒间距越大，则切过机制因需克服较高的能垒转变为绕过机制，见图 7－22 曲线②。接着，CRSS 以双曲线（如图 7－22 虚线所示）的方式下降。所以，共格颗粒的峰值时效是由相互作用机理的转变所致。

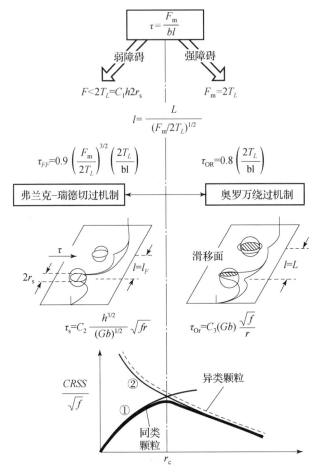

图 7 - 22　位错切过机制和绕过机制示意图[55]

在镁合金中，按主要析出相与基体之间的位向关系，可划分为 4 类，图 7 - 23 给出简化的模型[57]。

①如图 7 - 23 （a）所示，第 1 类为圆盘状析出相，平行于镁基底基面，如 Mg - Zn 合金中的 $MgZn_2$（β'_2），Mg - Al 合金中的 $Mg_{17}Al_{12}$。

②如图 7 - 23 （b）所示，第 2 类是与镁合金基面垂直的杆状析出相，在 Mg - Zn 合金中以 Mg_4Zn_7（β'_1）相为代表。

③如图 7 - 23 （c）所示，第 3 类是盘状析出相，与基面垂直，一般沿三个呈等边三角形的柱面生长，在很多稀土镁合金中发现了这类析出相。

④如图 7 - 23 （d）所示，第 4 类是与镁合金基面平行的层片状析出相，如在高温下形成的 LPSO 相，在低温下形成的 γ 和 γ' 相等[58]。

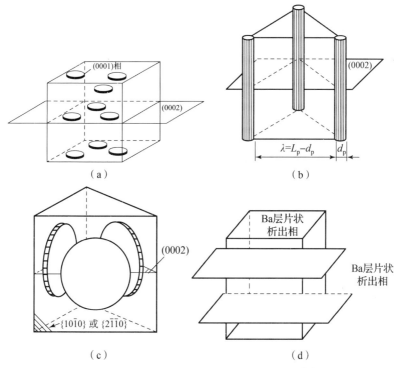

图 7 - 23　镁合金中常见析出相的简化模型图[57]

虽然镁合金在许多方面有很大的作用，但至今为止，未有几个比较成熟的合金体系。其中，Mg - Al、Mg - Zn、Mg - Sn、Mg - Re 等是最重要的成熟体系，4 种合金的性能特征各不相同，主要原因在于材料的析出相不同。

1. Mg - Al 系

在镁合金中，Al 的固溶度可以高达 12.7%（质量分数），具有很强的固溶强化效果，并为析出强化提供了可能的条件。Mg - Al 系合金是最早设计的铸造镁合金之一，也是目前应用较为广泛的镁合金系列，大部分 Mg - Al 合金需要添加其他合金元素，其中较为有效的添加元素包括 Zn、Mn、Si 和 Re 元素。AZ 系列合金是最常用，最具代表性的牌号是 AZ31 和 AZ91 合金。

Mg - Al 系镁合金在时效时，存在第二相（β - $Mg_{17}Al_{12}$），晶体为 bcc 结构，点阵常数为 1.06 nm。1995 年，Duly 等[59]对 Mg - Al 合金的不连续析出行为进行了系统、全面的研究，发现不连续析出的沉淀相主要发生在合金的晶界处，取向关系满足$(110)_{\beta}//(0001)_{\alpha}$，$[111]_{\beta}//[1-210]_{\alpha}$。

Celotto 等[60]系统地研究了 AZ91 合金的 β - $Mg_{17}Al_{12}$相，分类为：

①片层状的 β – $Mg_{17}Al_{12}$ 相沉淀物，与基体维持 Burgers 关系，在 Mg – Al 合金中所占的比例相当大。

②棱柱形的 β – $Mg_{17}Al_{12}$ 相，与镁合金基面垂直，满足 Crawley 系，取向关系为 $(111)_{\beta}$//$(0001)_{\alpha}$，$[1-10]_{\beta}$//$[0-110]_{\alpha}$。

③棱柱形 γ – $Mg_{17}Al_{12}$，长轴与镁基体 C 轴的夹角为 15°，满足 Pofler 关系，取向关系为 $(11-5)_{\beta}$//$(0001)_{\alpha}$，$[110]_{\beta}$//$[10-10]_{\alpha}$，图 7 – 24 所示为析出相的形貌。另外，Zhang[61]等人发现有不满足上述 3 种位向关系的层片状析出相，其 $(110)_{\beta}$ 面与镁基体基面的夹角为 2°。

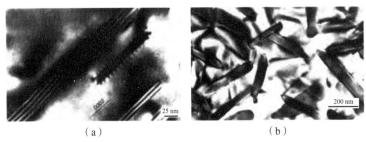

图 7 – 24　Mg – Al 系合金中析出相的形貌

由于 β – $Mg_{17}Al_{12}$ 在晶界处沉淀，在高温下难以对晶界进行有效的钉扎，致使抗蠕变性能不佳。然而，晶内第 2、3 类析出相与镁基体基面呈垂直关系，可有效阻碍基面滑移，发挥更好的强化作用；与基面平行的第 1 种析出相则具有微弱的强化作用，沉淀物中缺少 GP 区和其他过渡相等过渡相，是造成 Mg – Al 系合金时效性能差的主要原因。

2. Mg – Zn 系

Zn 在 Mg 中的固溶度约为 6.2%（质量分数），是镁合金中较理想的合金化元素之一。然而，Mg – Zn 二元合金具有较大的结晶温度范围和较差的流动性，导致在铸造条件下合金容易产生缩孔、疏松等缺陷，并且晶粒也较为粗大。因此，在工业上很少直接使用 Mg – Zn 二元合金作为结构件。目前，常见的 Mg – Zn 系合金包括 Mg – Zn – Zr、Mg – Zn – (Zr) – Re 和 Mg – Zn – Al 系合金。

研究发现，Mg – 8Zn 合金在铸造状态下，以 Mg_7Zn_3 析出相为主，时效初期，变为 Mg_4Zn_7 相，继续时效处理，转化为稳定的 MgZn 相。析出强化相以垂直于基面的杆状 β_1' 相（Mg_4Zn_7）、β_2' 相（MgZn）和 β 相（MgZn）为主。其中，β_1' 相和基体的取向是 $(11-20)_{\beta_1'}$//$(0001)_{\beta_2'}$；β_2' 相平行于基体基面为盘状析出相，晶向关系为 $[0001]_{\beta_2'}$//$[1-210]_{\alpha}$，$(0001)_{\beta_1'}$//$(0001)_{\alpha}$，$[11-20]_{\beta_2'}$//$[10-10]_{\alpha}$。Mg – Zn 系合金的析出顺序是过饱和固溶体（SSSS）→GP

区 → β_1' → β_2' → β[62]。

在 Mg – Zn – Zr 系列合金中，以 ZK60 合金为代表，微量的 Zr 起到细化晶粒的作用。但是，Zn 在 Mg 中的溶解度较低，析出相密度相对较小而尺寸大。然而，ZK60 合金存在较大的热裂倾向，当服役温度升高时强度明显下降，使其在较高温度下的应用受到很大的限制。在 ZK60 中加入微量的稀土元素（Y、Gd、Ce、Nd，质量分数为 1%），共晶熔点提高至 500 ℃左右，在较高温度下的力学性能得到明显改善，同时细化晶粒。另外，Cu、Co、Ca、Al 等元素的加入也会使析出相的大小和密度有所改变。图 7 – 25 所示为析出相形貌的变化。图 7 – 25（a）、（b）所示为在 200 ℃时效的 Mg – Zn 二元合金中的析出相[63]；图 7 – 25（c）、（d）所示为在 200 ℃时效的 Mg – 8Zn – 1Co 三元合金中的析出相[64]；图 7 – 25（e）、（f）所示为 177 ℃时效处理的 Mg – 4Zn – 0.35Ca 的析出相[65]；图 7 – 25（g）、（h）所示为 200 ℃时效的 Mg – 8Zn – 1Al 析出相。

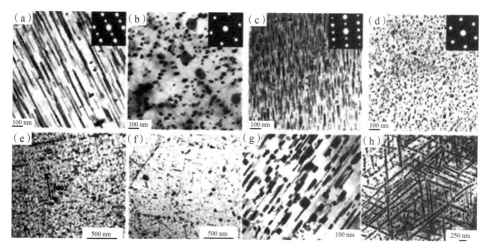

图 7 – 25　Mg – Zn 系合金中析出相形貌

3. Mg – Re 系

稀土是一种三价金属，可改善镁合金的铸造性能，去除氧化夹杂物，细化晶粒，改善耐蚀性等。另外，由于稀土元素在镁合金中的固溶度高，所以可以起到析出强化的效果[66]。

一般商用的 Mg – Al 系镁合金中，时效析出物主要由大量非连续析出相和少量长轴平行于基面分布的连续析出相组成，这些析出相对基面上的位错滑移的抑制作用十分有限，导致时效强化作用不大，即便是处于变形条件下，拉伸强度也难以达到 400 MPa 以上。而 Mg – Re 系合金，特别是加入 Gd、

Y、Dy 等镁稀土元素，析出相颗粒细小弥散，并且长轴与基面垂直，能有效阻止位错滑移。结果表明，Mg－Re 系合金比 Mg－Al 和 Mg－Zn 体系具有更高的强度。

目前，Mg－Re 系列合金可划分为 Mg－Gd、Mg－Y 和 Mg－Nd 3 种类型。Mg－Gd 系合金沉淀析出序列为 SSSS→GP 区→β''（M_3Gd）→β'（Mg_7Gd）→β_1（Mg_3Gd）→β（Mg_5Gd）[67,68]。在时效初期，β''相以板状、棒状或球状析出，晶格结构为 D019，且与基体共格，晶格常数为 $a=0.64$ nm，$c=0.52$ nm；继续时效一段时间，β''相会被 β'相替代，β'相呈现为与基体基面垂直的细小板条状，一般以相互间呈 60°平行于 3 个 [11－20] 方向分布，化合物的晶体结构是与基体呈半共格的正交（cbco）体系，晶格常数为 $a=0.64$ nm，$b=1.14$ nm，$c=0.52$ nm。β_1 相为 fcc 晶体结构，晶格常数 $a=0.74$ nm，取向关系为 $[1-11]_{\beta_1}//[2-1-10]_{\alpha}$，$(110)_{\beta_1}//(0001)_{\alpha}$。

Mg－Y（Y、Dy 等）系合金沉淀析出序列为 SSSS→β'（Mg_7Y）→β（$Mg_{24}Y_5$）[69]。β'相为球状析出相，晶体结构为正交晶系，晶格常数为 $a=0.65$ nm，$b=2.27$ nm，$c=0.52$ nm，取向关系为 [100]//[2－1－10]，(001)//(0001)。平衡相 β 为 bcc 结构，$a=1.13$ nm，为平行于基体 {31－40} 面的片状析出相[70]。

Mg－Nd（Nd、Ce）系合金沉淀析出序列为 SSSS→GP 区→β''（Mg_3Nd）→β'（Mg_7Nd）→β_1（Mg_3Nd）→β（$Mg_{12}Nd$）→β_e（$Mg_{41}Nd_5$），析出规律在 β 相出现之前与 Mg－Gd 系合金类似。β 相为四方结构，晶格常数为 $a=1.03$ am，$c=0.59$ nm，垂直于基面以棒状析出生长。

Mg－Re 二元合金和三元合金的析出相与析出规律并不完全相同，比如 Mg－Y 二元合金在添加 Gd 元素后时效析出序列中会出现 GP 区和 β_1 相，性能也会有所改善。何上明[71]通过对 Mg－12Gd－3Y－0.6Zr（GWK123）进行了优化设计，获得了一种新型的高强稀土镁合金。研究表明，过饱和固溶体中的析出序列：Mg(SSSS)→β''(D019)→β'(cbco)→β_1(fcc)→β(bcc)，在时效峰上，β''相和 β'相同时存在，并以极细的针状或片状弥散析出，能够有效阻止镁基体通过基面 {0001}<1120>滑移和锥面 {1012}<1011>孪晶进行的塑性变形，具有显著的强化效果。

4. Mg－Sn 系

Al、Zn 等元素可增强镁合金的析出强化作用，但 Al 元素的加入会在合金中形成熔点极低的 $\beta-Mg_{17}Al_{12}$，影响合金的高温机械性能。Mg－Sn 系合金因具有非常高热稳定性的 $\beta-Mg_2Sn$ 相，而具有优异的高温力学性能。

在镁合金中，Sn 的固溶度为 14.48%（质量分数），且在室温下低于 1%，适宜采用析出强化。在 Mg – Sn 系合金中，沉淀相中存在相对丰富的取向关系及形态。在已有的研究基础上，归纳出 8 类相变行为，如表 7 – 5 所示。目前普遍认为 Mg – Sn 系没有 GP 区，也没有 β′相。

表 7 – 5　Mg – Sn 系合金中析出相与基体的取向关系

序号	取向关系	形状
1	$[1-10]_\beta //[2-1-10]_\alpha$ $(111)_\beta //(0001)_\alpha$	长条状， 短条状、多边形
2	$[2-1-1]_\beta //[2-1-10]_\alpha$ $(111)_\beta //(0001)_\alpha$	长条状 短条状
3	$[-111]_\beta //[1-210]_\alpha$ $(110)_\beta //(0001)_\alpha$	长条状 短条状
4	$[001]_\beta //[2-1-10]_\alpha$ $(110)_\beta //(0001)_\alpha$	长条状
5	$[1-10]_\beta //[2-1-10]_\alpha$ $(111)_\beta //(0001)_\alpha$	短条状
6	$[1-10]_\beta //[2-1-10]_\alpha$ $(111)_\beta //(01-10)_\alpha$	长条状
7	$[1-11]_\beta //[01-10]_\alpha$ $(110)_\beta //(0001)_\alpha$	长条状
8	$[001]_\beta //[01-10]_\alpha$ $(110)_\beta //(0001)_\alpha$	长条状

Liu[72]等系统地研究了 Mg – 9.8Sn 合金的析出行为，发现在短期（100 ℃左右）时效过程中，出现了明显的晶粒细化现象，并获得了沉淀序列（SSSS→GP 区→β′→β）和相结构，其中 β′相的取向关系为 $[011]_{\beta'} //[2-1-10]_\alpha$，$(11-1)_{\beta'} //(0001)_\alpha$，β 相的取向关系满足表 7 – 5 中的关系 3。

在 Mg – Sn 体系中加入其他合金元素，可使析出强化效应得到加强，改善综合性能。Sasaki[73]等人通过向 Mg – 9.8Sn 合金中加入 1%（质量分数）Zn，得到了 Mg – Sn – Zn 三元合金，峰值时效硬度明显提高。在 Mg – Sn – Zn 合金中，除了与基面平行的 Mg_2Sn 相之外，还有满足表 7 – 5 中关系 6 沿锥面析出的 Mg_2Sn 相。Wang[74,75]等人在 Mg – Sn – Al 系合金方面做了大量的工作，发现

Al 和 Sn 的复合掺杂能够有效地降低 Mg – Sn – Al 系合金的层错能，改善合金塑性。另外，由于析出相在基面方向平行析出，塑性损失很少，可获得良好塑性。以 Mg – Sn – Re 为例，通过添加微量 Y、MM（混合稀土），与 AE42 相比，Mg – 5Sn – 2MM 的抗蠕变性显著提高。综上所述，Al、Zn、Re 等元素在 Mg – Sn 体系中均可得到不同程度的改善。

7.2.3　原位自生准晶增强

1. 内生法

采用铸造冶金方法，通过热力学稳定性的特点，可得到稳定的准晶。目前，制备出的准晶镁合金多为铸造法。以 Mg – Zn – Y 合金为例，采用铸造方法可得到包含 $Mg_{30}Zn_{60}Y_{10}$、Mg_3YZn_6 等五次对称二十面稳定准晶相，而在半连续水冷铸造 Mg – Zn – Y – Zr 型高强镁合金中，也存在二十面体准晶。常规方法可有效地降低准晶材料的制备成本，推动准晶材料的应用。但是，常规的凝固方法在使用过程中会出现裂纹等缺陷。

2. 快速凝固法

在准晶材料的制备中，快速凝固法是最早的制备技术。到目前为止，已有部分 Mg – Al – X(X = Cu、Zn、Y、Pd、Ag、Pt) 合金体系中出现了准晶，如采用急冷甩带法获得了一种由 $Mg_{42}Zn_{50}Y_8$ 准晶相组成的 Mg – A – Y 合金[76]。在快速凝固 Mg – Al – Zn 合金中还存在一种二十面体的准晶相 $Mg_{32}Zn_{32}Al_{17}$；在快速凝固熔体快淬制备的 Mg – Al – Pb 合金体系中，FK 型二十面体准晶分布于细小等轴胞状 α – Mg 晶界处。然而，快速凝固制备的样品尺寸通常较小，并且只能制备粉末状、丝状和薄带状的亚稳态准晶材料，大大限制了快速凝固技术在未来实际生产中的应用。

3. 机械合金化

机械合金化是利用钢球的冲击作用，使合金粉末经过多次冷焊、断裂，得到层状微组织，最后，通用固态扩散反应等工艺制备出均匀的准晶合金。目前，机械合金化方法已被成功应用于 Mg – Al – X（X = Cu、Zn、Pd、Ag、Pt）等准晶的制备，比如 Mg – Al – Zn 准晶体在超高压下固结成形，形成一种包含 FK 型二十面体的准晶合金。

4. 镁合金系中的准晶相

张少卿等于 1994 年首次报道了 MB25 镁合金的准晶结构。结果表明，

MB25 镁合金准晶体由 77% Mg、8.6% Zn 及 15.4% Y 组成。此外，还在准晶及其邻近的区域，观察到一种点阵参数为 $a = 0.542$ nm，$c = 0.873$ nm 的 $MgZn_2$ 型 Laves 相。如前所述，只有在一定的合金成分下，才能形成准晶。目前，可在 Mg – Al – Zn、Mg – Zn – Re 等体系中获得二十面体准晶。

4.1　Mg – Al – Zn 合金

在 Mg – Al – Zn 合金体系中，一般采用铜轮旋转甩带快速凝固和机械合金化等非平衡处理方法，制备出准晶相。目前，所得到的准晶结构存在不完全具备二十面体的排列次序、热稳定性差等问题。人们期望通过在常规的凝固条件下，可实现准晶相的原位形成，并以弥散的方式分布于基体中。同时，由于低表面能，准晶与基体之间形成良好的结合界面，避免了晶粒的生长和粗化。以 Zn 为主要成分的 ZA 系耐高温镁合金（例如 ZA85、ZA84）在常规的铸造组织中，发现了一种具有 m35 点群对称性的单 P 型准晶，准点阵系数为 0.515 nm。

袁广银等[77] 对 ZA84 合金中的准晶相进行了研究，并对其形貌进行了分析。研究发现，Mg – Zn – Al – Y 合金中含有一种准晶形 I 相，对 Mg – Zn – Al – Y 合金的增强效果很好。在 200 ℃时，准晶相 I 相的热稳定性非常高。同时，Y 的加入还可以使树枝状准晶相更加细小，分散更加均匀。I 相准晶结构是由 $Mg_4Zn_5Al_{12}$ 组成的。在室温下，准晶增强的 Mg – Zn – Al – Y 合金无论是力学性能，还是高温蠕变性能均比 AZ91 合金有显著优势。但是，在 325 ℃的高温下热处理 240 h，I 相准晶结构会发生变化，最终转化为 φ 相，分析 φ 相的成分为 $Mg_4Zn_5Al_{12}$，准点阵参数 $u = 0.517$ nm。

4.2　Mg – Zn – Re 合金

Mg – Zn – Y 体系是目前镁合金中最受关注的准晶相。罗治平[78] 等人首先在 Mg – Zn – Zr – Y 合金中发现了一种稳定的准晶相，并对它的热稳定性进行了研究。在 360 ℃的高温下，经 8 h 的热处理仍能看到准晶的存在。在此基础上，进一步发现 $Mg_3Zn_6Y_1$、$Mg_{42}Zn_{50}Y_8$、$Mg_{48}Zn_{43}Y_9$ 等热力学稳定的 I 相。

S. Yi 等[79] 对富镁端的 $Mg_{75}Zn_{23}Y_2$ 及（$Mg_{74}Zn_{26}$）$_{100-x}Y_X$（$X = 1 \sim 4$）合金进行了研究，结果表明，在合金中，因 Y 元素的存在，出现了由 α – Mg 向 I 类准晶相转化的现象。分析认为合金是以伪共晶反应（液态 α – Mg + I 相）方式形成（I 相和 α – Mg 相）的双相共晶结构，并认为 I 相成分为 $Mg_{48}Zn_{43}Y_9$。两相共晶态的微观结构为发展新型结构复合材料提供有利条件。通过对合金成分及热处理工艺的调节，得到具有不同比例的共晶组织，从而达到理想的材料性能。此外，人们还发现了一种菱形准晶近似相的晶体结构，并推测这种晶体结构是由两相之间的应变引起的。这种准晶态的衍射花样并不满足二十面体对称性，而是存在一定的角度偏移。在 Mg – Zn – Y 合金中，准晶是由包晶反应还是由伪共晶反应的生成，主要取决于合金的成分。

在 Tb – Mg – Zn、Dy – Mg – Zn、Gd – Mg – Zn、Er – Mg – Zn 等合金体系中，存在二十面体准晶，如刘勇[80]等人在 Mg – Zn – Gd 体系中发现晶格参数为 0.522 nm 和电子浓度为 2.086 的二十面体准晶态，具有很好的热稳定性。无论是哪种稀土元素，Mg – Zn – Re 系合金中二十面体准晶的平均电子浓度均在 2.1 左右，是由电子结构所决定的 Hume – Rothery 准晶。

参 考 文 献

[1] Su H, Ma A, Jiang J, et al. Revealing the tensile creep behavior and mechanism of SiC particles reinforced AZ31 composite fabricated by liquid metallurgy [J]. Materials Science and Engineering A, 2023, 862 (18): 144 – 152.

[2] Xiong Y, Li H, Huang J, et al. Fabrication of TiC coated short carbon fiber reinforced Ti3SiC2 composites: process, microstructure and mechanical properties [J]. Journal of the European Ceramic Society, 2022, 42 (9): 3770 – 3779.

[3] 韩飞，陈刚，刘洪伟，等. 铸态 ZK60 镁合金往复挤压的组织与性能 [J]. 精密成形工程，2017, 9 (2): 40 – 44.

[4] Cicek B, Ahlatgih, Sun Y. Wear behaviours of Pb added Mg – Al – Si composites reinforced with in situ Mg_2Si particles [J]. Materials and Design, 2013, 50 (17): 929 – 935.

[5] Shen M J, Wang X J, Li C D, et al. Effect of submicron size SiC particles on microstructure and mechanicAl properties of AZ31B magnesium matrix composites [J]. Materials and Design, 2014, 54 (2): 436 – 442.

[6] Sreekanth D, Rameshbabu N. Development and characterization of mgO/hydroxyapatite composite coating on AZ31M agnesium alloy by plasma electrolyric oxidation coupled with electrophoretic deposition [J]. Materials Letters, 2012, 68 (1): 439 – 442.

[7] Balakrishnan M, Dn Aharan I, Palanivelr, et al. Synthesize of AZ31/TiC magnesium matrix composites using friction stir processing [J]. Journal of

Magnesium and alloys, 2015, 3 (1): 76 – 78.

[8] Chen J, Bao C G, Wang Y, et al. Microstructure and lattice parameters of AlN particle – reinforced magnesium matrix composites fabricated by powder M – etallurgy [J]. Acta Metallurgica Sinica, 2015, 28 (11): 1354 – 1363.

[9] Gobara, Mohamed, Shamekh, et al. Corrosion behavior of in situ (TiC – TiB$_2$)$_p$/AZ91 magnesium matrix composites in Harrison solution [J]. Anti – Corrosion Methods and Materials, 2014, 61 (5): 327 – 319.

[10] 田园, 靳玉春, 赵宇宏, 等. SiC 增强镁基复合材料的研究与应用 [J]. 热加工工艺, 2014, 43 (22): 22 – 25.

[11] 张善保, 于思荣, 许骏, 等. 颗粒增强镁基复合材料的研究现状及发展趋势 [J]. 铸造技术, 2016, 37 (01): 1 – 6.

[12] Matin A, Saniee F F, Abedi H R. Microstructure and mechanical properties of Mg/SiC and AZ80/SiC nano – composites fabricated through stir casting method [J]. Materials Science and Engineering A, 2015, 625 (11): 81 – 88.

[13] Aravindan S, Rao P, Ponappa K. Evaluation of physical and mechanical properties of AZ91D/SiC composites by two step stir casting process [J]. Journal of Magnesium and Alloys, 2015, 3 (1): 52 – 62.

[14] You Z Y, Jiang A X, Duan Z Z, et al. Effect of heat treatment on microstructure and properties of semi – solid squeeze casting AZ91D [J]. China Foundry, 2020, 17 (03): 219 – 226.

[15] You Z Y, Wang Z, Hou L F, et al. Microstructure and property of SiCp/Gr omposite reinforced aluminum matrix composites material [J]. Jouranl of WuHan University of Technology Materials Science, 2018, 33 (01): 171 – 176.

[16] You Z Y, Wang W, Wei Y H, et al. Microstructure and properties of SiC/Gr composite reinforced aluminum matrix composites material [J]. Jouranl of Wuhan University of Technology: Materials Science, 2018, 33 (01): 171 – 176.

[17] Wang X J, Hu X S, Nie K B, et al. Hot extrusion of SiCp/ΛZ91 Mg matrix composites [J]. Transactions of Nonferrous Metals Society of China, 2012, 22 (8): 1912 – 1917.

[18] Chen L Y, Xu J Q, Choi H, et al. Processing and properties of magnesium containing a dense uniform dispersion of nanoparticles [J]. Nature, 2015, 528 (7583): 539 – 543.

[19] 李传鹏. 纳米碳化硅颗粒增强镁基复合材料的粉末冶金法制备及其力学性能 [D]. 长春: 吉林大学, 2017.

[20] 龙前生，王伟伟，任广笑，等. 纳米 SiC 颗粒增强镁基复合材料半固态搅拌法制备工艺优化 [J]. 铸造技术，2016，37（05）：848 – 852.

[21] 邱慧，班新星，刘建秀，等. SiC 晶须含量对镁基复合材料性能影响的研究 [J]. 粉末冶金工业，2016，26（3）：34 – 37.

[22] Yan F, Wu K, Zhao M. Super plasticity in SiCw/ZK60 Composite [J]. Acta Metallurgica Sinica（English Letters），2009，16（3）：217 – 220.

[23] 齐磊，侯华，赵宇宏，等. SiCp 尺寸对 AZ91D 镁基复合材料显微组织和力学性能的影响 [J]. 铸造技术，2014，35（03）：433 – 435.

[24] Guleryuz L F, Ozan S, Uzunsoy D, Ipek R. An investigation of the microstructure and mechanical properties of B_4C reinforced PM magnesium matrix composites [J]. Powder Metallurgy and Metal Ceramics, 2012, 51（7 – 8）：456 – 462.

[25] 田君，李文芳，韩利发，等. 镁基复合材料的研究现状及发展 [J]. 材料导报，2009，23（17）：71 – 74.

[26] 艾云龙，杨国超，张剑平，等. B_4C 和 SiC 颗粒增强 ZM5 镁基复合材料的组织及力学性能 [J]. 铸造技术，2008，29（09）：1234 – 1237.

[27] Ma X, Jin S, Wu R, et al. Influence of combined B_4C/C particles on the properties of microarc oxidation coatings on Mg – Li alloy [J]. Surface and Coatings Technology, 2022, 438：128399.

[28] Yao Y, Chen L. Processing of B_4C particulate – reinforced magnesium – matrix composites by metal – assisted melt infiltration technique [J]. Journal of Materials Science and Technology, 2014, 30（7）：661 – 665.

[29] 郝建强，张金山，许春香，等. B_4C 对 Mg – Zn – Y – Mn 镁合金微观组织和力学性能的影响 [J]. 材料热处理学报，2021，42（08）：32 – 39.

[30] 于洋. CNTs/Al_2O_3 联合增强镁基复合材料的组织与力学性能的研究 [D]. 天津：河北工业大学，2016.

[31] 盛绍顶，严红革，陈振华，等. 快速凝固结合粉末冶金法制备 Al_2O_3 颗粒增强 AZ91 镁基复合材料的组织与力学性能 [J]. 机械工程材料，2010，34（10）：40 – 42.

[32] 范艳艳，李秋书，李亚斐，等. Al_2O_3 颗粒增强 AZ91D 镁基复合材料的研究 [J]. 中国铸造装备与技术，2011，（01）：16 – 19.

[33] Wu Y L, Chao C G. Deformation and fracture of Al_2O_3/Al – Zn – Mg – Cu metal matrix composites at room and elevated temperatures [J] Materials Science and Engineering A, 2000, 282（1 – 2）：193 – 202.

［34］陶莹，马壮，董世知，等. 粉煤灰活性氩弧熔覆 $Al_2O_3 - TiB_2 - TiC$ 复合涂层组织和性能分析［J］. 硅酸盐通报，2017，36（11）：3848 - 3852.

［35］刘守法，夏祥春，王晋鹏. 搅拌摩擦加工工艺制备 ZrO_2 颗粒增强镁基复合材料的组织与力学性能［J］. 机械工程材料，2016，40（1）：35 - 38.

［36］Paramsothy M，Chan J，Kwok R，et al. Adding TiC nanoparticles to magnesium alloy ZK60A for strength/ductility enhancement［J］. Journal of Nanomaterials，2011，42（12）：2093 - 2100.

［37］Chen J，Bao C G，Wang Y，et al. Microstructure and lattice parameters of AlN particle - reinforced magnesium matrix composites fabricated by powder metallurgy［J］. Acta Metallurgica Sinica，2015，28（11）：1354 - 1363.

［38］董闯. 准晶材料［M］. 北京：国防工业出版社，1998.

［39］Shechtman D，Blech I，Gratias D，et al. Metallic phase with long - range orientational order and no translational symmetry［J］. Physics Review Letters，1984，53：1951 - 1954.

［40］Shechtman D，Blech I，Gratias D，et al. Physical review letters metallic phase with long - range orientational order and no translational symmetry［J］. John Wiley and Sons，2017，45（36）：123 - 131.

［41］Shechtman D，Blech I，Gratias D，et al. Metallic phase with long - range orientational order and no translational symmetry［J］. Physics Review Letter，1984，28（01）：49 - 54.

［42］杜二玲，王荣贵，张金山，等. 镁基准晶对 AZ31 镁合金显微组织和力学性能的影响［J］. 铸造，2009，58（06）：555 - 557，567.

［43］张金山，裴利霞，王晓明，等. 准晶增强 ZA85 镁基复合材料的组织与性能［C］//中国宇航学会. 复合材料——基础、创新、高效：第十四届全国复合材料学术会议论文集（上）. 北京：中国宇航出版社，2006：675 - 679.

［44］张金山，王晓明，裴利霞，等. 镁基准晶对 AZ91 合金组织与性能的影响［J］. 铸造，2007，32（07）：687 - 690.

［45］张金山，杜宏伟，梁伟，等. Mn 对 Mg - Zn - Y 合金中准晶相凝固组织形貌的影响［J］. 稀有金属材料与工程，2007，26（03）：381 - 385.

［46］Kang H，Wu S，Li X，et al. Improvement of microstructure and mechanical properties of Mg - 8Gd - 3Y by adding Mg3Zn6Y icosahedral phase alloy［J］. Materials Science and Engineering A，2011，528（16/17）：5585 - 5591.

[47] 陈礼清, 郭金花, 王继杰, 等. 原位反应自发渗透法 TiC/AZ91D 镁基复合材料及 AZ91D 镁合金的拉伸变形与断裂行为 [J]. 稀有金属材料与工程, 2006, 35 (01): 29 – 33.

[48] Chen C G, Tao S, Wang W W, et al. Characterization and integrated fabrication of Al components with thick TiCp/Al composite coatings via self – propagating reaction [J]. Journal of Materials Engineering and Performance, 2019, 28 (7): 4485 – 4495.

[49] Yao Y, Chen L. Synthesis and characterization of hybrid reinforced (TiC – TiB$_2$)/Mg composites processed by In situ reactive infiltration technique [J]. Science of Advanced Materials, 2017, 9 (6): 1064 – 1069.

[50] Balakrishnan M, Dinaharan I, Palanivel R, et al. Synthesize of AZ31/TiC magnesium matrix composites using friction stir processing [J]. Journal of Magnesium and alloys, 2015, 3 (1): 76 – 78.

[51] Shamekh M, Pugh M, Medraj M. Understanding the reaction mechanism of in – situ synthesized (TiC – TiB$_2$) /AZ91 magnesium matrix composites [J]. Materials Chemistry and Physics, 2012, 135 (1): 193 – 205.

[52] 殷黎丽, 高平, 狄石磊, 等. Mg$_2$Si 颗粒增强镁基复合材料组织和力学性能的研究 [J]. 铸造, 2011, 60 (5): 466 – 468.

[53] Sahoo B N, Panigrahis K, et al. Synthesis characterization and mechanical properties of in – situ (TiC – TiB$_2$) reinforced magnesium matrix composite [J]. Materials and Design, 2016, 109 (37): 300 – 313.

[54] Nie J F, Zhu Y M, Wilson N C. Solute segregation and aggregation in Mg alloys [J]. Springer International Publishing, 2015, 43 (11): 389 – 393.

[55] 卡恩, 颜鸣皋. 材料科学与技术丛书: 材料的塑性变形与断裂第 6 卷 [M]. 北京: 科学出版社, 1998.

[56] Wu S J, Wang H H, Li F F, et al. Enhanced agrobacterium – mediated transformation of embryogenic calli of upland cotton via efficient selection and timely subculture of somatic embryos [J]. Plant Molecular Biology Reporter, 2008, 26 (3): 174 – 185.

[57] Freise E J, Kelly A, Nicholson R B. Guinier – preston zones in an aluminium – silver alloy [J]. Acta Metallurgica, 1961, 9 (3): 250 – 255.

[58] 何上明, 曾小勤, 彭立明. 高强度耐热镁合金及其制备方法: 中国, 200510025251.6 [P]. 2005 – 10 – 05.

[59] Duly D, Simon J P, Brechet Y. On the competition between continuous and

discontinuous precipitations in binary Mg – Al alloys［J］. Acta Metallurgica et Materialia, 1995, 43（1）：101 – 106.

［60］ Celotto S. TEM study of continuous precipitation in Mg – 9wt. % Al – 1 wt. % Zn alloy［J］. Acta materialia, 2000, 48（8）：1775 – 1787.

［61］ Qiu D, Zhang M X, Fu H M, et al. Crystallography of recently developed grain refiners for Mg – Al alloys［J］. Philosophical Magazine Letters, 2007, 87（7）：505 – 514.

［62］ Aboulfadl H, Deges J, Choi P, et al. Dynamic strain aging studied at the atomic scale［J］. Acta Materialia, 2015, 86（21）：34 – 42.

［63］ 周标. Mg – Zn – Nd 系合金时效过程中析出行为研究［D］. 沈阳：东北大学, 2013.

［64］ Bettles C J, Gibson M A, Venkatesan K. Enhanced age – hardening behaviour in Mg – 4wt. % Zn micro – alloyed with Ca［J］. Scripta Materialia, 2004, 51（3）：193 – 197.

［65］ Ding W J, Wu Y J, Li M P, et al. Research and application development of advanced magnesium alloys［J］. Materials China, 2010, 29（8）：37 – 45.

［66］ Morley A I, Zandbergen M W, Cerezo A, et al. The effect of pre – ageing and addition of copper on the precipitation behaviour in Al – Mg – Si alloys ［J］. Materials Science Forum, 2006, 19（21）：543 – 548.

［67］ Nishijima M, Hiraga K, Yamasaki M, et al. Characterization of β′ phase precipitates in an Mg – 5at. % Gd alloy aged in a peak hardness condition, studied by high – angle annular detector dark – field scanning transmission electron microscopy［J］. Materials Transactions, 2006, 47（8）：2109 – 2112.

［68］ Nishijima M, Yubuta K, Hiraga K. Characterization of β′ precipitate phase in Mg – 2at. % Y alloy aged to peak hardness condition by high – angle annular detector dark – field scanning transmission electron microscopy［J］. Materials Transactions, 2006, 48（1）：84 – 87.

［69］ Zhang M X, Kelly P M. Morphology and crystallography of $Mg_{24}Y_5$ precipitate in Mg – Y alloy［J］. Scripta Materialia, 2003, 48（4）：379 – 384.

［70］ 张敏, 刘畅, 严凯, 等. 一种多孔镁合金的制备方法：中国, 201510915866. X［P］. 2017 – 05 – 10.

［71］ 何上明. Mg – Gd – Y – Zr（ – Ca）合金的微观组织演变、性能和断裂行为研究［D］. 上海：上海交通大学, 2011.

［72］ Liu C Q, Chen H W, Liu H, et al. Zn segregation in interface between $Mg_{17}Al_{12}$

precipitate and Mg matrix in Mg – Al – Zn alloys [J]. Scripta Materialia, 2018, 163（144）：590 – 600.

[73] Sasaki T T, Lin J Y, Yi P, et al. Deformation induced solute segregation and G P zone formation in Mg – Al and Mg – Zn binary alloys [J]. Scripta Materialia, 2022, 220（10）：111 – 114.

[74] Wang X Y, Chen C, Zhang M. Effect of laser power on formability, microstructure and mechanical properties of selective laser melted Mg – Al – Zn alloy [J]. Rapid Prototyping Journal, 2020, 132（2）：248 – 252.

[75] Wang X Y, Wang Y F, Wang C, et al. A simultaneous improvement of both strength and ductility by Sn addition in as – extruded Mg – 6Al – 4Zn alloy [J]. Materials Science and Technology, 2020, 132（2）：248 – 252.

[76] 耿浩然. Mg – Zn – Y 准晶对 AM60 镁合金组织及性能的影响 [C] //中国机械工程学会：2013 中国铸造活动周论文集. 济南：济南大学, 2013.

[77] Yuan G Y, Kenji A, Hedemi K, et al. Structure and mechanical properties of cast quasicrystal – reinforced Mg – Zn – Al – Y base alloys [J]. Journal of Materials Research, 2004, 19（5）：1531 – 1538.

[78] Luo Z P, Zhang S Q, et al. Microslructure of Mg – Zn – Zr – Y alloys acta metallurgica sinica [J]. Series A：Physical Metallurgy and Materials Science, 1994, 7（2）：133 – 138.

[79] Yi S, Park E, Ok J, et al.(Icosahedral phase + α – Mg) two phase microstructures in the Mg – Zn – Y ternary system [J]. Materials Science Engineering A, 2001, 300（1）：312 – 315.

[80] Liu Y, Yuan G Y, Chen L, et al. Stable icosahedral phase in Mg – Zn – Gd alloy [J]. Scripta Materialia, 2006, 55（10）：919 – 922.

第 8 章

镁合金的晶粒细化技术

镁合金和大部分结构金属材料类似，可以通过细化晶粒尺寸来提高镁合金的力学性能[1]。镁合金的屈服强度与晶粒尺寸的关系可用著名的霍尔-佩奇公式表示：

$$\sigma_s = \sigma_0 + Kd^{-\frac{1}{2}} \tag{8.1}$$

式中，σ_0 为单晶屈服强度；d 为平均晶粒尺寸；K 为霍尔-佩奇系数，只与材料种类有关，通常镁合金的 K 值为 280~320，比铝合金的 K 值（约 68 V/（A·T））大得多[2]。

细晶强化对镁合金性能的影响主要表现在以下几点：

①增强可塑性：由于镁合金为密排六方晶型，室温下塑性不强，细化晶粒可使镁合金强度、塑性得到增强，效果远大于体心、面心立方晶型的镁合金[3]。

②改善铸件性能：由于镁合金结晶温度范围广、热导率低、体积收缩大等，在凝固时极易出现缩松、热裂等铸件缺陷，细化晶粒可降低铸件缺陷，使铸件性能得到提高。

③改善热处理效果：由于晶粒细化，可减少合金相在晶界处的固溶扩散距离，因此改善合金的热处理效果。同时，细化晶粒有利于提高材料的耐蚀性和可加工性。

综上所述，细化晶粒对于提高镁合金的力学性能起到积极的作用。为此，世界各国纷纷开展对镁合金的细晶技术的研究，并在铸态和变形态的细晶技术上取得丰硕的成果。目前，对镁合金进行晶粒细化的方法有以下几种。

①热挤压与变形锻造：利用高挤出率的热挤压与变形锻造技术，在较高温度下进行塑性变形，以达到细化晶粒的目的。

②等径角挤压（Equal Channel Angular Pressing, ECAP）与扭曲应变：采用等径角挤入与扭曲应变进行大塑性变形，并利用强烈的变形应力使晶粒细化。

③将热（冷）变形与动（静）变形组合，使晶粒得到细化。

④粉末冶金法：利用快淬及粉末冶金法，对镁合金进行机械合金化处理，使晶粒度较细。

⑤研磨压碎：利用机加工的碎屑材料进行挤压和压制，通过机械变形实现晶粒细化。

⑥机械合金化与非晶化：利用特定的工艺，对镁合金进行加工，使结晶结构发生变化，从而使晶粒变细。

|8.1　晶粒细化剂|

8.1.1　FeCl₃ 法

$FeCl_3$ 是将镁合金加热至 750 ℃左右，再添加无水三氯化铁，使合金晶粒细化。结果表明，添加 $FeCl_3$ 对镁合金的晶粒细化作用明显增强，原因在于镁合金中 Fe 与 Al、Mn 等元素结合，形成 Fe – Mn – Al 复合物[4-7]，以复合物为晶核，使晶粒变得更细。$FeCl_3$ 法可用于 Mg – Al 体系、Mg – Zn 体系等。

目前，对 $FeCl_3$ 晶粒细化机理尚不明确。另外，随着 Fe 元素的增多，合金耐腐蚀性将下降。所以，$FeCl_3$ 法还没有大规模的工业化应用。

8.1.2　碳质孕育法

在 Mg – Al 合金体系中，通过添加 CO_2、碳酸盐、乙炔等碳源，使 Mg – Al 合金中的 C 元素快速成核，实现对 Mg – Al 合金进行细化的目标。目前，有多种方法可以用来作为晶粒细化剂，如添加 CO_2、乙炔、碳酸钙、固体石蜡等[8]，具有原料来源广、细化效果稳定等优点，是 Mg – Al 系合金制备的一种重要方法[9]，特别是对 Al – 镁合金（一般认为 Al – Mg 含量在 1% 以上），晶粒细化作用更为明显。

研究人员提出了一种新的制备工艺，即通过添加碳化物，使其在高温下发生裂解，并与 Al 发生反应，获得大量 Al_4C_3、Al_4C_3 和 Mg 具有相似的点阵结构，均为六方晶系。基于晶体协同作用原理，Al_4C_3 可作为非均质形核基体[10]，促使镁合金形核，进而细化晶粒。但是，目前已有的研究均未在镁合金中直接观察到 Al_4C_3 粒子，观测到由 Al、C 和 O 三种元素组成的 Al_2CO 复合颗粒，对镁合金的晶粒没有细化作用。

目前，普遍采用的引入碳化物的物质一般含 Cl 元素，在生产过程中会排放出大量的有害气体，对环境造成污染。为此，急需发展环境友好的新型碳质细化剂，并对添加温度、添加量和保温时间等因素进行定量分析[11,12]。

8.1.3　添加含 Zr 的晶粒细化剂

1937 年，在 Mg 和镁合金中，人们发现 Zr 能使 Mg 的晶粒明显变细，由此展开对 Mg 和镁合金晶粒细化的研究[13]。

从 Mg – Zr 相图（见图 8 – 1）可以看出，Zr 在液体镁中的溶解度非常低，在进行包晶反应时，只有 0.6% 的 Zr（质量百分比）溶解在镁液中，Zr 和 Mg 不形成化合物，在合金凝固时，Zr 首先以 α – Zr 相析出，而 α – Mg 位于最外层[14,15]形成包晶。α – Zr 和 α – Mg 均为六方晶型，点阵常数非常接近（$a = 0.320 \times 10^{-9}$ m，$c = 0.520 \times 10^{-9}$ m）；Zr 的晶格常数分别为 $a = 0.323 \times 10^{-9}$ m、$c = 0.514 \times 10^{-9}$ m。

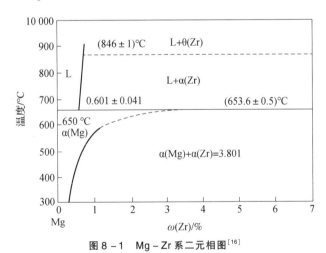

图 8 – 1　Mg – Zr 系二元相图[16]

α – Zr 合金具有尺寸与结构相匹配的特性，可作为晶核形核核心。Zr 加入量大于 0.6% 时，熔体中会出现大量分散的 α – Zr 微粒，使熔体的晶粒明显细化[16]。但受 Zr 溶解度的限制，镁合金熔体中 Zr 的含量很难达到 0.7% 以上。同时，Zr 元素的含量越高，材料的综合性能越好。综上所述，溶于基体中的

Zr 起到一定的强化作用，故随着 Zr 含量的增加，合金的力学性能也不断提高[17]。

8.1.4　加 Ca 晶粒细化法

Ca 对纯 Mg 和镁合金具有较好的细化作用。结果显示，在纯 Mg 中加入微量 Ca，晶粒尺寸及形态均有明显的改善。随着 Ca 离子浓度的增大，纯 Mg 柱状晶长、宽度逐渐变窄，最终形成等轴晶粒。在 Ca 质量分数为 0.4% 左右时，得到的纯 Mg 粒径为 270 μm 左右。在细化镁合金的过程中，Ca 不但可以强化含 Zr 镁合金（如 Mg – Zn –（Re）– Zr、Mg – Re – Zr、Mg –（Y、Ag 或 Th）– Re – Zr），而且还可以使 AZ91、AS21、AS41 等 Mg – Al 合金的基体和第二相产生明显的细化效应，尤其对 AZ91 合金而言，如果除了 Ca 外加入 Si 或稀土，更能提高晶粒的细化作用[18]。

Ca 可有效地抑制 Mg 及镁合金的晶粒长大，使晶粒变细。Ca 添加到纯 Mg 或镁合金中，会在固 – 液界面前沿的扩散层中产生成分过冷区域[19]。Ca 在晶体中的扩散速度很慢，使溶质元素在晶体中的扩散受到限制，因此，在扩散层界面前沿，晶体长大的速度变慢使过冷区域内的形核剂得到活化，进一步提高晶粒的细化程度。

8.1.5　加 Sr 晶粒细化法

Sr 对镁合金具有良好的细化作用。前期研究发现，Sr 能使 Mg – Al 及低 Al 含量 Mg – Al 合金的晶粒变小，而对高 Al 含量 Mg – Al 合金则无明显细化作用。但 Nussbaum 等[20]研究表明，Sr 可使 AZ91E 合金晶粒细化，在 Sr 加入量一定时，合金中会析出针状的 Al_4Sr 和 Mg_2Sr 相，并且在 Sr 含量大于 3% 时，可使 AZ91E 合金中出现较粗、较稳定的 Al、Mg 析出相，是否为异质形核核心尚无定论。

目前，Sr 对镁合金的细化作用机制尚不明确，一种说法是 Mg 中 Sr 的低固溶度（< 0.11%），使其在熔体中发生富集，进而改变了晶粒长大的动力学过程，使晶粒变得更加细化；另一种说法是 Sr 具有表面反应性[21]，可在晶粒长大界面形成含 Sr 的吸附性膜，减缓晶粒长大的速度，延长结晶成核的时间，达到细化晶粒的目的。

8.1.6　Al_4C_3 的变质作用

在 MB2 镁合金中，铝含量为 3%，锌含量为 0.8%，锰含量为 0.2%，其余是纯镁，将铝粉、石墨粉、钛粉、助熔剂、镁粉末等加入混合，然后按一定的比例制成坯体，再对坯体进行不同的热处理。冶炼前，先将高质量的镁砂进行机械研磨，将 Al、Zn 等元素按顺序加入，用 RJ－2 熔剂覆盖保护，经 5 kW 电阻炉内冶炼。在 760～900 ℃温度时，添加预制块（石墨粉、铝粉、钛粉和熔剂的质量比为 2：3：1：2），将镁粉与预制块按 2：1 的体积比混合均匀，并在 200 ℃的预热温度下，经 ϕ20 mm 钢模中浇注成型[22]。

结果表明，MB2 颗粒随变质温度的提高而变小。由此推测，在低温时，铝粉末与石墨粉末之间的润湿性能不佳，仅生成少量的 Al_4C_3 粒子，不能显著地细化基体晶粒。随着温度的升高以及钛粉的作用，铝粉和石墨粉的润湿性能逐步提高，形成大量分散的 Al_4C_3 颗粒，促进异质形核，从而使晶粒细化。同时，由于 TiC、$TiAl_3$ 等元素的存在，使合金的晶粒细化的倾向进一步增加。

对于 MB2 合金，一方面，熔点较高且存在高温稳定性较好的 Al_4C_3、TiC、$TiAl_3$ 等硬质化合物；另一方面，因铸造组织较差，$\beta－Mg_{17}Al_{12}$ 相将在 MB2 晶界上连续沉淀。基于上述研究结果，研究人员提出一种在高温条件下，$\alpha－Mg$ 完全细化同时出现的 $\beta－Mg_{17}Al_{12}$ 不连续析出相。这一过程不仅对基体起到强化作用，而且对其综合性能也有一定的提高。

在将 Be 添加到 MB2 合金前，需要添加熔剂，因为 MB2 合金受热会产生强烈的燃烧。这种方法不仅会导致添加剂的浪费，还会导致夹渣现象的发生，增加生产成本和事故风险。同时，该法产生的毒气也会对周围的环境造成一定的危害。添加 Be 可以有效地抑制熔融反应，起到一定的保护作用，但加入量太多，又会导致晶粒粗大，因此，在使用过程中应严格控制 Be 的含量。

|8.2　快速凝固|

8.2.1　快速凝固技术概论

快速凝固是一种使金属迅速由液体向固体转化的方法。快速凝固材料因其相变速度快，可得到一般铸件和铸锭所不能得到的相结构和微观结构[23]。

在金属的凝固过程中，冷却体系中的热量传递强度、冷却速度等因素会直接影响到金属的凝固进程与微观组织。在传统的金属凝固过程中，冷却速率通常在 10 K/s 以下，这是因为较慢的冷却速率有助于金属晶粒的长大，形成较大的晶粒尺寸和相对疏松的结构。在大型砂型铸件和铸件凝固时，冷却速度为 10^{10} K/s，中等铸件为 $10^{-3} \sim 10^{-1}$ K/s；在薄壁铸件、压铸件和常规雾化过程中，冷却速度为 $10^{-1} \sim 10^{3}$ K/s，但对于快凝固金属，冷却速率要求为 $10^{3} \sim 10^{10}$ K/s。

美国加州科技大学 Duwez 教授等在 20 世纪 60 年代使用一种特殊的熔体急冷技术，在 107 K/s 以上的冷却速度下成功地实现金属材料的快速凝固，并取得良好的效果。他们发现，在这样快速冷却的条件下，Cu – Ag 合金中存在无限固溶的连续固溶体；在 Ag – Ge 合金体系中，存在新的亚稳相；而 Au – Si（$x_{Si} = 25\%$）合金中的共晶组分却发生凝固，并最终形成非晶态的结构。该研究开辟了一个全新的研究方向，引起国内外学者的高度重视。

在 20 世纪 70 年代，采用快速凝固的方法来生产晶态材料；从 20 世纪 80 年代起，研究的重点逐渐转移到对各类常规金属材料进行快速凝固的研究；20 世纪 90 年代以来，在大块非晶合金方面有了重大的进步。当前，快速凝固技术已成为冶金工艺、金属材料学等领域的一个重要研究方法，对提高新材料的质量和降低成本具有重要意义。

8.2.2　快速凝固的组织特征

合金的微观结构与凝固方式有很大的关系。随着过冷度的增大，合金的微观结构随之改变。图 8 – 2 所示为当冷却速度增大引起的凝固组织的变化。

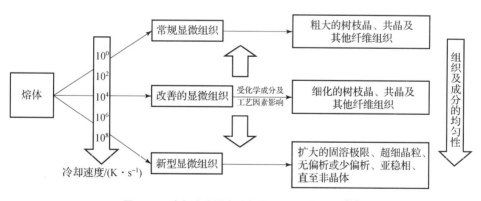

图 8 – 2　冷却速度增大引起的凝固组织的变化[24]

与传统凝固合金比较，快速凝固合金在组织和结构方面表现出如下特征：固溶极限扩大，凝固组织细化，偏析趋向减小，形成非平衡相，并且具有高点缺陷密度等特征。

1. 扩大固溶极限

快速凝固技术可以有效地扩大镁合金的固溶极限，从而改善其性能。

①快速凝固带（Ribbon）：通过快速凝固带工艺，可以制备出宽度较窄的带状镁合金材料。快速凝固带具有高冷却速率和细小的晶粒尺寸，使固溶元素（如 Al、Zn 等）在镁基体中更好地固溶。因此，快速凝固带镁合金能够扩大固溶极限，并提供优异的强度和韧性。

②凝固率调控技术：通过调控凝固速率，可以有效地扩大镁合金的固溶极限。通过调整冷却速率、浇注温度和模具设计等参数实现凝固率的调控。较高的冷却速率可以限制固溶元素扩散，促进固溶元素在镁基体中均匀分布，从而提高固溶极限。

③快速凝固球状化技术：通过在球化器中将液态镁合金快速冷却成球状颗粒，可以实现高冷却速率和细小的晶粒尺寸。球状化的镁合金具有较大的表面积，有利于固溶元素的扩散和均匀分布，从而提高固溶极限。

2. 细化凝固组织

在较大过冷度条件下，快速凝固可以获得较高的形核速率，使快速凝固组织更加精细[25]。当冷却速度增大时，晶粒度变小，可形成微晶、纳米晶，甚至是无定形组织。快凝合金的晶粒度一般小于 $0.1 \sim 1.0$mm，与传统合金相比有很大差距，比如在快速凝固 Ag – Cu（wCu = 50wt. %）合金中，发现了 30 A 的细小晶粒。另外，由于有第二相和夹杂的存在，使合金的晶粒变得更小。

在传统的铸态合金中，随着组分的增加，胞状晶和枝状晶会产生纤维偏析，其中枝状晶的偏析尤为显著。但是，在快速凝固过程中，随着凝固速率的增大，溶质的分布也发生了变化。一般来说，溶质分布系数接近 1，偏析趋势降低。在一定的条件下，凝固前沿会变成平界面，此时，合金的凝固会进入"绝对稳定界限"，当凝固速度达到"绝对稳定界限"，并大于溶质原子在界面的扩散速度时[26]，能实现"无偏析，无扩散"的凝固，使整个铸件的微观组织完全无偏析。

3. 形成非平衡相或亚稳相

在快速凝固过程中，除不稳定的过饱和固溶体外，还会有其他亚稳相生成。这类亚稳相的晶格结构很可能是在急速降温和大幅过冷度下，亚稳相的晶格结构会发生改变，从而导致亚稳相的亚稳浓度区间发生变化[27]。另外，也有可能会出现一种亚稳态，而在平衡状态图中根本不存在。

4. 形成非晶态

当过冷度达到一定程度时，晶体的结晶行为将受到彻底的抑制，从而获得非晶态的固体。

5. 高点缺陷密度

在同样的温度下，液体金属中存在更多的缺陷，这是因为液体金属中的缺陷密度远高于固体金属。

8.2.3　快速凝固合金的性能

快速凝固技术在镁合金中具有多种优良性能，以下是一些主要方面：

①细小晶粒结构：在快速凝固过程中，由于高冷却速率，镁合金的凝固速度较快，形成细小的晶粒结构。细小的晶粒结构有利于提高材料的强度、硬度和耐磨性，同时也增加了材料的塑性和韧性。

②均匀固溶：快速凝固可以促使固溶元素在镁基体中均匀固溶。快速冷却限制了溶质元素的扩散和析出过程，提高了固溶元素在合金中的均匀分布程度。均匀固溶可以增强合金的强度、耐蚀性和耐磨性。

③晶粒细化效应：由于快速凝固形成细小晶粒，晶界面积增大，导致晶界强化效应增强。晶界强化效应可以抑制位错运动和晶粒的滑移，提高材料的强度和韧性。

④减少热应力和成形变形温度窗口：快速凝固产生的细小晶粒结构和均匀固溶能够减少镁合金的热应力和热膨胀，拓宽材料的成形变形温度窗口，意味着在高温条件下仍然可以进行合适的成形加工，提高了镁合金的加工性能。

⑤提高耐腐蚀性能：快速凝固的镁合金由于较细小晶粒结构和均匀固溶，可以提高耐腐蚀性能。细小晶粒减少腐蚀介质对材料的侵蚀路径，均匀固溶则减少细化相的析出和腐蚀。

快凝固非晶合金具有许多特殊的性质：①机械性能方面，合金的强度和硬度非常高，例如 $Fe_{80}B_{20}$ 非晶合金的屈服极限强度为 3 626 MPa，HR（洛氏硬度）为 10 790 MPa，杨氏模量 E 为 65 730 MPa。尽管合金伸长率很低（只有 1.5%~2.5%），但压缩时具有很高的塑性；撕裂性能高于普通晶体合金，说明快凝固非晶合金具有良好的韧性和高强度；②软磁特性非常好，铁芯损失只有晶体合金的百分之一，可以用来制作变压器铁芯、磁录磁头和各种磁体装置；③由于电阻温度系数非常小，可以为 0，所以能够作为一种标准的电阻和磁泡存储材料；④一种由 Fe、Cr、P 和 C 组成的非晶合金（$Fe_{70}CrP_{13}C_7$），耐腐蚀性极佳，比不锈钢的耐腐蚀性能更佳。非晶态合金的表面保留较高的化学活性和化学反应选择性，加之优良的耐腐蚀能力，使金属玻璃有望作为一种新型的催化剂和电极材料；⑤非晶态合金也是一种非常有前景的氢气储存和超导体材料。

8.2.4 快速凝固技术的应用

快速凝固是改善合金服役性能、发展新材料的关键，比如采用快速凝固技术提高 Al-Li 合金中的 Li 含量，可以获得更轻的合金，以满足航天领域对 Al-Li 合金的要求；采用快淬技术制备工具钢，可有效细化碳化物，消除宏观偏析，增加合金成分，改善加工性能及服役性能。

非晶金属材料是快速凝固技术的一个成功实例，除了具有独特的机械性质外，还可以表现出独特的物理化学性质，例如软磁、耐腐蚀、超导电性等。

此外，快速凝固方法还可简化难加工材料制备过程，实现薄带、细丝、大块等复杂形状的"近终形"成形[28,29]。

综上所述，快速凝固技术将为改善已有合金的服役性能及发展新的合金材料提供广阔的应用前景。

|8.3 超声振动和机械（电磁）搅拌|

熔体搅拌法是利用强磁场、超声波或机械搅拌等外力作用，使金属熔体发生变形，使晶粒变细的技术。

与铝合金相似，磁场对镁合金的影响也很大。在 ZK60 镁合金中[30,31]，低频率磁场，尤其是静磁场，可明显提高 Zn、Zr 在镁合金中的固溶度，造成大量的合金元素在凝固时以偏聚的方式滞留在基体中，形成岛状析出相。在凝固结束时，由于合金元素的含量偏低，不能形成连续的晶界，界面厚度明显减小。过程中由于残余液相中合金元素的减少，使后续的晶粒生长得更快，限制初生晶粒的生长空间，原本被较厚相包裹的小晶粒得以生长，化合物的厚度因为小晶粒的生长变得更薄。

韩富银[32]在电磁搅拌对 AZ91D 镁合金半固态结构进行研究时，发现 AZ91D 镁合金中的初始相会发生变化，即从树枝晶转变为球团状。在搅拌作用下，合金中的树枝晶熟化、机械碰撞以及合并生长等是半固态组织形成的主要机制，具体研究内容如下。

8.3.1　电磁搅拌对镁合金 AZ91D 半固态组织的影响

　　试验所用的合金是组分含量为 8%～10% Al、0.35%～1.0% Zn，0.15%～0.5% Mn，其余为 Mg。合金的液相线和固相线分别为 596 ℃和 468 ℃。试验中，用自行研制的 RJ 型镁合金熔剂对合金进行包覆、提纯。在 730 ℃坩埚式电阻炉中完成合金的熔化，利用自行研制的电磁搅拌机、加热系统，和直径为 60 mm 且高度为 150 mm 石墨铸造的搅拌坩埚进行试验。热电偶法对液态金属进行了温度测试。采用电磁力搅拌的方法，先将熔化后的熔体倒入石墨模具内，当熔体冷却到 580 ℃时，进行等温搅拌。励磁电压分别为 60 V，90 V，120 V，搅拌时间分别为 2 min 和 10 min。

　　AZ91D 合金的初始结构如图 8-3 所示。从 Mg-Al 二元合金相图可以看出，在常规的凝固条件下，AZ91D 凝固结构是由初生 α-Mg 相和位于晶界处的共晶 β 相（$Mg_{17}Al_{12}$）构成的[33]，共晶相是由非平衡凝固产生的。在常规的铸造工艺中，金属液是由表面向内逐步凝固而成的，并形成一次主杆的粗大树枝晶（见图 8-3（a））。在试验中，由于采用坩埚周边围绕电阻线进行加热和保温，可使熔融物的温度比较均匀，没有出现明显的凝固界面，保证熔体均有同样的过冷度，所以在所有的熔体中同时发生成核。在晶核生长时，因成分过冷，初始 α-Mg 仍以枝晶形式生长，但由于每个晶粒向周围散热速度相等（不是单向散热），故不再以粗大的一次枝晶形式生长，而是以蔷薇状枝晶形式生长（见图 8-3（b））。

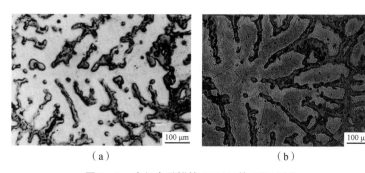

| （a） | （b） |

图 8-3　未经电磁搅拌 AZ91D 的 SEM 形貌

　　图 8-4 所示为在不同励磁电压和不同搅拌时间下 AZ91D 的搅拌组织。在 60 V 励磁电压和 2 min 时间搅拌下，大多数的 α-Mg 还是以枝晶状的形式存在（见图 8-4（a））。随着搅拌时间的延长，初始相中的 α-Mg 大多形成团块状，但仍然存在少量团块连在一起（见图 8-4（b））；当励磁电压为 90 V 时，在较短的搅拌时间内，初始相中的 α-Mg 以团块状为主，但仍然

有团块的结合（见图 8 – 4 （c）），随着搅拌时间的延长，初始相中的 α – Mg
逐渐变成球团状（见图 8 – 4 （d））；在 120 V 励磁电压，2 min 搅拌时间下，
初始相中的 α – Mg 呈现出球形或椭球形的形态（见图 8 – 4 （e））；当搅拌时
间延长至 10 min 时，颗粒呈较均匀的圆形，并有变粗大的趋势（见图 8 – 4
（f））。由此可见，搅拌时间的增加，使金属液得到充分搅拌，有利于半固态
组织的形成。

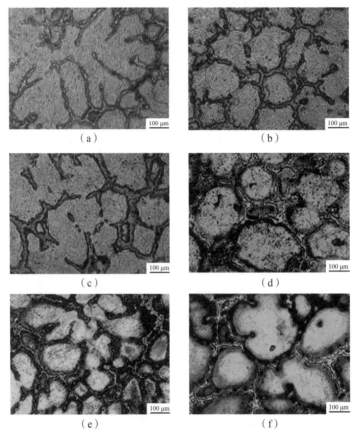

图 8 – 4　在不同励磁电压和不同搅拌时间下 AZ91D 的搅拌组织

(a)，(b) 60 V 2 min；(c)，(d) 90 V 2 min；

(e) 120 V 2 min；(f) 120 V 10 min

8.3.2　电磁搅拌对镁合金半固态组织的影响及机理

金属或合金的最终晶体形貌除了与生长模式有关外，还与固液界面前沿的
温度梯度、溶质浓度梯度、热流流向等因素密切相关。在常规的凝固过程中，
AZ91D 合金的凝固界面因单向热传导而发生成分过冷，导致初生相 α – Mg 以

树枝晶的形式生长。经电磁搅拌时，电磁力切向分力驱动液态金属液体横向转动；电磁力径向分力和离心力驱动液态金属从中心到周边的径向转动，在径向转动下，中间的液态金属开始向边缘移动，而边缘的液态金属开始向上移动，在升高到一定高度，液态金属在自身重力的影响下，会向中间收缩，产生轴向转动，并在水面上产生涡流。横向和纵向的移动使熔池中的金属液体可以充分地混合，降低熔池中的温度梯度。在熔融状态下，初始 α – Mg 几乎在整个熔体中形核，取代了由外向内逐步形核的传统方法，实现了初生 α – Mg 在熔体中快速成核。由于形核点及数目的大幅增多，有利于初生 α – Mg 形成等轴或蔷薇状，但不利于出现一次臂很长的树枝状初生 α – Mg。在晶粒成熟过程中，由于搅拌带来的流动，会影响或加速溶质在晶粒中的扩散，导致树枝晶的弯曲变形（见图 8 – 5（a））。当搅拌力达到一定值时，随着搅拌时间的延长，枝晶间的摩擦碰撞及液体的冲刷使枝晶臂产生弯曲变形，最终形成一种致密的蔷薇状组织（见图 8 – 5（b））。随着搅拌时间的进一步增加，初生的 α – Mg 最后变成球团状（见图 8 – 5（c）），试验结果得到这一结论。

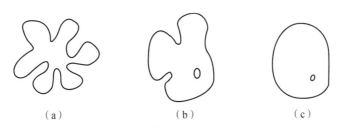

（a）　　　　　　（b）　　　　　　（c）

图 8 – 5　电磁搅拌条件下球状初生相演化机制示意图

8.3.3　电磁搅拌工艺对 Mg – Zn – Y – Mn 的影响

马彦彬等[34]采用电磁搅拌技术对含有 TiB_2 的 $Mg_{94}Zn_{2.5}Y_{2.5}Mn_1$ 系镁合金的微观结构及力学性能进行了研究。结果显示，电磁搅拌不仅可以使合金晶粒变细，而且可以使长周期相、W 相等的生长方式发生变化，加速长周期相的生成。另外，采用电磁搅拌也能有效地解决熔体的偏析问题，优化电磁搅拌工艺，可得到平均晶粒度为 18.1 μm、占 31.1% 体积分数的长周期相，拉伸强度可达 265 MPa，伸长率可达 16.3%，具有良好的机械性能，具体研究如下。

1. 合金成分

试验以 99.9wt. % 的 Mg、Y、Zn、Mn 和 TiB_2 粉为原材料，用传统的熔

炼工艺来生产。精炼后把坩埚放入电磁搅拌炉内，搅拌时间为 10 min，待搅拌完毕，将合金注入 200 ℃的金属模具中。未进行电磁搅拌处理的合金，熔化后也装入已预热到 200 ℃的金属型模具中，所用的基体合金是一种含有 0.006wt.% TiB_2 的 $Mg_{94}Zn_{2.5}Y_{2.5}Mn_1$，所用的处理参数如表 8 – 1 所示。

表 8 – 1　磁场工艺参数

合金类型	电压/V	频率/Hz	温度/℃
C0	—	—	—
C1	120	20	730
C2	230	20	730
C3	340	20	730
C4	340	15	730
C5	340	25	730
C6	340	30	730
C7	340	25	730
C8	340	25	740

2. 合金显微组织分析

含 0.006wt.% TiB_2 的 $Mg_{94}Zn_{2.5}Y_{2.5}Mn_1$ 合金施加电磁搅拌前后的 SEM 图以及各相的 EDS 分析如图 8 – 6 所示。从图 8 – 6 中可以看出，合金的微观结构是由基体相、块状第二相和网状共晶相组成的，在不使用电磁搅拌的情况下，合金中第二相与共晶的界面在部分局部区域有显著的取向（见图 8 – 6（a））；而在磁场的作用下（见图 8 – 6（b）），块状与鱼骨状的第二相界面的方向性降低；图 8 – 6（c）、（d）所示为鱼骨状第二相和块状第二相能谱的分析结果，可以看出，鱼骨状共晶相由 $Mg_3Zn_3Y_2$ 组成，而块状第二相由 $Mg_{12}YZn$ 组成。

图 8 – 7 所示为含 0.006wt.% TiB_2 的 $Mg_{94}Zn_{2.5}Y_{2.5}Mn_1$ 合金施加电磁搅拌前后的 XRD 图谱（C0 和 C5 X 射线衍射曲线）。通过能谱分析我们发现，块状第二相是长周期（LPSO，$Mg_{12}YZn$），而鱼骨状中的共晶相是 W 相（$Mg_3Zn_3Y_2$）。

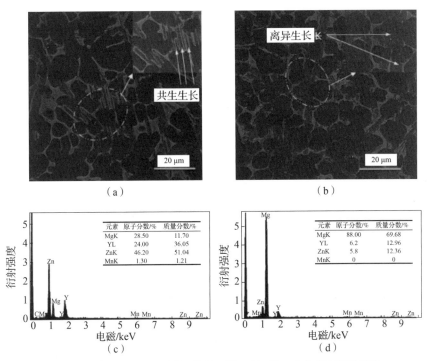

图 8-6　含 0.006wt.％TiB$_2$ 的 Mg$_{94}$Zn$_{2.5}$Y$_{2.5}$Mn$_1$ 合金施加电磁搅拌
前后的 SEM 图以及各相的 EDS 分析

（a）不施加电磁搅拌合金显微组织 SEM 图；（b）施加电磁搅拌合金显微组织 SEM 图；
（c）网状相 EDS 分析；（d）块状相 EDS 分析

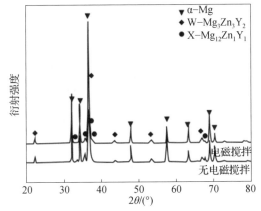

图 8-7　含 0.006wt.％TiB$_2$ 的 Mg$_{94}$Zn$_{2.5}$Y$_{2.5}$Mn$_1$ 合金施加电磁搅拌前后的 XRD 图谱

3. 电磁搅拌电压对合金组织的影响

图 8-8 所示为不同电磁搅拌电压下合金的金相显微组织图。图 8-8（a）所示为 C0 合金的金相结构，合金中的晶粒尺寸是均匀分布的，且 α-Mg 是以等轴树枝晶的形式出现。经计算长周期相体积分数占到 25.7% 左右。图 8-8（b）、（c）、（d）所示为逐步增大的电磁搅动电压的 C1、C2、C3 合金的金相结构图。在 120 V 电磁搅拌下，α-Mg 中出现柱状晶；当电压升高至 340 V 时，合金组织表现为均匀的等轴树枝晶。另外，在外加磁场的作用下，长周期相的含量显著增加；当外加磁场强度为 120 V 时，发现长周期相与 W 相具有强烈的方向性，并具有共生生长的特征，不利于合金的性能提高[35]。但当电压大于 340 V 时，合金中的长周期相占 28.1%。由此可知，电磁搅拌能够加速长周期相的形成。

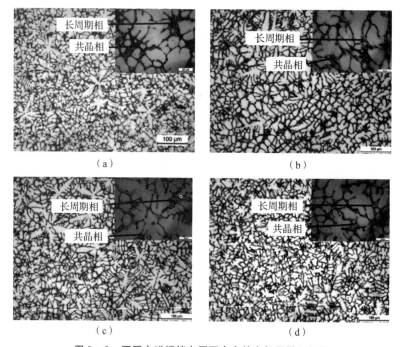

（a） （b）

（c） （d）

图 8-8 不同电磁搅拌电压下合金的金相显微组织图

（a）无电磁搅拌；（b）120 V/730 ℃/20 Hz/10 min；

（c）230 V/730 ℃/20 Hz/10 min；（d）340 V/730 ℃/20 Hz/10 min

4. 电磁搅拌频率对合金组织的影响

图 8-9 所示为不同电磁搅拌频率下合金的金相显微组织图。在 15~25 Hz

频率的作用下，α – Mg 由发达的树枝晶向等轴晶转变，在 55 Hz 时得到平均晶粒尺寸只有 18.1 μm；但在 25 Hz 以上的高频下，合金的微观结构开始变粗。对于第二相，在 15 Hz 和 20 Hz 分别作用下，两相之间存在显著的共生长大现象；在 25 Hz 时，双相的生长模式以离异生长为主，共生生长模式基本不存在；而在 30 Hz 时，除微观结构粗化之外，长周期相与 W 相又呈现出共生生长状态。

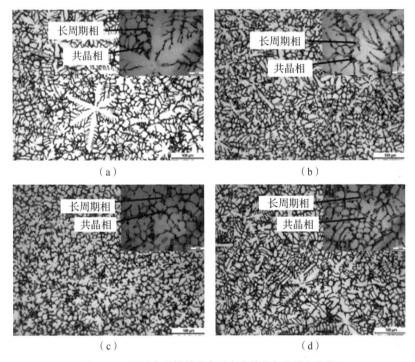

图 8 - 9　不同电磁搅拌频率下合金的金相显微组织图

（a）15 Hz/340 V/730 ℃/10 min；（b）20 Hz/340 V/730 ℃/10 min；
（c）25 Hz/340 V/730 ℃/10 min；（d）30 Hz/340 V/730 ℃/10 min

本研究中，电磁搅拌对合金显微组织的影响主要有以下三个方面：①镁合金的晶粒细化效果明显；②对形成长周期起到促进作用；③改变 LPSO 与 W 相的生长模式。

层错能、成分起伏是影响长周期相生长的主要因素。随着外加电压和频率的降低，电磁搅拌的复合作用强度也随之增大，由于合金中各种元素的原子质量不相同，所以在合金中运动的难度和速率也不相同。在此基础上，采用电磁搅拌技术，可以有效地改善 Zn、Y 等元素在合金中的分布，并有效地降低合金中的溶质偏聚。同时，利用电磁搅拌促进 TiB_2 粒子中 B 原子的析出，降低镁基体内的层错能，促进镁的长周期相的形成。另外，在电磁搅拌技术下，Zn

比 Y 元素的扩散速度更快，有利于长周期相的生成。

根据相图和差热分析可知，熔点高的相在凝固过程中先于熔点低的相从熔体中析出，且在铸态下 α – Mg、LPSO 相和 W 相的熔点依次降低。共生生长的过程是在凝固阶段，初始晶粒的 α – Mg 先由液相成核、长大。在初始晶粒的生长过程中，析出大量的 Y 和 Zn 元素，并被排挤到晶界处，形成 Y 和 Zn 元素的富集区。在 Al – Mg 的晶界区，残余液相中 Y、Zn 的含量随温度的下降而上升。当合金发生成分改变时，18R 长周期相会在成分到达 LPSO 的范围时析出，当凝固过程持续进行的时候，长周期相会逐渐长大，并且会将多余的 Y、Zn 原子[36]排出到剩余液相中，在长周期相与剩余液相之间会形成新的 Zn 原子富集区域。随着温度的下降，当成分达到 W 相所需条件的范围内，W 相会依附于长周期相形成，并将固液前沿的 Y、Zn 原子消耗殆尽。随着组分的降低，长周期相在 W 相间的界面处萌生并长大。因而，两相之间形成"搭桥"式的交互作用，并呈一种交替增长的过程。

在相同的界面前沿，原子的富集程度也不一样，例如在长周期的中心，Mg、Zn、Y 含量比在界面含量高，在长周期的快速增长过程中，长周期的中心会出现新的元素富集，生成 W 相。电磁搅拌可使熔体温度场趋于均匀，溶质偏析得到改善，使长周期相界面难以大量生成，而 W 相中长周期相会逐渐变小，并表现为离异生长。

在图 8 – 9 中可以看到，磁场的频率会影响长周期相及 W 相的增长模式。在一定的电压、温度和时间等参数条件下[37]，随着频率的增加，长周期相和 W 相的生长方式发生共生生长、离异生长和再次共生生长的转变。在其他参数恒定时，随着磁场频率的降低，电磁搅拌对合金的影响也随之加深。

从图 8 – 9 (a) 中可以看出，在 15 Hz 的频率下，镁基体呈现出一种发达的树枝状，在长周期相与 W 相两个相间存在共存生长方式，可以从高倍显微结构 (见图 8 – 9 (a) 的右上方) 中观察到。在电磁搅拌的作用下，合金凝固过程中的熔体变得更加剧烈，导致长周期和 W 相两相区的温度梯度的变化也不稳定，使 W 相具有与长周期差不多的体积分数。电磁搅拌强度随频率的增大而减小，在 25 Hz 频率下，合金凝固时的温度场比较均匀，合金中的元素也比较均匀，所以合金呈现出等轴树枝晶结构[38]。随着频率的增大，搅拌力的降低，元素在合金中的分配越来越不均匀，磁场的影响也越来越弱，使合金的微观结构进一步恶化；合金熔体的黏度随温度发生变化，在磁场搅拌力不变的情况下，随着温度的下降，合金的黏稠度增大，磁场的效果减弱。随着温度的提高，合金的流动性能也随之提高，所以，在适当的磁场条件下，可以获得较好的细化效果。

从图 8 - 9 可以看出，在 720 ℃温度下，合金液的黏度很高，电磁搅拌的效果变差，使合金在凝固过程中的温度场变得很不均匀，导致合金中的晶粒变得粗大；在 740 ℃温度下，由于熔体的流动增强，使熔体区的温度梯度变得不稳定，也形成了粗大的树枝状结构。

5. 电磁搅拌对合金力学性能的影响

电磁搅拌主要是通过对晶粒的细化、第二相的形态及体积分数的变化，对合金的力学性能产生影响[39,40]。试验结果表明，随着长周期相及 W 相共生数量的大量增加，合金的综合性能将会受到严重的影响，例如 Cl 合金的拉伸强度和塑性分别只有 177 MPa 和 5.6%，主要是由于镁合金中的第二相有很强的方向性，使镁合金中的基体表现为发达的树枝状形貌。但长周期相与 W 相离异生长时，可显著提高材料的综合力学性能，特别是在塑性方面，例如 C5 合金的拉伸强度和伸长率分别为 265 MPa 和 16.3%，C5 合金的晶粒度只有 18.1 μm，其中长周期相占 31.1%。

|8.4　挤压变形|

8.4.1　等通道挤压

等通道挤压（ECAP）技术是由苏联的 SegAl 教授在 1981 年首次提出的一种新的成形技术。采用这种方法可以使两条同样的挤压通道在纵向上保持相同的截面，挤出通道的截面形状可按需设定，通道之间可有夹角 θ，通常为 $90° \leq \theta < 180°$。毛坯在加压的情况下，经等径角挤压由一条挤出道向下一条挤出道过渡，在两条挤出道的连接通道上产生纯粹的剪切变形。等径角挤压法可在不改变毛坯断面尺寸的前提下对毛坯进行纯剪切，因而等径角挤压法可重复循环实施，实现较大的总变形量。

另外，采用等直径角挤压技术，可使镁合金的晶粒度达到纳米级，从而获得纳米材料。在挤压变形过程中，由于受到剪切力的影响，小角度织构发生转动，使晶界角增大变为亚细晶粒，导致晶界面破裂。在下次变形时，在原始晶界与亚晶细晶界之间将产生细小的等轴晶粒[41]。在此基础上，再辅以合适的热处理方法，可使变形镁合金的综合性能得到显著改善。

Mg – Zn – Al（ZA）系耐热镁合金由于具有高熔点的 τ 相（Mg$_{32}$（Zn，

Al)$_{49}$）而受到广泛关注。研究发现，当 Zn/Al 比为 1.17~3 时，ZA 系合金中以 Mg$_{32}$(Zn,Al)$_{49}$相为主[42]。但是，Mg-Zn-Al 系合金在铸造状态下存在强度和塑性差，且易发生脆性断裂等问题，进行细晶处理是改善力学性能的重要途径之一。等通道挤压工艺中，在剪切力的影响下，基体组织中的晶粒、第二相逐渐变得细小、破碎，并伴随空位、位错等缺陷的增加。因而，等通道挤压可使镁合金组织均匀，力学性能优异[43]。Tong[44]等人的研究表明，ECAP 处理后的 Mg$_{5.12}$Zn$_{0.32}$Ca 合金在 Bc 路径下的拉伸强度和塑性均有显著提高。Jun[45]等人还发现 ZA64 合金在相同条件下的减振效果优于 AZ91 镁合金。

高晶磊[46,47]对 Mg-6Zn-3Al（ZA63）镁合金在 Bc 通路下的等通道挤压过程进行了研究。研究发现，铸造状态下的 ZA63 合金以 α-Mg 为主，呈现出半连续网状结构，在晶界及基体内存在一些 r 相粒子[Mgn(Zn,ADuo)]。随变形道次的增多，合金拉伸强度、屈服强度均呈现出先升高后降低的趋势，而伸长率逐渐提高；随着试验温度的升高，合金在 2 道次的阻尼效果最好，大约 150 ℃时，阻尼机理以晶界滑移阻尼为主，接近再结晶温度时，其主要受控于再结晶内耗，具体研究内容如下：

1. 合金成分

以纯度 99.96% Mg、Zn、Al 为研究对象。首先将配制好的合金加入石墨坩埚中，再将坩埚置于井式电阻炉中进行熔化，并注入 CO$_2$ 与 SF$_6$ 的混合物，以达到保护熔液表面的目的。当合金全部融化，加热到 750 ℃，并保持 20 min 充分混合。然后去除杂质，将熔化的液体注入一个圆筒（准 40 mm×100 mm）的模具中，模具已预热到 200 ℃。经测定，合金的实际组成见表 8-2。

表 8-2　试验用 ZA63 合金的实际化学成分（质量分数）

Zn/%	Al/%	Mg/%
5.92	2.89	余量

固溶处理采用真空加热炉，在 345 ℃下进行 40 h 的固溶处理。等通道挤压（ECAP）模具的两通道内部的相交角 $\phi = 90°$，而外部的圆弧角 $\psi = 20°$。在 1.8 mm/min 的挤压速率下，将石墨与凡士林的混合物用作润滑剂。在 ECAP 模具设计中，先将样品切成 12.3 mm×12.3 mm×55 mm 的挤压样品，然后用研磨方法除去样品表面的氧化层。采用 Bc 路径，在 330 ℃进行不同道次挤压。

2. 显微观察

图 8 – 10 所示为 ZA63 镁合金的铸态显微结构。如图 8 – 10（a）所示，铸造状态的组织是具有大约 80 μm 平均晶粒尺寸的等轴晶；图 8 – 10（b）表明，在晶界和基质中，τ 相呈半连续网状和弥散颗粒分布。结合能谱分析（如表 8 – 3 所示）可知，被测合金中的第二相以 $Mg_{32}(Zn, Al)_{49}$ 为主，未见 MgZn 相沉淀。为进一步证实相的组成，在 α – Mg 及 $Mg_{32}(Zn, Al)_{49}$ 相中，通过 XRD 图（见图 8 – 11）观测到衍射峰。在 ECAP 状态下，$Mg_{32}(Zn, Al)_{49}$ 相的衍射强度明显降低，这是由于在固溶处理时，第二相已全部溶于基体，而挤压工艺中未发生第二相的动态析出。

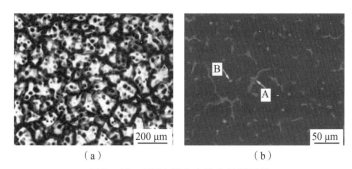

图 8 – 10　ZA63 镁合金铸态显微组织

表 8 – 3　铸态 ZA63 镁合金的 EDS 结果（原子分数）

图 8 – 10 中的点	Mg/%	Zn/%	Al/%
A	50.3	39.2	10.5
B	45.1	39.2	15.7

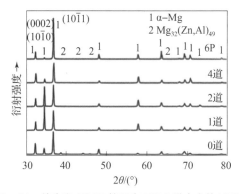

图 8 – 11　铸态和 ECAP 挤压态 ZA63 镁合金的 XRD 谱

图 8 - 12 所示为 Bc 路径上 ZA63 镁合金在不同挤压道次的光学显微结构。ZA63 镁合金的再结晶温度为 230 ℃，在本研究中，等通道挤压工艺条件为 330 ℃，大大超过合金的再结晶温度。由此表明，在保温和 ECAP 加载过程中，将会出现动态再结晶，并伴随晶粒长大现象。如图 8 - 12（a）所示，经 1 道次挤压，没有发生动态再结晶的试样中的晶粒在 45°的角度被拉长[48]，并且在周围有细小的动态再结晶晶粒。在 2 道次时因内部储能效应，出现一种大范围的动态再结晶现象，使晶粒平均尺寸达到 21. 36 μm 左右，并趋向于均匀化。挤压道次数越多，变形量越大，组织越均匀，细化越多。经 6 道次挤压，再结晶基本完成，晶粒明显生长，出现许多细晶，平均粒度达到 14. 89 μm。

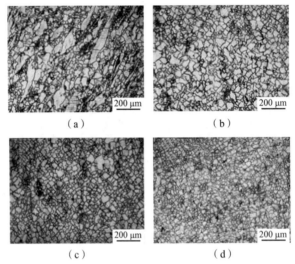

图 8 - 12　Bc 路径上 ZA63 镁合金在不同挤压道次的光学显微结构
（a）1 道次；（b）2 道次；（c）4 道次；（d）6 道次

图 8 - 13 所示为 ZA63 镁合金（0002）在不同挤压道次下的极图。从图 8 - 13 中可以看出，（0002）基面在挤压态样品中与挤压方向成一定的角度，而且随着变形量的增大，晶粒取向也会改变。在 2 道次挤压过程中，（0002）基面织构的极点与挤压方向的偏差在 10°左右，晶粒最大极密度值为 6.8。在等通道挤压工艺的高温（＞230 ℃）下，晶粒发生动态再结晶和长大，形成晶界明显的细小等轴晶粒。在（0002）基面上，随挤出道次数的增多，晶粒动态再结晶织构呈现偏离挤压方向 20°左右的强织构，和偏移 45°左右的弱织构，最大极密度值为 6.37，造成在增加塑性的同时，材料的强度却有所下降的现象。

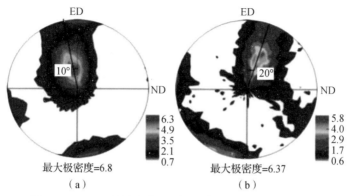

图 8 - 13 ZA63 镁合金在不同挤压道次下的极图（附彩插）

(a) 2 道次；(b) 6 道次

8.4.2　半固态挤压

半固态挤压技术通过在挤压设备中添加固 - 液两相共存的半固态坯料，挤压使坯料流出并完全凝固，制备出横截面均一、性能优良的镁合金。因为材料是在半固态条件下（既有固体又有液体）进行变形，与完全固态条件相比，毛坯的变形阻力要小很多[49]，因而，所需要的压力也要低很多（只有普通热挤压的 20% ~ 25%），通过调整挤压比，可以达到更高的密度。

半固态挤压技术利用枝晶边缘臂在流动状态下迅速扩散、温度变化等因素，形成热振效应，在根部形成应力集中，从而获得高强度、高韧性的枝晶。此外，在热流的干扰下，固相中高溶质含量的根部熔点下降，诱发树枝晶臂的局部熔化[50-52]，进一步演化成球状的组织。

8.4.3　等静道角压

等静道角压法（Equal Channel Angular Extrusion，ECAE）是一种与机械合金化相似的机械搅拌方式，可使传统金属（如铸锭）均匀化、细化，采用带有圆角的 L 形挤压器（见图 8 - 14），具有采用铸锭代替粉末原材料的优势，可以减少制造成本。在挤压过程中因物料转动 90°，将引起较大的剪切，使亚晶粒快速向大角晶边界转化，最终得到精细的晶粒结构[53-57]。

镁合金是一种典型的密排六边结构，塑性差，使用 ECAE 模内交角 θ 一般为 90°，外交角为 20°，通道横截面呈矩形或圆形，在 300 ℃以上，各道的应变速率为 1% 左右，凹槽内存在明显的剪切变形现象。结果表明，在试验过程中试验样品可以采用不同的方法，反复试验 4 次以上，且每两次试验样品可以单向转动 90°，是提高试验结果的最有效方法。由于样品沿截面四个方向产生切应变，所以会产生更多的滑移面，而且多个变形会使应变率积累到一个很大的数值，才能提供大量的均匀应变[58-61]。

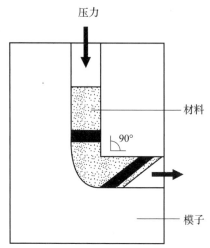

图 8 – 14 等静道角压（ECAE）简图

在变形过程中，剪切面、晶体结构和织构之间存在交互作用。在变形的初始阶段，由于位错的缠绕，使晶粒产生明显的变形，变形越大，位错胞越多；变形量进一步增加，位错胞的数目更多，晶格的尺寸越小，胞壁内位错的密度越大。在 ECAE 过程中，晶胞壁上的位错缠结不断积累，使晶胞内的位错链产生较大的夹角。在切应力的作用下，小角度织构通过旋转变成大角度晶界的亚晶粒，并且在一定程度上破坏原晶粒，通过再结晶转变过程，在原晶界和亚晶界处形成新的、细小的等轴晶粒，这就是 ECAE 细化晶粒的机制。研究表明，ECAE 比压应力变形更能实现晶粒的细化，对有超塑潜力的材料，可实现超细晶组织。

Nakashima 等人发现纯铝铸锭采用 4 次等静角压（ECAE）可以得到 1 μm 左右的等轴晶粒，该方法同样适用于镁合金。通过 4 次等静道角压工艺，在160～220 ℃的高温下，可得到 0.5～3 μm 的晶粒。

8.4.4 大比率挤压

大比率挤压可以将金属材料挤压成复杂的截面形状。与传统的挤压工艺相比，大比率挤压具有更高的变形比率。

变形比率是指在挤压过程中材料的初始截面积和最终截面积之间的比值。在大比率挤压中，这个变形比率可以超过传统挤压工艺的上限，通常达到10:1或更高[62]。这表明在挤压过程中金属材料会被迫通过更小的出口模具缝隙，产生更大的形变。

根据已有研究，大比率挤压可将 AZ 镁合金的晶粒从 300 μm 减小至 25 μm，甚至 5 μm。但由于材料的再结晶不完全且不均匀，大应变压应力对晶粒的细化作用远不如纯切应力下的大应变的细化作用显著。

大比率挤压的主要优势在于能够制造出更复杂、更精确的截面形状，例如异型管、多孔管、花纹管等，此外，还可以改善金属材料的性能，如增加强度、改善表面质量、提高耐腐蚀性等。

通常大比率挤压技术需要先对金属材料进行预加热，以提高可塑性和降低挤压力。在挤压过程中，金属材料被推送通过一个具有适应性的模具，以形成所需的截面形状，最终产品可以经过下一步加工（如切割、钻孔、热处理等）以满足特定的要求。

由于大比率挤压具有高度复杂的工艺控制和模具设计要求，因此相对较少使用，然而，在一些特定领域，如航空航天、汽车、电子等行业，仍然具有重要的应用价值。

参 考 文 献

[1] 王艳丽，郭学锋，黄丹，等. 高性能变形镁合金研究进展及应用 [J]. 热加工工艺，2011，40（18）：11-14.

[2] Han B Q, Dunand D C. Creep of magnesium strengthened with high volume fractions of yttria dispersoids [J]. Materials Science and Engineering A, 2016, 300（1-2）：235-244.

[3] 杨明波，潘复生，李忠盛，等. 镁合金铸态晶粒细化技术的研究进展 [J]. 铸造，2005，54（04）：314-319.

[4] 吕勤云. 搅拌摩擦加工对镁合金组织与性能的影响 [D]. 沈阳：沈阳航空工业学院，2008.

[5] 郭峰. 镁合金凝固组织的超声细化机制及工艺研究 [D]. 南昌：南昌大学，2008.

[6] 姜向东. AZ91D 镁合金的晶粒细化及在部分重熔中的组织演变 [D]. 兰州：兰州理工大学，2009.

[7] 邱从章. Er、Zn 及挤压变形对 Mg-0.6Zr 合金力学性能和阻尼行为的影响 [D]. 长沙：中南大学，2008.

［8］ 马孝斌. 半固态成形用 Mg－20Al－0.8Zn 镁合金的细化研究［D］. 兰州：兰州理工大学，2009.

［9］ 张菊梅，蒋百灵，王志虎，等. 镁合金强韧化的研究现状及发展［J］. 热加工工艺，2006，35（8）：65－67.

［10］ Han Q Y. The role of solutes in grain refinement of hypoeutectic magnesium and aluminum alloys［J］. Journal of Magnesium and Alloys，2022，10（7）：1846－1856.

［11］ 范晓明，万朋，文红艳，等. Mn 含量对含铁 AZ91 镁合金铸态组织与性能的影响［J］. 中国铸造装备与技术，2008，03（06）：16－18.

［12］ Rojas J P, Gonzalez H, Cubero S, et al. Benchmarking of aluminum alloys processed by high－pressure torsion：Al－3% Mg alloy for high－energy density Al－air batteries［J］. Energy and Fuels，2023，37（06）：4632－4640.

［13］ 茹利利. LFEC 铸造工艺的镁合金传热与凝固研究［D］. 沈阳：东北大学，2013.

［14］ 张庆璐，德力根，赵莉萍，等. 金属锆（Zr）对铸造镁锌合金的组织与性能的影响［J］. 内蒙古科技大学学报，2010，029（004）：323－326.

［15］ 陈昭运，余春，李志强，等. 挤压 Mg－Li－Zn－Ce－Y－Zr 合金的热变形行为［J］. 稀有金属材料与工程，2011，40（01）：90－95.

［16］ 张磊，郑力，丛福官，等. 锆含量及铸造温度对 MB15 镁合金中化合物的影响［J］. 轻合金加工技术，2017，45（08）：26－29，45.

［17］ 姚立锋. 溶质原子对镁熔体中异质形核基底的作用机制研究［D］. 南昌：南昌大学，2016.

［18］ Polmear I J. Magnesium alloys and applications［J］. Materials Science and Technology，1994，10（1）：1－16.

［19］ 刘艳辉，毛红奎，郝晓宇，等. 铸造镁合金晶粒细化技术的研究进展［J］. 热加工工艺，2017，46（03）：19－21.

［20］ 闵学刚，孙扬善，杜温文，等. Ca、Si 和 Re 对 AZ91 合金的组织和性能的影响［J］. 东南大学学报（自然科学版），2002，32（3）：409－414.

［21］ 李春华. 颗粒相作用下 AZ91 镁合金的细化性能研究［D］. 大连：大连理工大学，2020.

［22］ 杜宏伟，张金山，王登峰，等. 变形镁合金 MB2 的晶粒细化［J］. 铸造设备与工艺，2004（06）：23－24.

［23］ 马旭，李全安，井晓天，等. Ca 对 Mg－10Gd－0.5Zr 合金力学性能的影响［J］. 铸造，2016，65（01）：66－70.

［24］徐洲，姚寿山．材料加工原理［M］．北京：科学出版社，2003．

［25］张元．镁铝碳铈合成及在镁合金中细化效率研究［D］．武汉：武汉理工大学，2009．

［26］吴锋，李晶，李志坚，等．Al 粉和 $\alpha-Al_2O_3$ 微粉对 MgO - C 砖高温抗折强度的影响［C］大连：全国耐火材料青年学术报告会．中国金属学会，2010．

［27］高伟．Zr - Cu 合金快速凝固过程中微观结构演化及动力学性质的模拟研究［D］．秦皇岛：燕山大学，2015．

［28］滕海涛．亚快速凝固条件下镁合金的凝固行为及其应用研究［D］．大连：大连理工大学，2009．

［29］Buljeta，Brodarac I Z，Zdenka，et al. Mechanism and morphology of formation of micropores in the structure of DC cast AlMgSi alloy［J］．Universal Journal of Materials Science，2017，12（09）：45 - 53．

［30］许光明，包卫平，崔建忠，等．不同磁场作用下 ZK60 镁合金的凝固组织［J］．东北大学学报，2004，25（01）：48 - 50．

［31］赵红岩．微量 Sr 和高频磁场对 AZ91D 镁合金组织及性能的影响［D］．郑州：郑州大学，2006．

［32］韩富银，杨巧莲，高义斌，等．电磁搅拌对镁合金 AZ91D 初生相形貌的影响及机理［J］．中国铸造装备与技术，2005，23（01）：11 - 13．

［33］孙晶，郭全英，毛萍莉，等．Mg - Al 合金非平衡凝固共晶组织及形成机理［J］．沈阳工业大学学报，2013，35（06）：635 - 640．

［34］马彦彬，张金山，张龙龙，等．电磁搅拌工艺对 Mg - Zn - Y - Mn 合金显微组织和力学性能的影响［J］．铸造，2018，67（07）：616 - 621．

［35］秦凯．外磁场对 Fe - Ga 合金微观组织和磁致伸缩性能的影响［D］．兰州：兰州理工大学，2013．

［36］刘欢．长周期相增强 Mg - Y - Zn 基合金组织和性能的研究［D］．南京：东南大学，2014．

［37］龚锋．电磁场作用下定向凝固过程流动、传热、传质的耦合数值模拟［D］．西安：西北工业大学，2006．

［38］Singh A，Watanabe M，Kato A，et al. Strengthening in magnesium alloys by icosahedral phase［J］．Science and Technology of Advanced Materials，2005，6（08）：895 - 901．

［39］王同欢．外加纵向交流磁场对钛合金焊接接头组织和性能的影响［D］．沈阳：沈阳工业大学，2016．

[40] 马玉涛. 变形镁合金电磁搅拌悬浮铸造与合金强化技术研究 [D]. 大连：大连理工大学，2009.

[41] 陈慧. 等径角挤压细化大尺寸高纯铝板材组织的研究 [D]. 上海：上海交通大学，2011.

[42] Feng K, Huang X F, Ma Y, et al. Microstructure evolution of ZA72 magnesium alloy during partial remelting [J]. China Foundry, 2013, 10 (02)：74 – 80.

[43] 宋国旸，穆龙. 等通道转角挤压的工艺特点及应用前景 [J]. 热加工工艺，2009，38 (21)：117 – 121.

[44] Tong L B, Zheng M Y, Hu X S, et al. Influence of ECAP routes on microstructure and mechanical properties of Mg – Zn – Ca alloy [J]. Materials Science and Engineering A, 2010, 527 (16 – 17)：4250 – 4256.

[45] Jun J H. Damping behavior of Mg – Zn – Al casting alloys [J]. Materials Science and Engineering A, 2016, 665：86 – 89.

[46] 高晶磊，游志勇，蒋傲雪，等. 等通道挤压对 Mg – 6Zn – 3Al 镁合金组织和性能的影响 [J]. 热加工工艺，2020，49 (07)：12 – 15.

[47] 高晶磊. ECAP 变形对 ZA63 合金组织，织构及性能的影响 [D]. 太原：太原理工大学，2019.

[48] 陈元礼. 含特征结构镁合金的动态再结晶行为研究 [D]. 上海：上海交通大学，2018.

[49] 张诗昌，段汉桥，蔡启舟，等. 镁合金的熔炼工艺现状及发展趋势 [J]. 特种铸造及有色合盘，2000，23 (06)：51 – 54.

[50] 冯靖凯. 镁合金半固态/快速挤压剪切工艺的形变规律与组织演变机制研究 [D]. 重庆：重庆大学，2021.

[51] 张勋. AZ91D 镁合金半固态组织晶粒生长模型及试验研究 [D]. 哈尔滨：哈尔滨理工大学，2022.

[52] 李硕. 半固态球状枝晶形成过程的相场法数值模拟 [D]. 南昌：南昌航空大学，2015.

[53] 张义清. 时效处理对变形镁合金组织性能的影响研究 [D]. 太原：中北大学，2006.

[54] 张利军. 形变及热处理对镁合金 AZ80 组织及性能的影响 [D]. 太原：中北大学，2010.

[55] 张世军，黎文献，余琨，等. 镁合金的晶粒细化工艺 [J]. 铸造，2001，50 (07)：373 – 375.

[56] 卫爱丽. 新型镁铝锌合金组织与性能的研究 [D]. 太原：太原理工大

学，2003.

[57] 胡文波. 变形镁合金晶粒细化工艺和力学性能研究 [D]. 南京：东南大学，2006.

[58] Kumar N，Blandin J J，Desrayaud C，et al. Grain refinement in AZ91 magnesium alloy during thermomechanical processing [J]. Materials and Engineering，2003，12（A359）：150 – 157.

[59] 刘峰，冯可芹，杨屹，等. 镁合金晶粒细化的研究现状及发展 [J]. 铸造技术，2004，25（06）：450 – 452.

[60] 张志远. AZ91 镁合金的晶粒细化及其力学性能 [D]. 沈阳：沈阳工业大学，2006.

[61] 彭家兴. 铈对 AZ31、AZ91 和 ZK60 镁合金铸态组织的影响 [D]. 重庆：重庆大学，2009.

[62] 李成杰，漆燕，白贵超，等. 大比率挤压过程中纯镁组织演变、力学性能及加工硬化行为研究 [C] 济南：创新塑性加工技术，推动智能制造发展：全国塑性工程学会年会暨全球华人塑性加工技术交流会，2017.

第 9 章

镁合金的热处理技术

热处理是提高金属材料工艺性能和使用性能的一个重要手段。对于有色合金，例如镁合金，最常用的热处理方法是固溶处理和时效处理，这些处理方法主要旨在通过调控合金的微观结构来改善力学性能。镁合金是否可以通过热处理来进行强化取决于合金中各组元在固溶体中的溶解度随温度变化的情况，其中有几个关键因素需要考虑[1-3]。

①合金元素的溶解度：如果合金元素具有相对较高的溶解度，那么在固溶处理过程中可以更好地溶解到固溶体中，从而提高合金的强度。

②固溶度的降低：合金元素的固溶度随温度的降低而降低，是热处理强化的基本要求。固溶度的降低趋势越明显，热处理对合金的强化效果越高。

③时效处理中的第二相析出：在时效处理过程中，合金中的某些组元可以形成第二相，并在晶界或晶内析出，进一步强化合金的性能。

通过适当的固溶处理和时效处理，镁合金的强度、硬度、耐热性和耐蚀性等性能可以得到显著改善。具体的热处理工艺参数和材料的选择需要根据合金的组成和应用需求来确定。

|9.1　热处理状态|

常用的镁合金热处理方法及符号如表 9 – 1 所示，包括退火处理、固溶处理、时效处理等。镁合金热处理方法要根据合金的种类和预期的服役条件来选择。

表 9 – 1　常用的镁合金热处理方法及符号

符号	意义	符号	意义
F	加工状态	T4	固溶处理和自然时效
O	退火状态	T5	热加工温度冷却后，再进行人工时效
H1	加工硬化状态	T6	固溶处理后人工时效
H2	加工硬化及不完全退火状态	T7	固溶处理后稳定化处理
T2	退火状态	T8	固溶处理后冷加工，再人工时效
T3	固溶处理后冷加工	T9	固溶处理、人工时效后冷加工

9.1.1　退火

退火是一种金属热处理过程，通过加热材料到适当的温度，然后经过控制冷却过程来改变材料的组织结构和性能。通常退火用于去除材料中的内部应力、改善材料的塑性、提高硬度和强度，以及改善材料的加工性能，为后续的成形工艺打下良好的基础。常见的退火类型包括以下3种。

1. 均匀化退火

均匀化退火有两个步骤：加热和冷却。在加热阶段，材料被加热到足够高的温度，通常接近或略高于材料的临界温度，可以使材料中的晶粒重新长大、位错和相结构重排。通常加热时间根据材料的类型和厚度而变化，需要保持一段时间，以确保加热均匀和晶粒重组。

在冷却阶段，通过控制冷却过程逐渐降温，材料形成稳定新组织。冷却速率应根据材料的要求进行控制，以避免引入新的应力或变形。常见的冷却方式包括空冷（自然冷却到室温）和水淬（快速冷却）。

均匀化退火本质上是将铸锭置于较高温度下，通过合金中的相固溶与原子扩散来实现。原子的扩散以在晶体内部为主，使晶体中的不均匀元素在扩散过程中逐渐变得均匀。在相同的温度范围内，适当增加热处理时间，有利于原子的充分扩散。在此基础上，合金中的元素还会向晶界处扩散，伴随着枝晶结构的改变，合金间化合物及增强相在晶界处的富集，发生固溶、扩散等行为，进而改善铸锭的微观结构，提升合金机械性能。

研究结果显示[4]，对 AZ 系镁合金进行均匀化处理，随着退火温度的上升和保温时间的延长，分布在合金晶界及枝晶间粗大的网状 MgAl 相逐渐减少，如图 9 – 1 所示，同时，合金的强度、延展性均有一定程度的提高。

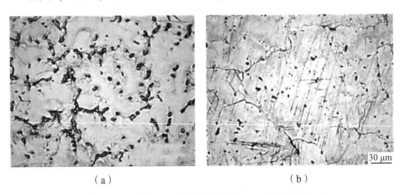

（a）   （b）

图 9 – 1　铸造 AZ31 镁合金均匀化前后的显微组织

（a）均匀化前；（b）均匀化后

均匀化退火可以显著地改善铸态合金中的元素偏聚现象，消除共晶组织，降低合金在变形时产生的应力集中点，提高合金的塑性变形能力[5]，为后续增强相的析出做好准备。

2. 去应力退火

去应力退火（T2）是降低或消除镁合金在冷热加工、成形、焊接等工艺过程中，或铸件和铸锭中所产生的残余应力的一种有效方法。

去应力退火的主要目的是通过加热材料到足够高的温度，使材料达到足够的塑性，然后通过控制冷却过程来缓慢释放和减轻材料中的残余应力，可以改善材料的稳定性、可靠性和长期使用性能。

蒋永锋[6]等人对 AZ31 镁合金进行了热处理，结果表明：相同的热处理时间，升高热处理温度对合金硬度几乎没有影响；而在相同的退火温度下，随着退火时间的增加，合金的硬度有所下降。

3. 完全退火

完全退火旨在使金属材料达到最稳定和最柔软的状态，通过加热材料到足够高的温度，保持一定的时间，然后经过适当的冷却过程，以实现材料的完全再结晶和晶粒长大。

完全退火的主要目的是消除材料中的内部应力、改善材料的塑性和机械性能，并提高材料的可加工性和可靠性。通过完全退火，材料的晶粒结构得到重新排列和重组，缺陷和位错得到修复，从而获得更均匀和稳定的组织结构。

完全退火通常包括三个主要步骤：加热、保温和冷却。在加热阶段，材料被加热到足够高的温度，以使晶粒产生再结晶并长大。保温阶段是让材料在退火温度下保持一段时间，以确保完全再结晶和晶粒的长大。最后，通过控制冷却过程逐渐降温，以稳定新组织的形成。

通常，完全退火温度会接近或略高于材料的临界温度，并保持一段时间，以保证充分的再结晶。冷却速率通常选择较慢的方式，以避免引入新的应力或变形。

通过完全退火，金属材料的性能可以得到明显改善，包括提高材料的韧性、可塑性、强度和耐腐蚀性等，使材料更适合应用于各种领域，如汽车、航空航天、制造业等，以满足性能和寿命的要求。

9.1.2　固溶处理

固溶处理（T4）是将合金先加热到单相固溶体相区内的适当温度，保温一定时间，使原组织中的合金元素完全溶入基体金属中，形成过饱和固溶体。在此过程中，在基体中引入合金化元素会产生点阵畸变，形成的应力场对位错移动具有抑制作用，增强了材料的力学性能。大部分合金在晶体生长过程中会产生晶内成分不均匀性现象，为降低甚至消除这一现象，提高合金服役性能，通常需进行固溶处理。但由于镁合金中的元素扩散速率很低，为了保证强化相充分固溶，故加热时间较长。固溶的时间与合金种类有关，按固溶时间从小到大排列依次为变形镁合金、薄壁铸件和金属型铸件、厚壁砂型铸造。

张大华等[7]发现镁合金经固溶处理，可实现第二相溶解，使组织均匀，综合性能显著提高。对 Mg – Al – Zn 合金进行固溶处理，$Mg_{17}Al_{12}$ 相在基体镁中溶解，从而在一定程度上提高了合金性能。对于 AZ91、AZ80 等镁合金，在一定的固溶时间下，$\beta – Mg_{17}Al_{12}$ 相几乎完全溶解在 $\alpha – Mg$ 相内，对机械性能产生了一定的影响。

对镁合金进行固溶处理后，一般采用静水中淬火的方式。为提高镁合金强度，也可采用热水淬火。镁 – 稀土 – 锆系高温合金的冷却速率对合金性能影响较大，目前常用的热处理方法是水热处理。采用水对镁合金进行淬火，可保证具有较好的固溶度和较低的淬火残余应力。

王永欣等[8]的试验结果表明，T61 处理可明显改善 AZ91D 镁合金的综合性能。对 AZ91D 镁合金进行 T61 处理，将出现 $\beta – Mg_{17}Al_{21}$ 相在基体中弥散沉淀，晶内多为细粒点的连续沉淀，而在晶界上多为不连续的条状沉淀[9]。

9.1.3　人工时效

大部分镁合金材料对自然时效不敏感，有的甚至在成型后未经过固溶，而采用人工时效的方法。人工时效能使零件不受应力影响，从而略微增加拉伸强度，尤其是 Mg – Zn 系合金，经多次高温固溶会使晶粒变粗大，为了达到时效的目的，需在热变形后进行人工时效。王建强[10]等通过对镁合金进行人工时效处理，发现在室温及高温下的机械强度均高于铸造状态，并表现出较好的减振效果。

9.1.4　固溶处理和人工时效

时效处理是将固溶处理的过饱和固溶体置于一定温度下，放置一定时间使过饱和固溶体发生分解，提高合金的强度和硬度的方法[11]。在合金中元素的固溶度随温度下降而降低的情况下，时效处理对合金具有一定的时效强化作用。

经固溶处理再进行 T6 处理，虽能使镁合金的屈服点升高，但也会使塑性下降。此方法主要用于镁 – 铝 – 锌、镁 – 稀土 – 锆等合金。在 T6 处理时，固溶作用产生的过饱和固溶体在人工时效过程中发生分解产生第二相沉淀，时效析出物的特征与合金体系、时效温度等因素有关。

根据 Goken 等[12] 的研究，AZ91 属于一种具有明显时效强化效果的合金，所以经常使用 T6 处理。图 9 – 2 所示为 AZ91D 镁合金经不同状态热处理的布氏硬度变化曲线，经 T6 处理的合金布氏硬度比 T4 要高得多，这主要是因为在热处理时，增强相（β – Mg$_{17}$Al$_{12}$）再次析出[13]。

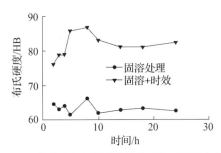

图 9 – 2　AZ91D 镁合金经不同状态热处理的布氏硬度变化曲线[10]

DulyD 等[14] 提出 Mg – Al 系二元合金的时效沉淀机理有两种：①连续沉淀：连续析出相以细小片状形式分散在基体中，从而获得较好的综合性能；②不连续沉淀物是一种粗大的层片状，弥散度较低，对合金强化作用微乎其微。因此，Mg – Al 系合金在时效过程中的作用与两种沉淀方式的析出相比例有关，而析出相比例与时效温度和 Al 含量密切相关。

为满足更多结构件的使用要求，通常会对镁合金进行固溶和双级时效处理，以改善综合性能[15]。戴庆伟[16] 等人采用 T4 和双级时效工艺制备了一种新的 Mg – Zn – Mn 变形镁合金，发现合金的拉伸强度、屈服强度有显著提高，其中屈服强度可提高 64%。这是因为在预时效过程中会产生 GP 区，同时在晶体内部会产生丰富的溶质富集区域或过渡相，为后续时效过程中弥散沉淀提供晶核核心，对增强材料的力学性能起到促进作用。

9.1.5　二次热处理

镁合金一般只需一次热处理即可获得所需的力学性能，因此极少需二次热处理。但是，当镁合金铸造的微观结构中有较多的化合物，或在固溶缓冷期间发生过时效，则需再次热处理。在第二次热处理过程中，应注意避免晶粒的过度生长。以 AZ31 镁合金为例，经 300 ℃、325 ℃ 二次热处理，合金晶粒大小虽无明显改变，但仍有一定程度的长大倾向，不利于提高力学性能[17,18]。

9.1.6 形变热处理

形变热处理是一种将形变与相变相结合的复合强化技术，在保证材料塑、韧性的前提下，既可获得高强度，又能使工艺流程简单。

形变热处理可以提高大部分材料的机械性能，主要是由于析出相中位错密度及析出相的分布所致。在形变过程中会引入大量的位错，热处理过程中生成的析出相会对位错起到钉扎作用[19-21]，使材料的微观结构更加稳定，进而提升材料的强度和塑性。另外，位错会对析出相形核与生长产生影响，增加形变热处理的复杂性。目前，镁合金的形变热处理可分为三种：低温形变（BTMO）：淬火——变形——人工时效；高温形变（HT-MO）：淬火——热变形——人工时效；综合形变（KTMO）：淬火——空冷至 250～300 ℃——进行 50%～90% 的变形——空冷——5%～10% 冷变形——人工时效。

9.1.7 氢化处理

氢化处理是一种新型的、改善镁合金机械性能的方法，主要用于 Mg-Zn-Re-Zr 及 Mg-Li 系的合金中。Mg-Zn-Re 合金在氢气气氛下的固溶过程中，H_2 与 Mg-Zn-Re 合金中的稀土元素相互作用，形成非连续的、晶粒状的稀土氢化物[22]，通过对 Mg-Zn-Re-Zr 合金进行时效，合金内部形成细小的针状析出物[23]，使强度、伸长率、疲劳性能得到明显提高。

刘鹏等[24]也发现，在氢化处理时，Mg-Li-Zn-Re 中的 H_2 会与 Mg-Li-Zn-Re 中的稀土发生反应，形成细小的稀土氢化物，同时 Zn 会向基体中扩散，从而增强合金的力学性能。

9.1.8 表面热处理

Mg 是一种化学性质不稳定的金属，在常温下极易被氧化，造成耐腐蚀性能下降，所以，在使用前需对其进行合适的表面处理。目前，对镁合金进行表面处理的主要方法有激光处理和化学热处理等，其中激光处理包括激光表面热处理和激光熔覆等。

激光表面热处理是利用高能激光对样品表面进行持续的扫描，形成一个具有陡峭温度梯度的熔化区，再利用基体的吸热效应，实现熔化区的突然冷却，提高表面的耐磨和抗氧化性能。通过对 AZ91D、AM60B 的激光表面处理，Dube 等[25]发现，在合金表面上，$\beta-Mg_{17}Al_{21}$ 相的含量有所上升，表面硬度有所提高。Walid 等[26]对 ZE41 镁合金进行了激光处理，发现合金的显微硬度提高，耐腐蚀性能也得到改善，激光表面合金化使金属表面重熔慢，有利于合金元素的充分溶解，使表面快速形成致密、均匀的组织结构，表面合金层合金元素含量达 15%~75%，合金硬度略有升高。

激光熔覆是在金属基体上加入熔覆材料，利用激光使金属基体与熔覆材料表面形成一层薄薄的金属基体。Gao 等[27] 对 AZ91HP 镁合金进行了激光熔覆处理。结果表明，合金的包覆成分以 Mg_2Si、$Mg_{17}Al_{12}$、Mg_2Al_3 为主，且涂层的微观硬度比基体材料增加 3.4 倍，腐蚀电流减小 2 个量级。

化学热处理是对金属或合金表面进行化学成分、微观结构及性能调控的一种热处理工艺。镁合金的化学热处理一般是将工件置于装有特殊介质的容器内，加热至合适的温度，将其中的介质（渗透剂）分解或电离，生成反应性原子或离子，渗透到工件内部，生成的活性物质会随热处理时间的延长而不断地渗入到工件的表面，然后扩散到工件的内部，影响工件的表面化学组成。结果表明，镁合金经化学热处理，在一定程度上改善了耐腐蚀性能。刘喜明等[28] 对 Mg–3Nd% 铸造镁合金进行了化学热处理，发现形成一层致密的、与基体呈冶金结合的 MgF_2 耐腐蚀膜，且具有 –1.096 V 的自蚀电压，这种涂层使合金具有比基材更好的耐腐蚀性能。

9.2　热处理工艺参数及影响

9.2.1　装炉状态

在装炉之前，必须将镁合金工件表面的灰尘、油污等去除干净，保证表面洁净和干燥，特别是在进行高温固溶处理时。需特别重视，因为各种金属的熔点均不一样，故一次只能装一种金属。在熔炼过程中，必须使熔炼过程保持一定的秩序，使熔炼时的工件之间保持一定的空间，才能使热空气自由流动，从而达到均匀的温度。

9.2.2　工件的截面厚度

对于断面较厚（大于 50 mm）的镁合金，应该适当地延长固溶时间。通常在固定温度下，固溶所需的时间是固溶温度下保温时间的 2 倍。举例来说，对 AZ63A 而言，固溶处理通常为每 12 h 保持 385 ℃，但对于 50 mm 以上的断面，则推荐在 385 ℃ 下进行 25 h 的处理。

从粗大断面上观察中间部分的微观结构，可以判断固溶时间合适与否。在断面中间的显微组织中，若只有少量的合金成分，则表明铸件经过足够的热处理。

9.2.3 加热温度和保温时间

利用较高的导热系数、较小的比热特性，工件能够快速到达保温温度。一般情况下，先把工件放进炉子内，等炉内温度达到设定值，再开始计算保温时间，加热炉的类型与体积、装炉量、工件的尺寸与断面厚度等影响加热炉的保温时间。如果炉膛体积小，而炉膛容量大，工件断面厚度大于 25 mm，则应考虑适当延长炉膛的保温时间。

9.2.4 热处理装备

一般情况下，可使用电炉或煤气炉，对镁合金进行固溶处理和人工时效处理。为改善炉子温度的均匀性，一般在炉内安装一台高速鼓风机或其他设备，使气流再循环，炉内工作区域的温度变化应控制在 ±5 ℃。同时，还要求在加热炉上安装一个可靠的过温切断电源及报警装置。考虑到固溶处理时的保护性气氛中会存在二氧化硫，所以采用具有良好气密性和保护性进气口的炉型较为适宜。

为了实现对加热炉温度的实时、连续监测，还需在加热炉中设置适当的热电偶，炉内温度不得超出最大允许温度。为了防止由于热辐射引起的金属零件的局部过热，需要有很好的防护措施。若采用不锈钢管作防护罩，则应确保在热处理时，不能将钢材表面的氧化膜脱落，以免对镁合金铸件造成腐蚀。在对镁合金进行热处理时，应尽量减少盐浴的用量，并严禁使用硝盐。

9.3 热处理用保护气氛

一般情况下，对镁合金进行固溶处理时会用到保护气体。按照有关规定，在熔融温度大于 400 ℃ 的情况下，为了避免镁合金铸造过程中出现表面氧化现象，应使用保护气体。因为氧化现象会对铸件造成很大的影响，甚至会引起铸造过程中的烧损。

在镁合金的热处理中，SF_6、CO_2、SO_2 是 3 种常用的保护气体。另外，Ar、He 等惰性气体也可作为保护层，但其价格昂贵，很难被广泛应用。采用 SO_2 作保护性气体时，既可采用瓶式 SO_2，也可将黄铁矿（FeS_2）按 1 ~ 2 kg/m³ 根据炉子体积添加，黄铁矿受热后会发生裂解，生成 SO_2。

CO_2 可由瓶装或由煤气炉回收。将 $0.5\% \sim 1.5\%$ SF_6（体积分数）掺入 CO_2，可有效抑制高温下 Mg 的剧烈燃烧。在未熔融状态下，0.7%（最低 0.5%）的 SO_2 和 3% 的 CO_2 分别可使镁合金在 565 ℃和 510 ℃下不产生强烈的燃烧反应。当 CO_2 的体积含量为 5% 时，能在约 540 ℃时对镁合金起到保护作用。

SF_6 无毒无腐蚀，但其成本比 SO_2、CO_2 高得多。虽然 SO_2 的价格很贵，但是它的体积分数仅是 CO_2 的 1/6，所以采用瓶装 SO_2 做保护性气体的成本比较低廉。若采用煤气灶，则可将燃烧后的气体回收，制成保护性气体，这样 CO_2 的成本更低。

应当指出，SO_2 能够生成具有腐蚀性的硫酸，对炉内的设备产生腐蚀效应，所以将 SO_2 用作保护气氛时，要经常对炉子的控制和夹紧装置进行清洗，并按时对炉子进行更换。另外，由于 SO_2 还会对铝合金产生腐蚀性，所以不能对铝合金和镁合金同时进行热处理。若确有必要对镁合金及铝合金进行加工，应采用 CO_2 作保护气体。

|9.4　热处理质量控制|

目前，常用的检测手段有金相显微镜、硬度计、材料拉伸试验机等，但都是局部的检测，不能 100% 检测到热处理的质量，检测指标也不能全面地反映整个批次或整体的热处理质量[29]。

从质量控制的观点出发，将热处理看作是一项特殊的过程，必须对其进行特定的控制。除基本的技术规范和检测规范之外，热处理工艺中所有的影响因素必须得到有效的控制，其中包括人、机、料、法、环、测试等六大要素。通过控制以上要素，确保产品的质量。

热处理工艺的质量控制最为重要的包括以下几个方面：①操作人员的素质；②加热装置及测量仪器；③材料和工艺材料控制；④部件的加工工艺环境；⑤多种热处理试验装置进行标定与控制。

1. 操作人员的素质

操作人员具有较高的热处理专业水平、热处理专业知识、生产技术水平，并经过专业考试，才能获得相应的岗位资格证书。拿到上岗证书是基础，从业人员必须要进行定期的考核，以保证可以继续胜任热处理工作。

在人员质量控制上，要改变传统的质量保证理念，不能只依靠检测人员的被动把关，要树立起全员参与、全过程控制、全面管理的过程质量管理理念，要求所有的人员必须参加到产品的质量控制中，实现对产品的整体管理与控制。

2. 加热装置及测量仪器

热处理零件加工是通过热处理设备来实现的，而热处理工艺参数则是通过相应的热电偶、温度控制仪表、温度记录仪表和真空仪表等控制和记录。因此，热处理设备和仪表的等级对热处理零件的加工质量有很大的影响。

根据相关的标准，如 GB/T 9452—2012《热处理炉有效热区测定方法》、GJB 509B—2008《热处理质量控制》和 HB 5354—1994《热处理工艺质量控制》等，详细规定热处理设备和仪表的控制要求。不同于军用标准和航空标准，《热处理炉有效热区测定方法》在有效加热区域的温度均匀性方面增加亚 A 类，炉温均匀性为 +8，对炉温测试用热电偶以及补偿导线也明确规定。

综合而言，相较于 HB 5354—1994 标准，《热处理质量控制体系》的规定要求更为详细和严格。热处理设备和仪表的等级与控制对于热处理零件的加工质量具有重要影响，因此需要严格按照相关标准进行控制。

3. 材料和工艺材料控制

在生产过程中，对所用原材料的质量需严格的控制，并且具有相应的检验标准来检验材料，尤其是当产品的生产过程中，出现不同批次之间的替换现象，为了保证产品的热处理质量，必须对产品进行复检。

热处理工艺原料是指用于加工工件的热处理工艺原料，它直接影响工件的热处理质量，主要由热处理用盐、淬火介质、保护气体等组成。采用加工材料是为了保证工件在热处理时不会受到伤害，生产车间应根据有关规定，对生产原料进行定期检验，保证工件在热处理时所用材料的可靠性和工件的热处理质量。

4. 部件的加工工艺环境

热处理过程中温度、湿度、振动，以及环境污染等是影响热处理过程的主要因素。在产品制造过程中，除了要达到产品制造对环境的特定要求之外，还要做好现场的整理工作，保证工作场所的干净，创造一个良好的工作环境。

5. 多种热处理试验装置进行标定与控制

热处理的检测流程主要有：炉温均匀性检测、设备仪器仪表检测、热电偶高温测量技术等。需要对热处理部件检测设备进行校准[30]，确保设备和仪器的有效性，对监视和测量设备进行分类管理，并设定一个有效的校验时限，严格遵守时限进行检查，不能使用超出有效期的设备和仪器。

为保证全部的热处理仪器仪表及测试设备能在一个有效的测试周期中正常工作，可将热工仪表作为主要的测试对象，进行电子档案记录，以便进行定期的测试。按所需时间设定下一次提醒，最低提醒时间可为周，以确保设备及仪表的正常使用。

| 9.5　热处理安全技术 |

如果热处理工艺不当，不但会造成镁合金铸件的损伤，而且还会引起火灾。所以，在热处理工艺中，要特别注意安全性。在热处理作业中，应采取下列安全技术措施[31]。

①对各种仪器进行正确的校准，并对电器装置进行检测，以保证工作状态良好。

②装炉前，应将镁合金件表面的毛刺、碎屑、油污及其他杂质清除干净，确保镁合金件及炉内清洁、干燥，避免镁合金铸件因有锋利的边角而引起爆炸。

③生产厂内应设置消防设施。

④只有同一种金属的铸造才能在熔炉中使用，而且必须严格执行这种金属的热处理过程要求。

⑤若出现因设备故障、控制装置失效，或因操作不当而引起炉内物料着火等问题，应迅速断电，关掉风机，并断开保护性气体；若加热炉内时热量未增加，而温度却快速升高，且产生白色烟雾，则表示炉内镁合金铸件已经猛烈地燃烧。

在操作过程中，不允许用水扑救。这是因为当水和镁合金发生激烈的化学反应时，会释放出大量的氢气，使火焰更加旺盛，所以，用水救火是绝对被禁止的。

若大火持续进行，可采用下列措施来扑灭大火。

①火焰处于较弱状态，而被点燃的镇合金能被安全地从炉内取出时，应把镇合金移入一个特制的镇合金灭火装置罩住的钢容器内。

②若着火的工件既不能触及也不能安全传送，则可用一台泵向炉内喷入一种灭火药剂，覆盖在着火的工件顶上。

若上述方法均不能有效灭火，则可考虑采用瓶装三氟化硼气（BF_3）或三氯化硼气（BCl_3）。使用 BF_3 气体时，可将具有至少 0.04%（按体积计）的高压 BF_3 气体经聚四氟乙烯软管从气瓶送入炉内，直至火焰熄灭。当熔炉温度低于 643 K 时，重新打开熔炉；当使用 BCl_3 气体时，BCl_3 气体可经炉门或炉壁上的导管（按体积计约 0.4%）引入炉内。为了保证充足的煤气供给，最好把煤气瓶加热，BF_3 与正在燃烧的金属镇发生反应，形成一层薄雾，将被测金属包裹起来，从而起到灭火的作用。在全封闭的熔炉中，可利用内部电扇推动 BF_3 或 BCl_3 气体围绕工件进行充分的循环。然而，BCl_3 具有刺激性，与盐酸烟雾一样，会对人体的健康造成危害。BF_3 在不需要加热的情况下就能起到作用，而且所产生的副产物对人体的危害也要小得多。

当镇合金在炉内燃烧很长时间或在炉内堆积大量的液体金属时，上述两种气体均不能将火彻底熄灭。但两种化合物仍能有效地抑制或延缓火灾的发生，并且可以与其他灭火剂联合使用来灭火，如干铸铁粉末、石墨粉末、重碳氢化合物以及熔炼镇合金用熔剂等，这些材料可以将空气中的氧气完全隔离，使火势变得较小，更容易被扑灭[32]。

值得一提的是，在灭火过程中，除了使用一般的个人防护设备之外，戴上有色眼镜也是一项很重要的安全措施。因为当镇金属被点燃时，会发出一种很强烈的白色亮光，对人的眼睛造成伤害。

参 考 文 献

[1] 马鸣龙，张奎，李兴刚，等. GWN751K 镇合金均匀化热处理 [J]. 中国有色金属学报，2010，20（01）：1-9.

[2] 金军兵，王智祥，刘雪峰，等. 均匀化处理对 AZ91 镇合金组织和力学性能的影响 [J]. 金属学报，2006，42（10）：1014.

[3] 艾秀兰，杨军，权高峰，等. AZ31 镇合金铸坯均匀化退火 [J]. 金属热处理，2009，34（12）：23-26.

[4] Zhao M C，Deng Y L，Zhang X M. Strengthening and improvement of ductility

without loss of corrosion performance in a magnesium alloy by homogenizing annealing [J]. Scripta Materialia, 2008, 58 (07): 560 – 563.

[5] Zhang B H, Zhang Z M. Influence of homogenizing on mechanical properties of as – cast AZ31 magnesium alloy [J]. Transactions of Nonferrous Metals Society of China, 2010, 20 (S2): 439 – 443.

[6] 蒋永锋，包晔峰，郁中太，等. 不同退火条件下 AZ31 镁合金的组织和硬度分析 [J]. 热加工工艺, 2009, 38 (04): 9 – 11.

[7] 张大华，王瑞权，李国权，等. 固溶处理对 ZW21 镁合金组织和性能的影响 [J]. 热处理技术与装备, 2009, 30 (05): 27 – 29.

[8] 王永欣. 金属型铸造 AZ91D 镁合金热处理与微弧氧化交互作用 [D]. 兰州：兰州理工大学, 2008.

[9] 赵红亮，关绍康，翁康荣，等. Mg – 8Zn – 2Si – 0.5Ca 合金热处理前后的组织性能 [J]. 热加工工艺, 2004, 25 (12): 52 – 53.

[10] 王建强，丁占来，关绍康，等. 人工时效对 Re 变质 ZA84 镁合金力学性能与阻尼性能的影响 [J]. 热加工工艺, 2006, 24 (02): 37 – 39.

[11] Yakubtsov I A, Diak B J, et al.. Effects of heat treatment on microstructure and tensile deformation of Mg A780 alloy at room temperature [J]. Material Science Engineering A, 2008, 496 (1 – 2): 247.

[12] Goken J, Riehemann W. Dependence of internal friction of fibre – reinforced and unreinforced AZ91 on heat treatment [J]. Materials Science and Engineering A, 2002, 324 (1 – 2): 127 – 133.

[13] 张建民，马泽飞，张宝红，等. T6 热处理对变形 AZ91D 镁合金的强化作用 [J]. 热加工工艺, 2010, 39 (16): 136 – 137.

[14] Duly D, Simon J P, Brechet Y. On the competition between continuous and discontinuous precipitations in binary Mg_2Al alloys [J]. Acta Metall Mater, 1995, 43 (01): 101 – 108.

[15] Zhang Z, Zeng X, Ding W, et al. The influence of heat treatment on damping response of AZ91D magnesium alloy [J]. Materials Science Engineering, 2004, 392 (01): 150 – 155.

[16] 戴庆伟，张丁非，袁炜，等. 新型 Mg – Zn – Mn 变形镁合金的挤压特性与组织性能研究 [J]. 材料工程, 2008 (04): 38 – 42.

[17] 马颖，潘振峰，张洪锋，等. 热处理对 AZ91D 镁合金组织及力学性能的影响 [J]. 兰州理工大学学报, 2009, 35 (05): 9 – 12.

[18] Sasaki T T, Oh – ishi K, Ohkubo T, et al. Effect of double aging and

microalloying on the age hardening behavior of a Mg – Sn – Zn alloy ［J］. Materials Science Engineering A, 2010, 530 (01): 1 – 8.

［19］ Xu S W, Matsumoto N, et al. Effect of $Mg_{17}Al_{12}$ precipitates on the microstructural changes and mechanical properties of hot compressed AZ91 magnesium alloy ［J］. Materials Science Engineering, 2009, 523 (1 – 2): 47 – 52.

［20］ Huang J F, Yu H Y, Li Y B, et al. Precipitation behaviors of spray formed AZ91 magnesium alloy during heat treatment and their strengthening effect ［J］. Mater Des, 2009, 30 (03): 440 – 444.

［21］ 王月, 林飞, 王宽, 等. AZ31 镁合金循环热处理研究及对扩散连接的探讨 ［J］. 锻压装备与制造技术, 2006, 44 (06): 91 – 93.

［22］ Wu H Y, Lin J Y, Gao Z W, et al. Effects of age heat treatment and thermomechanical processing on microstructure and mechanieal behavior of LAZ1010 Mg alloy ［J］. Materials Science Engineering A, 2009, 523 (1 – 2): 7 – 12.

［23］ 路林林, 杨平, 王发奇, 等. 形变热处理对 AZ80 镁合金组织及性能的影 ［J］. 中国有色金属学报, 2006, 16 (06): 1034 – 1039.

［24］ 刘鹏, 赵平. 氢化处理铸造镁锂系合金 ［J］. 铸造, 2006, 55 (05): 505 – 508.

［25］ Dube D, Fiset M, Couture A, et al. Characterzation and performance of laser melted AZ91D and AM60B ［J］. Materials Science Engineering A, 2001, 299 (1 – 2): 38 – 45.

［26］ Walid K F, Valerio E, Masse J E, et al. Excimer laser treatment of ZE41 magnesium alloy for corrosion resistance and microhardness improvement ［J］. Optics and Lasers in Engineering, 2010, 48 (09): 926 – 931.

［27］ Gao Y L, Wang C S, Lin H B, et al. Broad – beam laser cladding of Al – Si alloy coating on AZ91HP magnesium alloy ［J］. Surface and Coatings Technology, 2006, 201 (06): 201 – 207.

［28］ 刘喜明. 镁合金表面 MgF_2 膜的形成机理及制备工艺研究 ［J］. 稀有金属材料与工程, 2009, 38 (05): 914 – 917.

［29］ Takahiro I, Ichinori S, Saito N, et al. Anticorrosive magnesium phosphate coating on AZ31 magnesium alloy ［J］. Surface Coatings Technology, 2009, 203 (16): 2288 – 2291.

［30］ Li Z Q, Sha D Y, Chen R S, et al. Corrosion behavior of WE54 magnesium alloy in 3.5% NaCl solution ［J］. Transactions of Nonferrous Metals Society of

China，2006，16（03）：1806 – 1809．

［31］ Jun Y，Sun G P，Wang H Y，et al. Laser（Nd：YAG）cladding of AZ91D magnesium alloys with Al + Si + Al$_2$O$_3$［J］. Journal of Alloys and Compounds，2006，407（01）：201 – 207．

［32］ 曾爱平，薛颖，钱宇峰，等. 镁合金表面改性新技术［J］. 材料导报，2000，14（03）：19 – 20．

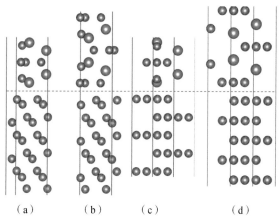

图 4 – 1　Mg₂Ca 和 Mg 的界面模型

（a）Mg₂Ca（0001）T – Ca/Mg（01 –10）；（b）Mg₂Ca（0001）T – Mg/Mg（01 –10）；

（c）Mg₂Ca（0001）T – Ca/Mg（0001）；（d）Mg₂Ca（0001）T – Mg/Mg（0001）

Ca；Mg

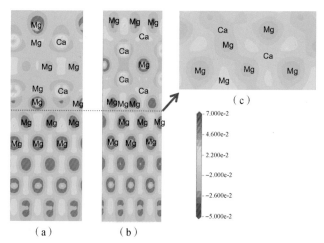

图 4 – 3　Mg₂Ca（0001）– T Mg/α – Mg（0001）三个晶向的差分电荷密度图

（a）（10 –10 面）；（b）（11 –20 面）；（c）（0001）面

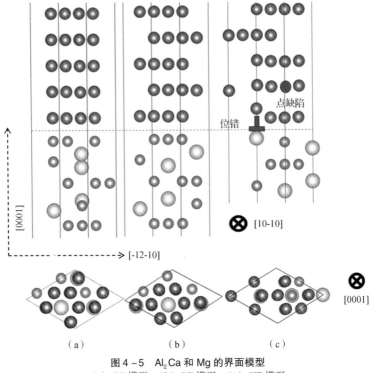

图 4-5 Al₂Ca 和 Mg 的界面模型

（a）OT 模型；（b）BT 模型；（c）HT 模型

○ Ca；◎ Al；● Mg

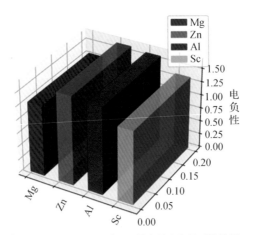

图 4-7 Mg、Zn、Al 和 Sc 元素的电负性对比结果

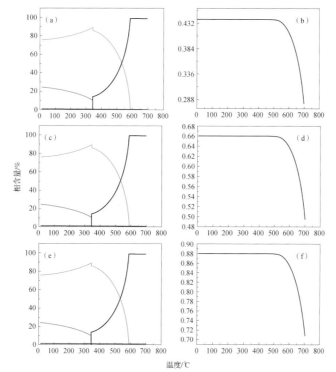

图 4 – 8　不同 Sc 含量的 Mg – 10Zn – 5Al 合金中各相含量随温度的变化

（a）0.2wt. % Sc 时各相的变化；（b）0.2wt. % Sc 时 Al$_2$Sc 相的变化；（c）0.3wt. % Sc 时各相的变化；
（d）0.3wt. % Sc 时 Al$_2$Sc 相的变化；（e）0.4wt. % Sc 时各相的变化；（f）0.4wt. % Sc 时 Al$_2$Sc 相的变化

——— 液相；　——— Al$_2$Sc；　——— α – Mg；　——— AlMgZn

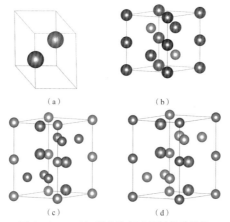

图 4 – 9　α – Mg 基体和析出相的晶体结构

（a）α – Mg 相；（b）Al$_2$Sc；（c）AlMgZn – s（Al 原子占据晶胞的棱角）；
（d）AlMgZn – m（Al 原子占据晶胞结构的内部）

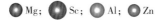
● Mg；　● Sc；　○ Al；　○ Zn

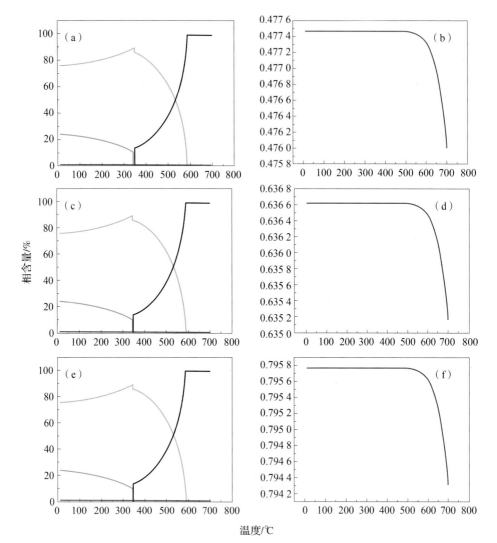

图 4 – 15　不同 Zr 含量的 Mg – 10Zn – 5Al – xZr 合金中各相的含量随温度的变化曲线

（a）0.3wt.％ Zr 时各相的变化；（b）0.3wt.％ Zr 时 Al₂Zr 相的变化；

（c）0.4wt.％ Zr 时各相的变化；（d）0.4wt.％ Zr 时 Al₂Zr 相的变化；

（e）0.5wt.％ Zr 时各相的变化；（f）0.5wt.％ Zr 时 Al₂Zr 相的变化

——液相；—— Al₂Sc；—— α – Mg；—— AlMgZn

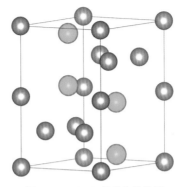

图 4 - 16 Al₂Zr 的晶体结构图

○ Al ；○ Zn

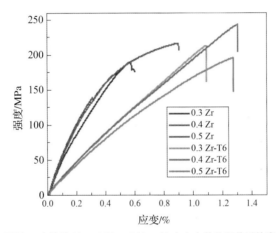

图 4 - 19 不同 Zr 含量的 Mg - 10Zn - 5Al - xZr 合金在热处理前后的应力应变曲线

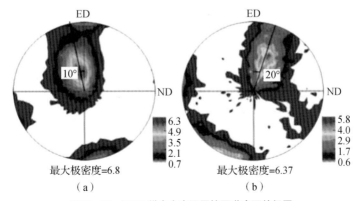

图 8 - 13 ZA63 镁合金在不同挤压道次下的极图

（a）2 道次；（b）6 道次